澳門園林建設與綠地系統規劃研究

華南農業大學　澳門特別行政區民政總署

李敏　李偉農等著

中国建筑工业出版社

圖書在版編目(CIP)數據

澳門園林建設與綠地系統規劃研究 / 澳門特別行政區民政總署，華南農業大學編著. —北京：中國建築工業出版社，2011. 3
ISBN 978-7-112-12994-2

Ⅰ. ①澳… Ⅱ. ①澳… ② 华… Ⅲ. ①園林—城市建设—澳門 ②園林—綠化規劃 —澳門 Ⅳ. ①TU986.626.59

中國版本圖書館CIP資料核字(2011)第031123號

圖片攝影：李　敏　高叶昌
責任編輯：張振光　杜一鳴
責任設計：毛晚林
封面設計：吳偉康
校　　對：龔芳穎　佘美萱　潘永華　陳玉芬　梁敏如

主要作者：
華南農業大學：李　敏、佘美萱、龔芳穎、傅嘉維、佘思霞、何佳怡、陳定石
澳門特別行政區民政總署：李偉農、梁冠峰、潘永華、陳玉芬、梁玉鑽、麥肇鵬、張桂達、梁敏如、梁單明

澳門園林建設與綠地系統規劃研究
華南農業大學
澳門特別行政區民政總署
李敏、李偉農　等著
*
中國建築工業出版社出版、發行(北京西郊百萬莊)
各地新華書店建築書店經銷
深圳華新彩印製版有限公司印刷
開本：889×1194毫米　1/16　印張：22　字數：668千字
2011年3月第一版　2011年3月第一次印刷
定價：220.00元
ISBN 978-7-112-12994-2
(20406)

目 錄

序

澳門是一座富有特色的城市。這裏有多彩多姿的博彩娛樂設施，也有燦爛的世界文化遺產。四百多年來中西方文化交匯的歷史，給澳門留下了衆多的名勝古蹟、豐富的旅遊資源和獨特的文化風情。"三大廟宇"、大三巴牌坊、大炮台、東望洋山燈塔、西望洋山主教堂，還有五光十色的博彩娛樂場所等，聞名於世。

2008年，國務院批准的《珠江三角洲地區改革發展規劃綱要2008-2020年》明確把澳門定位為"世界旅遊休閒中心"。為配合提升澳門居民綜合生活素質的發展策略，澳門將以建設世界休閒旅遊業中心為基本目標，促進社會經濟適度多元化發展。因此，澳門特區政府今後將著重推動優質旅遊城市的各項環境建設，提高旅遊產品與服務素質，以符合"世界旅遊休閒中心"的城市發展定位。

2010年，澳門入境旅客達2,496萬5千人次，澳門旅遊業正穩步增長。積極改善公共設施、城市空間環境水準及綠化景觀，加強文化資源的利用，將有利於澳門旅遊業的發展。同時，本地居民對改善澳門的綠化景觀，提升人居環境質量，亦有很大的渴求。城市綠地是人居環境中一個重要的組成部分，與居民的生活密切相關。生活在城市的人們，有一種追求人文與自然協調共存的欲望。這一理念促使人們重新認識自然、崇尚自然、親近自然、回歸自然，以彌補城市發展和用地空間高密度開發對城市生態和人們心理健康所造成的傷害。城市綠地系統的建設，正好可以回應廣大市民的這種需求。

為此，制定城市建設與園林綠化同步發展的策略，進一步提高城市綠地的生態服務水準和景觀質量，把澳門建設成為東亞地區精緻型、特色化的國際花園城市，以配合國家對澳門的發展策略定位，相當重要。

民政總署負責管理澳門大部分的城市綠地，其範圍覆蓋澳門半島、氹仔島和路環島。為做好未來的城市綠地系統規劃，民政總署於2009年邀請以李敏教授為首的華南農業大學林學院風景園林與城市規劃系師生團隊，合作完成了"澳門城市綠地系統規劃綱要"研究項目，為促進澳門園林事業的發展提供了富有創見的規劃思路。藉此契機，我們重新制定了適合澳門的城市綠地分類標準、進行了全澳城市綠地的全面調查和分類統計、尋找並總結本地園林綠化特色及文化底蘊，並對澳門綠地系統空間佈局進行了詳盡的分析研究。

本書是該項目研究成果的總結與深化，它為澳門建設成國際花園城市規劃願景，並為促進澳門園林綠化工作進一步精品化，提出了許多創新意念與技術方法，對澳門未來的發展大有裨益。

澳門民政總署管理委員會主席

譚偉文

2011年2月1日

第一章

Chapter one

澳門城市綠地分類標準研究

第一章　澳門城市綠地分類標準研究

1.1 國內外有關城市綠地分類標準研究

確定合理可行的城市綠地分類標準，是開展城市綠地現狀調研和統計工作的前提條件之一。要做好這項工作，須在充分瞭解國內外該領域發展和工作狀況的基礎上，通過詳盡的調查研究和分析思考，編製適合澳門區情的綠地分類標準以指導實踐。為此，項目組先通過搜索網絡數據庫、查閱文獻資料和搜尋引擎三種方式，進行了國內外有關城市綠地分類標準的文獻檢索和研究。

1.1.1 國內外城市綠地分類標準研究概述

(1) 通過搜索網絡數據庫，在中國知網中，以“城市綠地分類標準”為搜索題名，搜索結果為28個，其中相關文獻有5篇。再以“綠地分類”為搜索關鍵字，得到搜索結果為116個，其中相關文獻有11篇。在維普信息網中，以“城市綠地分類標準”為搜索題名，搜索結果為3個，相關文獻有3篇。

(2) 通過運用GOOGLE搜尋引擎以“城市綠地分類標準”為關鍵字進行搜索，相關網頁有234,000篇。以“城市綠地分類”為關鍵字進行搜索，相關的網頁有622,000篇。運用百度搜尋引擎以“城市綠地分類標準”為關鍵字進行搜索，檢索到相關網頁有28,100篇，相關結果均為實施中的中華人民共和國行業標準《城市綠地分類標準》(Standard for classification of urban green space，CJJ/T 85—2002)。

(3) 通過搜索網絡數據庫，在ProQuest學位論文檢索系統中，以“classification of urban green space” 為搜索題名，搜索結果為0個。再以“classification of urban green space”為搜索關鍵字，在EBSCO-ASP綜合學科研究文獻全文庫中搜索結果為50個，其中相關文獻有3篇。

(4) 通過運用GOOGLE搜尋引擎以“Standard for classification of urban green space”為關鍵字進行搜索，相關的網頁有145,000篇。以“classification of urban green space”為關鍵字進行搜索，相關網頁有187,000篇。運用百度搜尋引擎以“Standard for classification of urban green space”為關鍵字進行搜索，檢索到相關網頁有1,270篇。

1.1.2 澳門城市綠地分類標準的研究現狀

(1) 通過搜索網絡數據庫，在中國知網中，以“澳門綠地分類標準”為搜索題名，搜索結果有0個，其中相關文獻有0篇。以“澳門綠地分類”為搜索題名，搜索結果為0個。在維普信息網中，以“澳門綠地分類標準”為搜索題名，搜索結果為0個。以“澳門綠地分類”為搜索題名，搜索結果為0個。在ProQuest歐美博碩士學位論文全文庫中以“classification of urban green space”，“macau”為搜索關鍵字,查詢結果有0條記錄。在Multi-science Publishing Journals資料庫中以“classification of urban green space”，“macau”為關鍵字，搜索結果為0。

(2)通過運用百度與GOOGLE兩個搜尋引擎，以“澳門城市綠地分類標準”為關鍵字進行搜索，各有461、21,700條結果。其中，相關的結果各有0條和0條。未發現有澳門城市綠地分類標準的研究訊息。

用GOOGLE搜尋引擎以“澳門城市綠地分類”為關鍵字，搜索結果為48,400條，相關文獻有：《澳門綠地類形概況》(梁敏如，包志毅，2005年)，《澳門的城市綠地與植物研究》(梁敏如，2006年)，《澳門松山市政公園物種多樣性特徵》(張運春，2008年)。其中《澳門綠地類形概況》和《澳門的城市綠地與植物研究》兩篇文獻涉及澳門綠地分類，其內容基本參照澳門特區政府統計暨普查局多年來習用的綠地分類方法。

綜上所述，澳門迄今未曾有對城市綠地進行系統分類的研究文獻，也尚未製定相應的法規、標準或行政規章。據瞭解，作為澳門統計資料發佈之統計暨普查局曾對澳門綠地做過暫行的分類。以2004年澳門官方公佈的統計資料為例，澳門的城市綠地共分為7大類，分別是：

①花園、廣場、公園；

②道路分隔帶、安全島、迴旋處；

③育苗圃、苗場；

④墳場；

⑤規劃區(澳門半島)；

⑥再植林(離島)；

⑦其他(澳門半島)。

2006年，澳門民政總署園林綠化部將之調整分為6大類，即：

①花園、公園；

②休憩區；

③道路分隔帶、安全島、迴旋處；

④育苗圃、苗場；

⑤墳場；

⑥再植林(離島)；

與2004年版的分類法相比，新版取消了之前統計分類中的“規劃區——澳門半島”和“其他——澳門半島”兩項，增加了“休憩區”分項。目前，澳門園林綠化行政主管部門暫時沿用該“六類法”作為城市綠地分類統計管理的依據。

1.1.3 制定澳門城市綠地分類標準的意義

進入21世紀後，澳門政府逐漸認識到，要將未來的城市發展目標定位從產業形態較單一的博彩娛樂城市向多元化轉形，發展成為更加富有生機活力的國際化旅遊城市。欲達到此目標，就必須實現城市環境的生態健全和景觀優美。為使澳門各類城市園林綠地能更好地協調發展，構建完整的城市綠地系統，當務之急就是要制定明確的城市綠地分類標準。尤其在綠地系統規劃工作中，只有運用科學合理的城市綠地分類標準，才能規範地確定功能、明確邊界清晰的各類城市綠地。

從綠化建設管理層面而言，相關技術指標的計算和構建城市綠地資料庫，也有賴於城市綠地分類標準的實現。通過制定城市綠地分類標準，從而提高城市綠地規劃建設和管理工作水平，確保澳門城市環境的可持續發展。

1.2 依據澳門實際的城市綠地分類標準

1.2.1 澳門城市綠地分類的特殊性

(1) 城市特點概述

依據澳門特別行政區政府統計暨普查局的統計資料，澳門平均人口密度為1.8萬人/km^2，屬於世界上超高人口密度聚居的城市之一。特別是澳門半島，地狹人稠，人口聚居密度之高居世界首位，有林茂塘區、高士德及雅廉訪區、筷子基區、新橋區、黑沙環及祐漢區5個街區超過10萬人/km^2。

澳門城市綠地空間分佈極不均衡。澳門半島的綠地約佔全澳綠地面積的20.8%，而離島的綠地約佔全澳綠地面積的79.2%。鑒於澳門人口密度極高、土地資源有限、綠地分佈不均等特點，城市綠地分類標準必須覆蓋所有的城市綠地，從而保證在此基礎上編製的綠地系統規劃具有科學性。

(2) 文化背景差異

澳門是中國的特別行政區之一。16世紀初葡萄牙強行租借澳門，使之成為歐洲國家在東亞的第一塊領地。直至1999年12月19日，葡萄牙政府才結束了對澳門的統治，於20日將政權交還給中國政府，在“一國兩制”的政體下實現了“澳人治澳”。

在長達400多年的殖民統治時期，中西文化的交融與共存使澳門成為一個獨特的，具有多元文化色彩的地區。澳門現存大量中西合璧的建築和園林，便是中西文化交匯與包容的生動體現。在這種特殊文化背景下構建的澳門城市綠地，其功能內容與形式類型等方面都逐漸形成了自身特點。因此，澳門城市綠地的分類和命名不宜簡單地套用內地現有的《城市綠地分類標準》，必須結合區情實事求是地制定。

(3) 綠化管理體制

澳門自19世紀初開闢城市公園至今，政府為改善城市環境進行了艱苦努力，做了大量工作。

1999年澳門回歸前，城市綠地管理屬於市政工作。當時，澳葡政府把澳門劃分成兩個市政區：澳門市政廳和海島市市政廳。其中，澳門市政廳負責澳門半島市政區，海島市市政廳則負責氹仔島和路環島市政區。因此，澳門的城市綠地在很長一段時期內分別由澳門市政廳和海島市市政廳轄下的綠化部門管理。以澳門市政區為例，城市綠地是由澳門市政廳轄下的環保暨綠化部負責管理，環保暨綠化部又由清潔暨環保處、公園暨綠化處和市政化驗所組成。

1999年澳門回歸後，澳門市政廳和海島市市政廳改成臨時澳門市政局和臨時海島市政局，兩者的組織架構和運作模式基本相同。2002年1月1日，澳門特區政府成立了新的市政機構，將原來的臨時澳門市政局和臨時海島市政局合併，定名為“民政總署”，統一管理整個澳門的市政工作。從此，澳門城市綠地管理長期由兩個市政區各自為政的狀態徹底改變。

根據《澳門民政總署組織架構規章》，民政總署轄下的“園林綠化部”為負責研究、管理全澳城市公園、花園、自然保護區、城市綠化等方面工作的政府職能部門。園林綠化部又由公園處、自然保護研究處、自然護理處和綠化處組成；各處工作職能及負責的綠化區域如下：

①公園處：管理和保養全澳城市公園、花園、瞭望台及其他同類設施。

②自然保護研究處：建議並實施旨在宣傳保護、珍惜樹木等信息的計劃，更新澳門植物分佈圖，對保護澳門的自然環境進行研究。

③自然護理處：在新區域重新植林，管理再植林區，劃定自然保護區，保護及發展叢林及紅樹林，確保植物隔離檢疫部門的運作。

④綠化處：主要負責全澳門的道路綠化建設與管養維護。

民政總署園林綠化部是澳門城市綠化行政主管部門，但由於澳門城市管理結構的特殊性，目前仍有部分城市綠地的管理權歸屬其他部門。如部分名勝古蹟和旅遊景區歸文化局管理，一些附屬綠地則劃歸產權單位管理。從目前澳門民政總署園林綠化部的管理工作範圍來看，城市公園、花園、瞭望台、重植林、紅樹林、道路綠化等是澳門城市綠地系統的主體部分，其綠地分類與命名與內地現行國家標準所稱的“五類法”有較大差異。主要體現在：

①城市公園與花園與內地綠地分類中的“公園綠地”在內容屬性上不完全等同。

②“瞭望台”是澳門特有的一種園林綠地稱謂，而內地城市綠地無此分類。

③“重植林”為重新人工種植的風景林地，與紅樹林一併具有生態保護功能，與內地城市綠地分類標準中定義的“其他綠地”不盡相同，但在主要功能上有共通點。

④“道路綠地”在澳門一直是作為獨立的一項綠地進行管理，而內地的綠地分類標準中它僅作為“附屬綠地”大類下屬的一個中類，附屬於城市道路用地。

此外，澳門的土地政策對城市綠地管理也有一定的影響，導致它在綠地管理體制上與內地城市有明顯差異。《中華人民共和國澳門特別行政區基本法》第一章“總則”第五條規定：“澳門特別行政區不實行社會主義的制度和政策，保持原有的資本主義制度和生活方式。”“總則”第七條又規定：“澳門特別行政區境內的土地和自然資源，除在澳門特別行政區成立前已依法確認的私有土地外，屬於國家所有，由澳門特別行政區政府負責管理、使用、開發、出租或批給個人、法人使用或開發，其收入全部歸澳門特別行政區政府支配”。所以，澳門現狀城市綠地雖然大部分已納入了政府部門管轄範圍，但仍有部分綠地屬於私有土地，所有權和使用權歸私人支配。

澳門城市綠地分類A(大類) 表1-2-1

類別代碼	名稱	內容定義	備注
MG1	休閒遊憩綠地 Green Space for Leisure & Recreation	向公眾開放，有一定的文化與服務配套設施，以休閒遊憩為主要功能，兼具生態、美化、防災等作用的城市園林綠地	—
MG2	道路交通綠地 Green Space for Traffic Infrastructure	城市道路交通設施配套綠化用地，包括道路綠地和設施綠地	曾用名： 道路綠地
MG3	苗圃生產綠地 Nursery for the Urban Greening	為城市綠化提供苗木、花草、種子的苗圃、花圃等綠地	曾用名： 苗圃
MG4	生態景觀綠地 Green Space for Ecological Landscape	對城市生態環境品質、居民休閒生活、城市景觀和生物多樣性保護有直接影響的綠地；包括風景林地、生態濕地、水源保護地、垃圾填埋場等恢復綠地等	曾用名： 生態保護區

綜上所述，制定《澳門城市綠地分類標準》必須從澳門的實際情況出發，充分反映本土特色，並在內容形式和功能性質上能全面覆蓋全澳所有城市綠地。同時，也要適當考慮在體例上能與國家相關標準相銜接，便於綠地信息的橫向比較與分析。

1.2.2 澳門城市綠地分類標準文本

通過項目組對澳門城市綠地現狀進行深入踏勘、分類統計和面積量算，並多方徵求了澳門城市綠化管理部門和專家的意見，對《澳門城市綠地分類標準》相關內容反覆進行了推敲和優化，最後形成定稿如下：

澳門城市綠地分類標準 (2010)
Standard for Classification of
Urban Green Space in Macau (2010)

第一條 總則

1.1 為規範澳門城市綠地分類，科學地編製和實施城市綠地系統規劃，提高澳門城市園林綠地保護、建設和管理工作水準，改善城市生態環境，促進城市可持續發展，根據澳門特別行政區的相關法律與行政規章，制定本標準。

1.2 本標準參考國家《城市綠地分類標準》(CJJ/T 85-2002)並結合澳門實際情況而制定。

1.3 本標準適用於澳門城市綠地的規劃、設計、建設、管理和統計等工作。

第二條 綠地分類

2.1 澳門城市綠地主要按綠地功能進行分類，含大類、中類、小類三個層次。

2.2 澳門城市綠地的4個大類：休閒遊憩綠地、道路交通綠地、苗圃生產綠地和生態景觀綠地(表1-2-1)，中小類綠地如表1-2-2所示。各類城市綠地的劃定應符合表1-2-1、表1-2-2的規定。

2.3 澳門城市綠地類別採用拉丁字母與阿拉伯數字混合型代碼表示。

第三條 計算方法

澳門城市綠地面積的計算方法如下：

3.1 休閒遊憩綠地(MG1)和苗圃生產綠地(MG3)均按管理邊界量算面積。

3.2 道路交通綠地(MG2)按管理邊界量算面積。其中：

3.2.1 道路綠化帶(MG211)裏的行道樹，按每株佔地1.5m^{2}統計綠地面積；有喬灌木混植的綠化帶，按綠地實際邊界統計面積；用花箱、樹箱做道路綠化的，按花箱、樹箱面積的100%計算綠地面

澳門城市綠地分類B(中小類)　表1-2-2

類別代碼與名稱			內容定義	備注
大類	中類	小類		
MG1 休閒遊憩綠地	MG11 城市公園 City Park	—	位於市區內，對公眾開放、有配套服務設施、適宜開展戶外遊憩活動的綠地	—
		MG111 市政公園 Civic Park	爲全市居民服務，活動內容豐富、設施較完善的綠地，面積一般大於$1000m^2$	—
		MG112 社區公園 Community Park	爲一定範圍居住用地內的市民服務，有配套遊憩服務設施的綠地，面積一般大於$500m^2$	曾用名：休憩區
		MG113 專類公園 Theme Park	具有特定內容或形式，配套一定遊憩服務設施的公園綠地，含兒童公園、動物園、植物園等	—
	MG12 城市花園 City Garden	—	依託街道、宅院、建築或特定的空間環境設置，以植物造景和開敞空間相融合為特色、景觀較為精緻的綠地	—
		MG121 廣場花園 Gardening Plaza	有適當綠化，可供市民休閒、遊憩、集會的花園式城市廣場	曾用名：遊樂場、前地
		MG122 街區花園 Street Garden	爲美化街景在城市街區中設置、綠地寬度在5m以上、面積一般大於$100m^2$、可供人短暫休息的街旁花園綠地	—
		MG123 觀景台 View Point	在城市景觀優美的製高點為遊覽觀光而設置的觀景平台及其配套綠地	曾用名：瞭(眺)望台
		MG124 酒店花園 Hotel Garden	城市旅館酒店用地內的花園綠地	—
		MG125 歷史名園 Historic Garden	建園年代較早(一般在30年以上)，有重要歷史價值或包含著名歷史文化遺蹟的花園綠地	—
		MG126 宗教庭園 Religionary Garden	寺廟、宮觀、祠院和教堂等宗教建築的附屬花園	—
		MG127 墓園 Cemetery Garden	花園式墓地，可供人憑弔、遊覽	曾用名：墳場
	MG13 郊野公園 Country Park	—	位於城市郊區，具有燒烤、徒步、騎車等服務設施的自然空間，能夠為大眾提供享受郊野風光的遊憩場所	—
	MG14 庭院綠地 Green Space in the Courtyard	—	各類城市建設用地中的配套綠化用地	—
		MG141 宅旁綠地 Residential Garden	城市居住用地內宅旁的庭園綠地	—
		MG142 綠化庭院 Greening Courtyard	城市公共建築與設施建設用地內可供遊憩的綠地	—
	MG15 體育綠地 Green Space for Physical Training	—	城市體育設施用地內的綠地	—
		MG151 高爾夫綠地 Golf Course	高爾夫球場建設用地內的綠地	—
		MG152 運動場綠地 Green Space in Sport Facility	體育運動場館建設用地內的配套綠地	—

續表

類別代碼與名稱			內容定義	備注
大類	中類	小類		
MG2 道路交通綠地	MG21 道路綠地 Road Green Space		城市道路配套綠化用地，包括道路綠化帶和交通島綠地	—
		MG211 道路綠化帶 Road Green Belt	城市各類道路用地內的帶狀綠地，包括分車綠帶、路側綠地和行道樹	—
		MG212 交通島綠地 Traffic Green Island	城市道路交通島綠化用地，包括中心島綠地、導向島綠地和立體交叉綠地	曾用名： 圓形地
	MG22 設施綠地 Green Space for Infrastructure		城市交通基礎設施用地內的配套綠地	—
		MG221 綠化停車場 Greening Parking Lot	綠化覆蓋率大於30%的城市露天公共停車場。	—
		MG222 交通設施綠地 Green Space for Transport Infrastructure	城市橋樑、隧道、機場、碼頭、停車場等交通設施建設用地內的綠地	—
MG3 苗圃生產綠地	—	—	為城市綠化提供苗木、花草、種子的苗圃、花圃、草圃等綠地	曾用名： 苗圃
MG4 生態景觀綠地	MG41 風景林地 Scenic Forest Land	—	具有一定景觀價值，對城市整體風貌和環境起改善作用，配套有若干遊覽、休息、娛樂等設施的林地	曾用名： 重植林
	MG42 生態濕地 Ecological Wetland	—	低潮位不超過6m的濱岸水域；天然沼澤地、泥炭地，帶有靜止或流動的淡水、半鹹水或鹹水的水域地帶	曾用名： 生態區
	MG43 水源保護地 Drinking Water Conservation	—	一般為綠地所環繞、作為城市飲用水源的人工或天然水體	曾用名： 水庫、水塘
	MG44 垃圾填埋場等恢復綠地 Green Space for Refuse Landfill	—	在城市生活垃圾填埋場等用地上覆土種植、恢復植被所形成的綠地	現狀計入郊野公園或風景林地

積。將攀緣植物組合體用於道路綠化帶的，按其垂直投影面積計算綠地面積。

3.2.2綠化停車場(MG221)以管理邊界100%統計綠地面積。

3.3 庭院綠地(MG14)，以實際綠地邊界量算面積。

3.4 生態景觀綠地(MG4)，按衛星遙感正射影像圖中相關綠色斑塊面積量算。

3.5 澳門城市綠地面積統計單位為平方米(m^2)，同一管理權屬單位的綠地總面積最小統計值為$10m^2$。綠地面積一般依據衛星遙感圖像和地圖量算。部分在衛星遙感圖像中未反映的綠地，經現場補測核實後加以統計。

第四條　水域綠地

澳門城市水域綠地面積的統計方法如下：

4.1 休閒遊憩綠地內的水體100%計入綠地面積。

4.2 濱水地區沿岸平均寬度不小於5m的綠地所圍合的水體，100%計入綠地面積。

4.3 水源保護地與生態濕地內的水體，按常水位標高的水域面積100%計入綠地面積。

4.4 海岸線沿岸的紅樹林種植區域，按衛星遙感正射影像圖中的綠地斑塊量算面積。

4.5 非公園內的遊泳池、消防蓄水池以及開放式的道路集水溝等水工構築物，不計入綠地面積。

第五條　立體綠化

澳門城市立體綠化的綠地面積統計方法如下：

5.1 城市地下或半地下建築屋頂和構築物架空

建築屋頂和架空層頂部綠化面積折算系數　表1-2-3

綠地覆土深度 **D(cm)**	折算系數 N
$D\geqslant150$	1.0
$100\leqslant D<150$	0.8
$60\leqslant D<100$	0.6
$D<60$	0.4

說明：覆土深度是指架空平臺或屋面頂板構造層和防水層以上種植土的覆蓋厚度。

層頂部進行綠化的，根據其綠化種植層覆土深度按不同系數折算後計入綠地面積(見表1-2-3)。計算公式為：$F=M\times N$ (式中：F=綠地面積；M=屋頂或架空層頂部綠化面積；N=折算系數)

5.2 建築物底層架空的內部綠化與外部綠地聯為一體時，架空層室內綠化部分按70%計算綠地面積。

5.3 建築夾層的室內綠化用地面積按50%計算綠地面積。建築夾層室內綠化有與外部平台綠化相連接的，其室內部分按70%計算綠地面積，其室外平台綠化部分按屋頂綠化計算面積。

5.4 建築物牆面或構築物立面進行垂直綠化的，按實際綠化覆蓋面積的50%計算綠地面積；建築窗台、陽台、欄板、遮陽板的垂直綠化，按實際綠化覆蓋面積的30%計算綠地面積；獨立式花架、棚架綠化，按屋頂綠化的相關條款計算綠地面積。

5.5 位於同一建構築物垂直投影下的綠化面積不得重複計算。

第六條　統計指標

澳門城市綠地主要統計指標如下：

6.1 人均綠地面積，是指每個居民平均佔有城市綠地的面積。

計算公式：人均綠地面積(m^2)=城市綠地總面積÷城市常住人口。

6.2 人均休憩綠地面積，是指每個居民平均佔有休閒遊憩綠地的面積。

計算公式：人均休憩綠地面積(m^2)=休閒遊憩綠地總面積÷城市常住人口。

6.3 城市綠化覆蓋率，是指城市綠化覆蓋面積佔城市面積的比率。

計算公式：城市綠化覆蓋率(%)=(全市綠化覆蓋總面積÷城市面積)×100%。

6.4 城市綠地率，是指城市各類綠地總面積佔城市面積的比率。

計算公式：城市綠地率(%)=(各類城市綠地總面積÷城市面積)×100%。

第七條　附則

7.1 本標準由澳門特別行政區民政總署與華南農業大學合作編製。

7.2 本標準由澳門特別行政區民政總署批准發佈並負責解釋。

7.3 本標準從公佈之日起生效，此前與本標準不一致的相關規定即行廢止。

1.2.3 澳門城市綠地分類標準說明

對澳門城市綠地進行分類，應從城市性質、面積、人口、自然條件和環境狀況等出發，充分考慮未來城市發展對綠地的需要，確保城市用地平衡。本標準的編製原則是：參考國家《城市綠地分類標準》(CJJ/T 85–2002)的體例，結合澳門的實際情況而制定，完全覆蓋澳門現有的各類城市綠地，兼顧考慮未來的發展需要。

本標準以綠地功能屬性作為主要的分類依據，力求使綠地分類概念清晰化。同一綠地可同時具有多種功能，如生態保育、休閒遊憩、生產防護等。全澳所有公、私有綠地均按此標準進行分類。本標準適用於澳門特別行政區內的相關工作，主要包括城市綠地規劃、設計、建設與管理、城市綠地統計等。

按照綠地功能屬性優先的分類原則，本標準將澳門城市綠地分為大類、中類、小類三個層次，共4大類、11中類、18小類，以反映綠地之間的層次關係。其中，不同層級類目之間存在隸屬關係，即每一大類包含著若干個並列關係的中類，每個中類包含著若干並列關係的小類。澳門城市綠地類別採用拉丁字母與阿拉伯數字混合型代碼表示。大類用葡文MACAU的第一個字母M，GREEN SPACE的第一個字母G，及一位元數阿拉伯數字表示；中類和小類各增加一位元數阿拉伯數字表示。如MG1表示公園綠地，MG11表示公園綠地中的城市公園，MG111表示城市公園中的綜合公園。各類綠地的主要特徵與功能分別說明如下：

(1) 關於“休閒遊憩綠地”的分類

休閒遊憩綠地是向公眾開放，以遊憩為主要功能，兼具生態、美化、防災等作用的綠地。休閒遊憩綠地是澳門城市綠地的主體部分，也是衡量澳門城市環境生活品質的一項重要指標。針對不同類型的“休閒遊憩綠地”的主要功能，本分類標準把“休閒遊憩綠地”分為城市公園、城市花園、郊野公園、庭院綠地、體育綠地共5中類、14小類。

① 城市公園

城市公園包括市政公園、社區公園和專類公園3個小類。

★**市政公園**是為市民服務，活動內容豐富、設施較完善的綠地。受場地條件限制，澳門市政公園的整體規模一般較小，起點面積規定為大於1,000m^2，不及內地城市同類公園的規模大。但是，其服務全澳市民、提供遊憩活動設施和場地性質、功能完全與內地一致。澳門典型的市政公園有：松山市政公園、宋玉生公園、二龍喉公園、螺絲山公園、白鴿巢公園、花城公園等。

★**社區公園**是為一定居住用地範圍內的居民服務，有一定活動內容和遊憩設施的綠地。社區公園與居民生活密切相關，在住宅開發時要求作為配套設施合理分佈。澳門典型的社區公園有：水塘公園、燒灰爐公園、黑沙環三角花園、黑沙環第四街兒童遊樂場等。澳門城市綠地中習稱的“休憩區”多分佈在街頭和市民住處附近，面積一般大於500m^2，可佈置適量的遊憩、健身設施，或配套設置球場。這些綠地具備社區公園的基本功能特點，故將原“休憩區”類綠地納入社區公園範疇。

★**專類公園**是參照國家綠地分類標準設定的、具有特定功能內容和配套遊憩設施的城市綠地。如兒童公園、動物園、植物園或其他遊樂園。澳門現狀專類公園較少，僅有路環兒童公園及金像農場。但隨著未來的發展，建設專類公園也是一種趨勢。如：2011年1月18日，石排灣郊野公園大熊貓館正式建成開放，它有可能發展成為以大熊貓為主題的專類公園。

② 城市花園

城市花園包括廣場花園、街區花園、觀景台、酒店花園、歷史名園、宗教庭園和墓園7個小類。與城市公園相比較，城市花園同樣為市民提供遊憩場地，但依託特定空間環境設置，景觀精緻。其中：

★**廣場花園**是指有適當綠化，可供市民遊憩、休閒和集會的花園式城市廣場。澳門目前稱為“廣場”、“前地”類型的綠地，均屬於該範疇。典型的廣場花園有媽閣廟前地、崗頂前地、議事亭前地、亞婆井前地、西灣湖廣場、金蓮花廣場等。

澳門綠地分類中的“廣場花園”，按照國家《城市綠地分類標準》(CJJ/T 85–2002)的規定，是指有適當綠化，可供市民遊憩、休閒和集會的花園式城市廣場。

在《城市綠地分類標準》(CJJ/T 85–2002)中，有一類綱要綠地形式——“街旁綠地”，特指散佈於城市裏的中小型開放式綠地。雖然有的街旁綠地面積較小，但具備遊憩和美化城市景觀的功能，是城市中量大面廣的一種公園綠地類型。在“街旁綠地”的“內容與範圍”一欄中，涉及“街道廣場綠地”的概念，它是我國城市綠地建設中的一種新類型，是美化城市景觀，降低城市建築密度，提供市民活動、交流和避難場所的開放空間。

在用地功能、空間位置和景觀效果上，澳門綠地分類中的“廣場花園”與國家標準中的“街道廣場綠地”基本對等。按照國家標準中的規定，“街道廣場綠地”屬於“公園綠地範疇”，在這類綠地內，雖然綠化、水體、鋪裝所佔用地總面積的比例可以有所不同，但均應按照實際用地面積全部計算為綠地。澳門城市綠地中的街道廣場綠地面積的統計，也應該遵循此計算方法。

此外，由於特定的歷史原因，澳門具有較為濃厚的南歐城市風格。在歐洲，城市裏的街道廣場和遊憩綠地均定義為Open Space，為市民提供日常的遊憩生活空間。因此，澳門的街道廣場綠地雖然鋪裝面積比例較大，但仍然應該全部計入城市綠地實施管理。

★**街區花園**是指具備一定寬度(5m以上)，面積一般大於100m^2，可設置少量休息設施供人短暫停留和休憩的綠地。其面積一般較小但分佈面廣，零星散佈在各街頭巷道。代表性的街旁綠地有：恩尼斯花園、天神巷、仁慈堂右巷、市政狗房花園等。

★**觀景台**是指在城市景觀優美的製高點為遊覽觀光而設置的觀景平台及其配套綠地。澳門為島嶼地形，海岸線長，目前在靠海邊的山丘上仍保留著一些早期建造的瞭望台可欣賞海岸風光，成為獨特的一種城市綠地形式。本標準將原名的“瞭望台”替換為“觀景台”，旨在強調其觀光功能性，並與其英文名(View Point)相呼應。較典型的觀景瞭望台有：西望洋聖母眺望台、瑪利亞二世皇后眺望台、馬交石瞭望台等。

★**酒店花園**是酒店、賓館、娛樂場所等配套的綠地。如澳門寰鼎(威斯汀)渡假酒店綠地、四季酒店綠地、永利酒店綠地等。

★**歷史名園**是指建園年代較長(30年以上)且有較高歷史價值或包含著名歷史文化遺蹟的花園綠地。澳門的歷史名園較多，如加思欄花園、得勝花園、碼頭花園、氹仔市政公園、區華利前地、盧廉若公園、民政總署內庭花園、史劉蓮德博士眺望台(十字花園)等。

★**宗教庭園**是指寺廟、宮觀、祠院和教堂等宗教建築的附屬花園。澳門是個多元文化交融的城市，有多種宗教建築和文化和諧共存。市區目前現存的中式寺廟、祠堂、道觀和西式教堂數目眾多。這些宗教建築多有附屬綠地，面積大小不一，均納入此範疇。澳門較典型的宗教庭園如西望洋聖堂、大堂(主教座堂)、聖若瑟修道院、媽閣廟、普濟禪院(觀音堂)等。

★**墓園**特指花園式的墓地，一般具有園林化的景觀風貌。這些墓園，在傳統墓地的基礎上兼備了一定的景觀遊賞功能，其基本特徵與花園相似。因此，將墓園歸入“城市花園”範疇具有合理性。同時，考慮到西方發達國家一般都將墓園視為花園的慣例，故在分類上將墓園劃定為“城市花園”中的小類。

③ 郊野公園

郊野公園是具有燒烤、徒步、騎車等設施的自然空間，能夠為大眾提供享受郊野風光的遊憩場所。澳門代表性的郊野公園有黑沙水庫郊野公園、大潭山郊野公園、九澳水庫郊野公園、黑沙龍爪角海岸徑等。

④ 庭院綠地

庭院綠地包括宅旁綠地和綠化庭院2個小類。

★**宅旁綠地**是城市居住用地內的庭園綠地，是居住用地內最基本的綠地類型，多數位於住宅建築之間，大小、寬度和形狀不一，供居民公共使用。澳門城市居住用地內的綠地，根據其主要功能和規模等級可分為社區公園、街區花園和宅旁綠地3種類型。其中宅旁綠地的面積一般小於社區公園和街區花園，但使用頻率較高。典型的宅旁綠地有如海洋花園、保利達花園、竹灣豪園、海蘭花苑等。

★綠化庭院是城市公共建築和設施用地的配套綠地。各類行政辦公建築、文化設施、商業金融設施、醫療衛生設施、教育科研設施和其他公共設施用地內的配套綠地，均屬於該範疇。典型的實例有如澳門特別行政區政府總部、東方基金會、葡萄牙駐澳門總領事館、何東圖書館、鏡湖醫院等。

⑤ 體育綠地

體育綠地包括高爾夫綠地和運動場綠地2個小類。

★高爾夫綠地有如寰鼎(威斯汀)渡假酒店的高爾夫球場、凱撒高爾夫球場俱樂部。

★運動場綠地包括了各種性質的運動場的配套附屬綠地，如作為競技體育賽場用途的東亞運動會體育館、國際射擊中心、網球學校及保齡球中心及澳門賽馬會等。還有作為賽狗用途的澳門綜合體育場及逸園跑狗場，以及路環小型賽車場等附屬綠地，也歸入此類。

(2) 關於道路交通綠地的分類

道路交通綠地是城市道路的配套綠化用地，包括道路綠地和設施綠地2個中類。其中，道路綠地包括道路綠化帶、交通島綠地2個小類；設施綠地包括綠化停車場和交通設施綠地2個小類。

① 道路綠地

★道路綠化帶包括分車綠帶、路側綠地和行道樹。分車綠帶為道路車道之間的綠化分隔帶。路側綠地是位於道路側方，佈置在人行道邊與道路路幅邊界的綠地。行道樹是位於人行道和車行道之間的綠化樹。典型的道路綠地如殷皇子大馬路、路氹連貫公路、西灣湖景大馬路、城市日大馬路等。

★交通島綠地是城市道路交通綠化用地，包括中心島綠地、導向島綠地和立體交叉綠地。中心島綠地是位於道路交叉路口中心的島狀綠地；導向島綠地是位於道路交叉路口邊緣導向島上的綠地。立體交叉綠地是互通式立體交叉幹道與匝道圍合的綠地。以往澳門綠地分類中習稱的“安全島”、“迴旋處”、“圓形地”等綠地，均納入此類。典型的交通島綠地有如石排灣圓形地、盧伯德圓形地、東亞運圓形地等。

② 設施綠地包括綠化停車場和交通設施綠地2個小類。在澳門，城市露天停車場的綠化覆蓋率若超過30%則視為綠化停車場，不足則納入交通設施綠地。綠化停車場有如黑沙環中街停車場、青洲上街停車場。交通設施綠地是指橋樑、隧道、對外交通的機場、碼頭，非綠化停車場類的露天停車場配套綠地。如羅理基博士大馬路天橋(宋玉生廣場)、亞馬喇前地隧道、澳門國際機場等。

(3) 關於苗圃生產綠地的分類

澳門的園林苗圃公私兼有。因此，在苗圃生產綠地分類時，不論其權屬部門是否歸政府部門，只要是為城市綠化服務，能夠為城市提供綠化苗木、花草種子的苗圃、花圃、草圃等綠地，均列入苗圃生產綠地。但是，季節性、臨時性苗圃或僅作為苗木租賃用的苗地，以及不具備商業經營性質的學校和單位的附屬苗圃，均不納入該類綠地。

澳門的生產綠地很少，只有鴨涌河苗圃、沙崗苗圃等幾處。

(4) 關於生態景觀綠地的分類

本標準按功能類型將生態景觀綠地分為風景林地、生態濕地、水源保護地和垃圾填埋場等恢復綠地等4個中類。其中，位於路環和氹仔的山林地是20世紀80年代因病蟲害而重新改種的林帶，即目前稱為“重植林”的綠地。澳門的重植林除了具有改善環境的生態作用外，也有一定的景觀價值，是未來有潛力發展成為郊野公園的備用林地。因此，本標準將其調整命名為“風景林地”。除重植林之外，澳門部分山體呈自然綠化狀態，也將其納入“風景林地”範疇。典型的風景林地如生態保護一區、西望洋山林等。

澳門的生態濕地也稱人工生態保護區，旨在保護海岸候鳥資源和紅樹林。水源保護地是一般為綠地所環繞、作為城市飲用水源的人工或天然水體，如水塘、九澳水庫、黑沙水庫。

(5) 關於綠地面積的計算方法

澳門的城市綠地產權有公共和私有之分。因此，在綠地面積的計算上，休閒遊憩綠地、道路交通綠地和苗圃生產綠地均按照政府部門的管理範圍量算邊界。生態景觀綠地則按照衛星正射影像圖的實際綠地邊界量算面積。每塊綠地只統計錄入一次，不得重複計算。喬木樹冠以下的灌木和地被草地面積不重複計算。

根據澳門人多地狹的特點，城市綠化的低限統計指標與國家標準相比作一定幅度下調以適應實際情況。同一管理權屬單位綠地總面積的最小統計值定為10m²。

① 關於綠地中水體面積的計算依據：

根據國家標準《城市園林綠化評價標準》(GB/T 50563–2010)的規定：

★"公園綠地的統計方式應以現行行業標準《城市綠地分類標準》(CJJ/T 85–2002)為主要依據。"

★"關於水面的統計，本項評價明確規定：公園綠地中納入到城市建設用地內的水面計入公園綠地統計。"

該國家標準條款說明了在城市建設用地範圍內，位於公園綠地內的水面應全部納入公園綠地面積進行統計。澳門是個沒有農村的完全城市化地區，特區政府行政轄區境內的土地均為城市建設用地。因此，在澳門城市綠地的統計工作中，可以參照國家標準的計算方法，將屬於各類城市綠地內的水面全部納入綠地面積進行統計。而非公園綠地內的游泳池、消防蓄水池及開放式的道路集水溝等水工構築物，不計入綠地面積。

② 關於生態濕地的計算依據：

濕地是城市環境中的重要自然資源。在《澳門城市綠地分類標準》對"生態濕地"的定義中，引用了1970年2月2日在伊朗拉姆薩爾簽定的《關於特別是作為水禽棲息地的國際重要濕地公約》(Convention on Wetlands of International Importance Especially as Waterfowl Habitat，簡稱《濕地公約》) 中對濕地的定義。即："低潮位不超過6m的濱岸水域；天然沼澤地、泥炭地，帶有靜止或流動的淡水、半鹹水或鹹水的水域地帶。"該定義是目前內地比較認可，而且在相關文獻中較多引用的濕地定義。

在《澳門城市綠地分類標準》中的"生態濕地"，採用了廣義的濕地含義。只是強調了滿足上述條件的水域符合生態濕地的標準，並非將所有低潮位不超過6m的水域或水面都劃定為生態濕地。

在附表《澳門綠地分類統計表》中的"生態濕地"，包括了生態保護一區、生態保護二區、黑沙村生態濕地、望德聖母灣大馬路濕地等水體。按照《澳門城市綠地分類標準》設定的統計方法，其中黑沙村生態濕地、望德聖母灣大馬路濕地等水體按照常水位標高的水域面積100%計入綠地面積；生態保護一區、生態保護二區的紅樹林生態濕地以實際衛星遙感正射影像圖中的綠地斑塊面積量算，100%計入生態景觀綠地面積。水塘、水庫等水源保護地的水體，也按照常水位標高的水域面積100%計入生態景觀綠地面積。

未來在澳門現狀海岸及新填海區海岸附近水域規劃設置的紅樹林生態濕地，以沿海岸平均寬度80m作為其控制範圍。具體的面積統計方法(如生態保護一區、生態保護二區)，均以實際衛星遙感正射影像圖中的綠地斑塊面積100%計入生態景觀綠地面積。

(6) 關於綠化基本指標的說明

計算城市綠地基本指標時，應採用相應的城市人口和用地資料以增強綠地統計的科學性。本標準將澳門城市綠地系統的4個綠化統計指標定為(其中，城市綠地總面積為4大類綠地的面積總和)：

①人均綠地面積；

②人均休憩綠地面積；

③城市綠地率；

④城市綠化覆蓋率。

其中，城市綠化覆蓋率是指在城市範圍內所有綠化植物的垂直投影總面積與城市用地總面積的比率，包括園林綠地之外的單株樹木的樹冠面積。該指標一般要通過衛星遙感、航拍等技術手段計算得出。

1.3 澳門城市綠地分類標準編製的務實創新

澳門城市綠地分類標準的編製，是本規劃綱要研究重要的開拓性基礎工作，須盡可能注意做到理論與實際相貫通，務實與創新相結合。它具體表現在：充分尊重澳門作為特別行政區、具有獨立行政權和立法權的特點，將國家相關標準的編製原則與澳門的實際相結合，統籌考慮綠地類型與名稱的界定、面積統計方法以及標準內容與國家標準相互接軌的途徑；做到既務實繼承傳統，又創新解決問題。

1.3.1 澳門城市綠地分類標準與國標[1]的比較

(1) 以綠地使用功能爲主要分類依據

比照內地現行的城市綠地分類標準，雖然國家標準也提出要以綠地功能為分類依據，但實際很難貫徹到位。由於較多考慮綠地分類與城市規劃建設用地分類等現行相關規範的對應要求，具體的分類方法重點關注、體現綠地與其他各類城市建設用地之間的對應關係。如"附屬綠地"體現包含在其他城市建設用地中的綠地，分類與城市建設用地分類標準中的大類相對應。"其他綠地"定義為城市建設用地之外和城市規劃區範圍以內的綠地，不計入城市建設用地。

按照現行的國家標準分類法，內地城市公園綠地中的"居住區公園"參與城市建設用地平衡。其中扣除掉 "社區遊園"取代"公共綠地"也參與城市建設用地平衡。在進行城市綠地統計時，"附屬綠地"不單獨參與城市建設用地平衡，"其他綠地"也不計入城市建設用地參與平衡。"社區遊園"則不計入"附屬綠地"重複計算。

澳門是一個完全城市化的地區，沒有農村和農業用地。所以，城市綠地分類對象可以是澳門境內的全部綠地。在澳門特區內的城市規劃建設用地平衡，也不存在城市建設用地與農用地之間的屬性鴻溝，可以將綠地功能作為主要依據進行城市綠地分類，不必過分考慮綠地屬性與各類城市建設用地之間的矛盾平衡。因此，本標準取消了分類標準初稿中參照國家標準設置的"附屬綠地"大類，對其中的小類也按使用功能進行了調整，分別納入其他大類綠地之中。

(2) 盡量與國標中的綠地類型相呼應

澳門作為中國的特別行政區，其城市綠地分類標準應該盡可能與國家標準接軌，以便於內地城市與澳門同行之間的專業交流和相互借鑒。在這方面，本標準在編製中作了細緻考慮和技術處理。例如：

① "城市公園"中類的3個小類——"市政公園"、"社區公園"和"專類公園"，因在功能、性質上與國家標準對應分類基本一致，故在命名上基本沿用國家標準分類命名。

② "道路交通綠地"與國家標準分類"附屬綠地"中的"道路綠地"性質、功能基本等同，故基本沿用內地的"道路綠地"命名。

③ "街區花園"與內地分類的"街旁綠地"內涵基本一致，但概念不完全對等。澳門的街區花園是可供人短暫休息的小型沿街綠化用地，而內地分類的"街旁綠地" 在此基礎上限定其綠化佔地比例為60%。

④ 國家標準分類將"郊野公園"納入"其他綠地"範疇，主要考慮其用地位於城市建成區以外、規劃區之內。澳門的郊野公園是城市公園綠地的主要類型之一，因此將其獨立作為一個中類。

(3) 實事求是地增加一些特色綠地類型

"公園綠地"的主要功能是為市民提供綠化環境良好的戶外遊憩場所，是具有公共遊憩功能的休閒綠地總稱。"休閒遊憩綠地"除了傳統意義上具有公園性質的綠地外，只要對公眾開放、有一定文化服務設施、以休閒遊憩為主要功能、兼具生態、美化、防災等特性的園林綠地均可囊括在內。因此，庭院綠地、體育綠地也都屬於"休閒遊憩綠地"的範疇。若沿用國家標準中的"公園綠地"作大類命名，容易產生字面意義的誤解。採用"休閒

---

❶ 國標：這裏指的是2002年9月1日由中華人民共和國建設部頒布實施的《城市綠地分類標準》。

遊憩綠地”的分類名稱，也便於國際間同行交流與指標比較。

“城市花園”中類，是澳門城市綠地系統中的特有分類。“城市花園”、“遊憩廣場”和“瞭望台”，是目前澳門綠化管理及統計工作中約定俗成的綠地名稱，較為普及。所以，將“城市花園”中類裏對應的綠地小類綜合調整命名為“廣場花園”、“街區花園”、和“觀景台”。這些都是現行城市綠地分類國家標準裏不曾出現的新名稱，富有澳門特色。

1.3.2 澳門城市綠地分類標準的主要創新點

(1) 中外接軌，功能優先

澳門作為一個高度國際化的繁榮都市，城市綠地分類標準的制定不僅要考慮能全面覆蓋澳門地區的綠地類型，還要顧及與國際上同類綠地名稱接軌。例如，“遊憩綠地”(Green Space for Leisure & Recreation)是發達國家普遍採用的一類綠地名稱。以“休閒遊憩綠地”大類對應國家標準中的“公園綠地”大類，是澳門城市綠地分類標準編製的特色之一。它充分體現了以綠地功能為分類依據的原則，更直觀地體現公共綠地的主要功能，有利於城市綠化建設更好地與國際慣例接軌，有助於體現澳門建設國際休閒旅遊城市的發展目標。

(2) 分類協調，明確層次

歷史上澳門一直缺乏內容全面、能夠包容覆蓋多層次城市綠地的分類標準。為使澳門的綠地分類標準能與國家標準內容相銜接，項目組通過分類協調、明確層次的方法，使大部分澳門綠地與國家標準中對應綠地的內涵相吻合，有些甚至直接沿用了國家標準的命名，從而做到綠地的大類、中類和小類層次分明，保證了綠地分類的科學性與協調性。

(3) 凸顯特色，新舊兼顧

本標準根據澳門實際命名了一些特色綠地類型，如：休閒遊憩綠地(大類)、城市花園(中類)、酒店花園(小類)、墓園(小類)、高爾夫綠地(小類)、觀景台(小類)等，這些都是在內地城市綠地分類標準中不曾有的名稱，凸顯了澳門特色。編製中還綜合考慮了澳門特區民政總署園林綠化部前些年制定的綠地分類方法，在保證綠地內涵一致、功能內容吻合的前提下，以“城市花園”，“墓園”、“交通島綠地”等名稱，分別替換原有的“花園”、“墳場”、“圓形地”等傳統叫法。此舉既便於和國家標準接軌，也保證了澳門園林綠地建設管理資料統計口徑上的延續性。

大三巴牌坊前綠地

第二章 Chapter two
澳門城市園林綠地現狀調研

第二章　澳門城市園林綠地現狀調研

2.1 澳門特區與綠地調研概況

2.1.1 澳門地理特點與城市概況

澳門特別行政區位於中國東南沿海珠江三角洲的西岸，毗鄰廣東省，與香港相距40海浬，距離廣州130km。澳門特別行政區地域範圍包括澳門半島、氹仔島和路環島，其陸地面積因多年不斷地填海造地而一再擴大，已由20世紀初期的11.6 km^2逐步擴展至今天的29.5 km^2。

澳門的氣候炎熱而潮濕，6月至9月的氣溫可高達30℃以上，11月至翌年2月的平均氣溫也不低於14℃。每年夏秋的颱風季節，澳門都有可能受到來自南海及西北太平洋的熱帶氣旋影響，對城市綠地的樹木生長不利。

1553-1557年間，葡萄牙人登陸澳門[1]，利用澳門優良的港口條件發展國際貿易。此後的四百年裏，澳門經歷了城市擴建、定型和快速發展階段。目前，澳門居民54.24萬人(澳門特別行政區統計暨普查局2010年第一季度——截至到2010年3月31日的統計結果)，平均人口密度為1.8萬人/ km^2，其中85.5%以上的人口居住在僅9.3 km^2的澳門半島上。澳門半島北區更是全球人口密度最高的城區之一。

澳門以中文為日常用語的人，超過居住人口的95%，而使用葡萄牙語的人口佔0.6%，其餘人口使用英語、菲律賓語和其他語言。

1999年澳門回歸祖國後，國際旅遊博彩業的發展給澳門經濟發展帶來了空前活力，成為澳門經濟發展的主要動力之一。在中央政府的大力支持下，國家進一步放寬了內地居民赴澳門的旅遊政策，有效促進了澳門社會經濟進入快速發展的新階段。

目前，澳門最大的直接稅收來源於博彩業和旅遊服務業。作為近代中西文化交流最重要的一個橋頭堡，4個世紀以來各種文化在澳門這塊土地上相互碰撞和交流，形成了獨特的歷史文化氛圍。澳門歷史城區見證了西方文化與東方文化的碰撞與對話，證明了中華文化永不衰敗的生命力、澳門文化的開放性和包容性以及中西方文化和平共存的可能性。尤其難能可貴的是，澳門歷史城區至今依然基本保存着原有的景觀面貌並延續其功能，成為澳門歷史文化和市民生活的重要組成部分。2005年7月，澳門歷史城區被聯合國教科文組織批准成為世界文化遺產。如今，澳門城市綜合旅遊的產業框架已逐漸形成，娛樂觀光和休閒渡假成為眾多中外遊客來澳門的主要選擇。

2.1.2 相關基礎資料與文獻資源

(1) 澳門概況

通過搜尋引擎與文獻閱讀對澳門概況進行文獻研究，發現有《澳門概況》等20篇文章，其中有《澳門_百度百科》等9篇網絡文章。

(2) 澳門地圖

通過對百度、GOOGLE等搜尋引擎進行搜索，下載了《澳門半島景點分佈圖》等12幅地圖。

(3) 澳門園林建設

通過搜尋引擎與文獻閱讀對澳門的園林建設進行文獻研究，發現有由民政總署出版的《澳門綠野遊踪》(陳玉芬等，2003年)以及蕭嘉的《澳門的

[1] (瑞典)龍思泰著.早期澳門史[M]. 吳義雄等譯. 北京：東方出版社，1997：28.

著名園林》共2部書籍及14篇文章涉及澳門的園林建設。

(4) 澳門城市綠化

通過搜尋引擎與文獻閱讀對澳門的城市綠化進行文獻研究，發現有浙江大學梁敏如(2006年)的碩士論文《澳門城市綠地與園林植物研究》及其同年在《中國園林》期刊上發表的論文《澳門綠地類型概況》兩篇文章均對澳門的城市綠地作了概述和分析。

(5) 澳門文化遺產

通過《世遺文物網》(http://www.macauheritage.net/cn/default.aspx)查閱了《澳門世界遺產》等9篇文章。

(6) 澳門生態環境

通過文獻查閱，發現有甄堅偉的《澳門環境與可持續發展》等7篇文章涉及澳門的生態環境。

(7) 澳門旅遊事業

通過搜尋引擎與電子資料庫，發現有丁華等的《澳門城市生態旅遊初探》等6篇文章涉及澳門的旅遊事業。

(8) 澳門政策法規

通過搜尋引擎與電子資料庫，發現有陳多的《澳門的政治體制與公共行政》等7篇文章涉及澳門的政策法規。

(9) 澳門植物資源

通過搜尋引擎與文獻閱讀對澳門的植物資源進行文獻研究，發現有葉有華等編寫的《澳門松山公園樹木健康評估》等7篇相關文章。

長期以來，澳門人為改善城市環境和綠化建設作出了不懈努力。早在19世紀初，澳門政府就順應城市發展的需要開闢了公園，營造綠色環境。1883-1886年間，羅沙(Tom de Sousa Rosa)總督組織市民在松山開展了一系列的山坡綠化工作，遍植松樹。1889年，葡萄牙人鴨寮奴居士在澳門半島東部設計了新花園。這些頗具開創性的舉措，成為19世紀下半葉澳門大規模建立公園和綠地的開端。

從19世紀中葉到20世紀30年代，澳門城市園林綠化的主要開發項目是力求改善澳門的森林區和花園地帶。20世紀30年代後，由於戰爭等原因，澳門的綠化運動停滯不前。直到20世紀80年代，澳門才再度興起植樹綠化運動。當時，澳門政府擬定了一份關於全面綠化城市景觀的計劃。1982年，澳門政府農林廳開始舉辦澳門“綠化週”活動(每年的3月15-21日)，宣傳保護、珍惜澳門的綠化成果。

1990年，澳門市民為推動環保事務、提倡綠化運動成立了“澳門綠色力量”的民間社團。同年，澳門環境委員會根據《澳門組織章程》第30條第一款C項制定了《環境綱要法》。該項法規的頒佈，標誌著澳門的環境保護工作進入了法制化階段。1999年前，景觀設計師Francisco M. Caldeira Cabral以宋玉生廣場為代表作，規劃建設城市的“綠色走廊”，提倡用綠化空間的網絡系統給城市以生命。澳門回歸祖國之後，特區政府為綠化澳門不遺餘力，10年來先後制定了一系列的綠化政策加強澳門城市綠化，城市綠化面積持續增加。

規劃組通過使用網絡數據庫、圖書館查閱文獻資料及使用互聯網搜尋引擎三種方法進行了文獻研究，發現澳門迄今仍未進行過城市綠地系統規劃的相關工作。文獻檢索的結果如下：

① 通過網絡數據庫，在中國知網裏分別以“澳門城市綠地系統規劃”、“ 澳門綠地系統規劃”、“澳門綠地規劃”為搜索關鍵字，搜索結果為0；以“澳門城市規劃”為關鍵字，搜索結果有77個，其中相關文獻僅2篇，即浙江大學梁敏如的《澳門城市綠地與園林植物研究》和《澳門綠地類型概況》。但是，這2篇文獻未對澳門的城市綠地系統規劃問題進行全面研究。

在維普信息網中，以“澳門綠地”為關鍵字，搜索結果亦為《澳門綠地類型概況》。而在ProQuest歐美博碩士學位論文全文庫中，以“Urban Green Space System Planning, Macau”為搜索關鍵字,查詢結果有7條記錄，其中相關文獻為0。在Multi-science Publishing Journals資料庫中，以“Urban Green Space System Planning, Macau”為關鍵字，搜索結果亦為0。

② 通過在華南農業大學、華南理工大學、暨南大學與華南師範大學的圖書館查閱文獻資料，

發現各館內分別有110、86、1,193、260本書籍與澳門相關。其中，華南農業大學和華南理工大學圖書館裹有兩本書籍與澳門綠化相關，即Francisco M. Caldeira Cabral與Annabel Jackson撰寫的《澳門園藝與景觀藝術》和劉庭風編著的《嶺南園林——香港/澳門/海南/廣西園林》。在暨南大學圖書館中有Jeremy Tambling and Louis Lo編寫的《Walking Macau, Reading the Baroque》與澳門綠化相關。而華南師範大學圖書館中僅有一本由黃就順、李金平編寫的《澳門環境保護》與澳門綠化建設有關。但是，上述書籍中均未論及澳門的城市綠地系統規劃與建設。

③ 通過運用百度和GOOGLE兩個搜尋引擎，以“澳門城市綠地系統規劃”為關鍵字進行搜索，各有49,400、32,600條結果；其中相關的結果各有3條和20條，但仍未發現有與澳門城市綠地系統規劃相關的文獻。

綜上所述，可知迄今爲止澳門政府和相關機構未做過澳門城市綠地系統規劃及其專題研究工作。

2.1.3 澳門綠地調研內容與範圍

澳門城市綠地系統規劃所需的現狀綠地調查研究內容包括三個主要部分：

(1) 編製澳門城市綠地分類標準；

(2) 實地調查澳門各類城市綠地；

(3) 澳門城市綠地分類信息統計。

項目組對澳門城市綠地調查研究的範圍包括了澳門特區全境，即澳門半島、氹仔島、路環島及相關填海區域，總面積29.5km^2。

2.2 澳門綠地調研的技術方法

2.2.1 基礎資料來源和應用軟件

(1) 基礎資料來源

① 澳門0.6m精度電子衛星影像圖 (2010年2月,澳門地圖繪製暨地籍局提供)；

②《澳門地圖集》(第二版)，澳門地圖繪製暨地籍局出版 (2005年)；

③ 澳門半島及氹仔、路環1:10,000 AutoCAD地形圖 (2009年,澳門地圖繪製暨地籍局提供)；

④ 澳門半島及氹仔、路環1:1,000分幅AutoCAD地形圖 (2009年,澳門地圖繪製暨地籍局提供)；

⑤ 澳門廟宇節慶地圖(澳門特別行政區政府旅遊局贊助提供)；

⑥ 澳門旅遊地圖(澳門特別行政區政府旅遊局認可刊物)；

⑦ 澳門最新街道圖(澳門日報創刊45周年紀念地圖)；

⑧ 澳門現有的各類城市規劃及綠化管理相關資料(澳門特別行政區民政總署提供)。

(2) 應用軟件

分別採用2006版AutoCAD、2003版Excel、2003版Word和Adobe Photoshop CS2對澳門城市綠地現狀進行信息提取、資料處理和成果輸出。

2.2.2 綠地現狀調研的作業流程

詳見(圖2-2-1)

2.2.3 綠地現狀調研的技術方法

澳門綠地現狀調查採用了現場踏勘和衛星遙感資料相結合的方法。在澳門民政總署園林綠化部提供的資料基礎上，結合相關文獻資料，綜合分析澳門綠地現狀。具體工作包括外業及內業兩大部分內容：

(1) 外業工作：依據城市綠地的相關基礎資料，對現狀綠地逐一進行外業現場普查，同時在地形圖上標注各塊綠地的名稱、性質、邊界範圍及權屬單位等其他綠地備注信息。通過現場踏勘，全面瞭解澳門的自然環境和綠化現狀。

整個綠地現狀踏勘分三個階段進行：

第一階段的工作重點是對澳門全境的各類型綠地進行抽樣調查，調查範圍盡量涵蓋澳門綠化管理部門所管轄的各類型綠地。在第一輪綠地抽樣調查的基礎上，完成制定《澳門城市綠地分類標準》(初稿)和現狀綠地分類的內業工作。

第二階段和第三階段的現狀調查重點為存

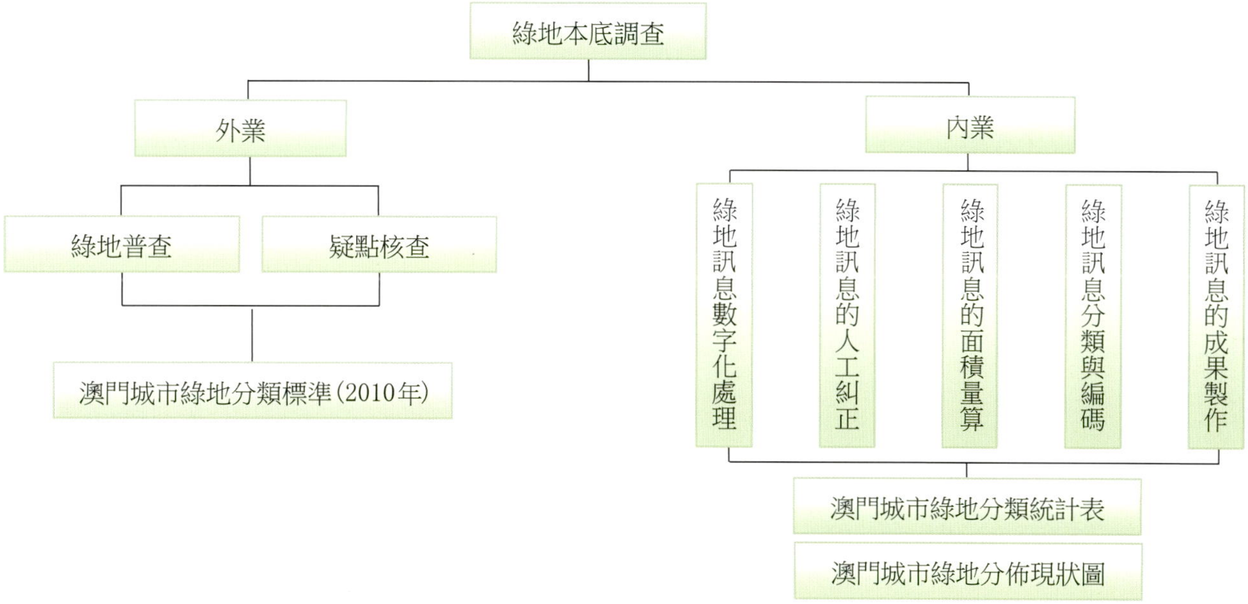

圖2-2-1 澳門城市綠地本底調查的作業流程圖

在分類疑點的各塊綠地，完成現場的覆核和查漏補缺，並對《澳門城市綠地分類標準》(初稿)進行修訂。

澳門城市綠地中的園林植物應用品種，2003年已由民政總署委託華南植物園的專家進行過調查研究，研究成果較全面，故外業工作不再重複進行城市園林綠化應用植物種類的調查。

(2) 內業工作：運用軟件將外業調查所得的綠地現狀資料進行匯總處理，分析各類綠地的總面積及空間分佈，找出現狀存在的問題，進一步研究解決的辦法。具體工作包含四方面內容。

① 綠地信息的數字化處理

★以澳門地圖繪製暨地籍局提供的2009年澳門電子地圖為基礎資料，分別將各分區1:10,000的地形圖和1:1,000的地形圖進行拼接，完成澳門全境地形總圖。

★採用1:1,000的地形總圖疊加高精度電子衛星影像圖作爲繪圖參考，對澳門城市各綠地邊界進行描繪。

★按《澳門城市綠地分類標準》對現狀綠地的信息進行分層、分色處理，完成澳門城市綠地分類統計詳圖(dwg格式及jpg格式)。

② 綠地信息的人工糾正

將繪圖量算所得的綠地垂直投影面積與澳門民政總署提供的綠地面積進行對比。通過實地核查，與民政總署園林綠化部專業人員核實綠地邊界，對澳門城市綠地分類統計詳圖進行二次糾正。

③ 綠地面積及指標的計算

在AutoCAD中將描繪的現狀綠地邊界按分類關聯填充，計算得出各塊綠地面積，計算澳門各類綠地的總面積、綠地率及人均綠地面積等各項指標。

④ 製作澳門城市綠地分類統計表

根據澳門城市綠地分類標準及澳門城市綠地分佈現狀圖，製作填寫澳門城市綠地分類統計表(表2-2-1)。其中，綠地信息的編碼採用“綠地類別代碼–M/I(半島/離島)–面積排序(由大到小)”的格式。圖幅編碼沿用澳門地圖繪製暨地籍局提供的1:20,000地形圖(2009年)圖幅分格表的三位元數編碼。

2.3 澳門綠地調研的基本結論

從現狀調查情況看，澳門城市綠化已經具備較好的基礎。現有的城市綠地類型豐富且在城市裏分佈較均勻，植物生長狀況良好。城區內的園林

澳門城市綠地分類統計表示例 表2-2-1

綠地編碼	綠地名稱	面積(m^2)	位置	圖幅編碼	備注(建園年代)
MG111-M-01	松山市政公園	103,056	地厘古工程師馬路	088 107 108	1886年

綠地佈局精緻，別具一格，具有濃郁的南歐文化情調，基本能夠適應澳門城市高密度人居環境中居民對綠地空間的遊憩生活需求。但是，由於長期葡萄牙統治方式形成的城市空間不均衡發展格局，導致澳門城區內的園林綠地多數過於細碎，生態效益較弱，整體上尚未形成完善的城市綠地系統。

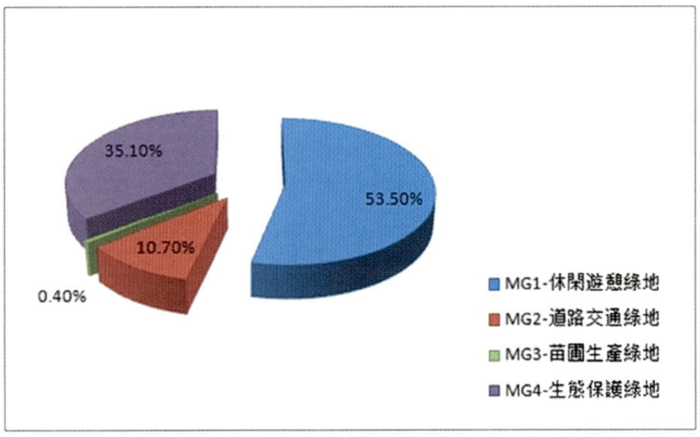

圖2-3-1 澳門城市綠地構成分析圖

2.3.1 澳門城市綠地的分類構成

現狀統計數據顯示，澳門現有24種不同類型的城市綠地，基本涵蓋了國家《城市綠地分類標準》(CJJ/ T 85–2002)中的所有綠地類型。其中，休閒遊憩綠地分佈最廣、數量最多，佔澳門城市綠地總面積的**53.5%**；生態景觀綠地佔澳門城市綠地總面積的**35.1%**；道路交通綠地佔澳門城市綠地總面積的**10.7%**；苗圃生產綠地最少，只佔澳門城市綠地總面積的**0.4%**(圖2-3-1、圖2-3-2、圖2-3-3)。

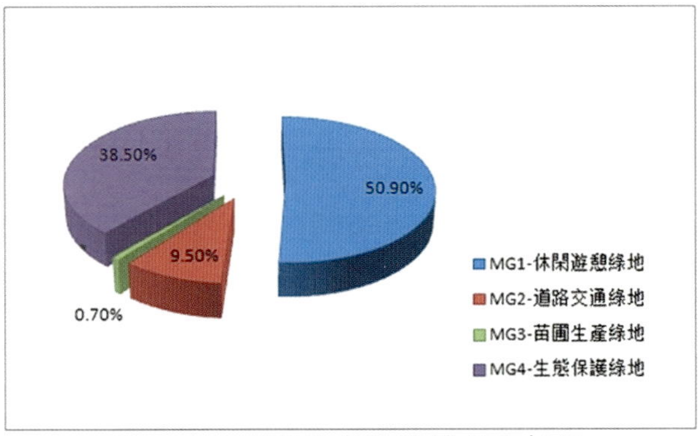

圖2-3-2 澳門半島綠地構成分析圖

澳門半島人口密集，城市綠地形式以休閒遊憩綠地為主，其中又以城市花園和庭院綠地居多；其次是城市公園綠地，而體育綠地相對較少，沒有郊野公園(圖2-3-4)。

澳門離島與半島相比，擁有更多的自然山林，其城市綠地構成亦以休閒遊憩綠地為主，也是以城市花園和庭院綠地居多，其次是城市公園和體育綠地，郊野公園數量雖少但所佔面積最大(圖2-3-5)。

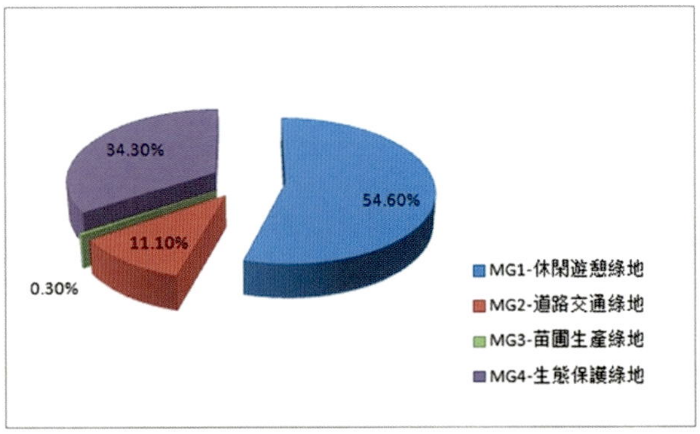

圖2-3-3 澳門離島綠地構成分析圖

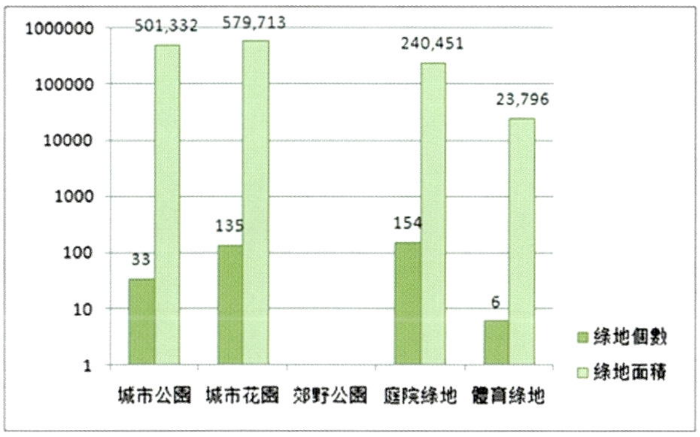

圖2-3-4 澳門半島休閒遊憩綠地構成

圖2-3-5 澳門離島休閒遊憩綠地構成

2.3.2 澳門城市綠地的現狀指標

澳門城市綠地量算統計的主要現狀指標為(表2-3-1)：

★城市綠地總面積12.4km^2；

★人均綠地面積22.9m^2；

★城市綠地率42.0%(其中：澳門半島26.9%，離島49.0%)；

★休閒遊憩綠地總面積6.7km^2，人均休閒遊憩綠地面積12.3 m^2。

2.3.3 澳門城市綠地的植被狀況

根據實地調查和收集的有關資料統計(邢福武等，2004年)，澳門共有維管束植物206科，866屬，1508種。其中，野生的種類有812種，隸屬於158科525屬。從植物科屬的主要分佈類型來看，熱帶植物在澳門植物區系中佔優勢，如大戟科、茜草科、桑科、芸香科、山茶科、梧桐科、樟科、海桐花科、番荔枝科、紅樹科、豬籠草科、棕櫚科、山柑科等。澳門植物區系組成及其群落外貌結構，具有從熱帶至南亞熱帶過渡的特點。同時，與鄰近的植物區系比較，它表現出與廣東和香港植物區系具

澳門城市綠地分類統計 (2010年8月) 表2-3-1

綠地類型	半島				離島				澳門			
	面積(m^2)	佔綠地總面積比重(%)	綠地率(%)	人均綠地面積(m^2/人)	面積(m^2)	佔綠地總面積比重(%)	綠地率(%)	人均綠地面積(m^2/人)	面積(m^2)	佔綠地總面積比重(%)	綠地率(%)	人均綠地面積(m^2/人)
MG1 休閒遊憩綠地	1,271,626	50.9	13.7	2.7	5,388,383	54.6	26.7	68.5	6,660,009	53.5	22.6	12.3
MG2 道路交通綠地	245,299	9.8	2.6	0.5	1,093,911	11.1	5.4	13.9	1,339,210	10.7	4.5	2.5
MG3 苗圃生產綠地	18,711	0.7	0.2	0.0	26,877	0.3	0.1	0.3	45,588	0.4	0.1	0.1
MG4 生態景觀綠地	962,651	38.5	10.4	2.1	3,395,534	34.3	16.8	43.1	4,358,185	35.1	14.8	8.0
合計	2,498,297	100.0	26.9	5.4	9,904,705	100.0	49.0	125.9	12,402,992	100.0	42.0	22.9

2009年吹襲澳門之熱帶氣旋及對樹木的有關影響　表2-3-2

項目 \ 熱帶氣旋名稱	單位	總數	熱帶風暴			強烈熱帶風暴		颱風		
			浪卡	蘇迪羅	彩虹	蓮花	天鵝	莫拉菲	巨爵	凱薩娜
開始懸掛日期	月/日	—	06/26	07/10	09/10	06/20	08/03	07/17	09/13	09/27
懸掛時數	時數	—	23.45	33.00	28.00	23.00	50.00	37.30	45.15	29.45
最高懸掛訊號	訊號	—	3	3	3	1	8	3	8	3
樹木倒臥	宗	46	—	—	—	—	8	8	29	1

資料來源：澳門統計暨普查局及保安協調辦公室

有密切的淵源關係，相似程度較高。

澳門植物區系中草本植物所佔比重最大，約佔野生植物總數的56.90%。喬木群落多為次生性南亞熱帶常綠闊葉林，成小片狀分佈。其主要優勢種有假蘋婆、石栗、陰香、馬尾松等。城市綠地主要應用南亞熱帶的園林植物，植物生長的總體狀況良好。但是，受各種環境條件的制約，城市綠化所用的園林植物種類整體偏少。日益擴展的城市開發建設、多變的天氣和病蟲危害等，也使澳門園林綠化植物的生長條件備受考驗(表2-3-2)。

2.3.4 澳門城市綠地的景觀品質

作為中西文化的重要交匯點，澳門城市園林綠地景觀別具一格。城市公園與花園"小而精緻"，園林建築凸顯中西交融的文化內涵。(詳見第四章的論述)

但是，從整體看來，能達到較高園林建設標準和較好景觀藝術品質的"精品綠地"在澳門街頭尚較為少見，需要進一步提高園林規劃、設計和施工養護水準，優化城市綠地的景觀品質。

華燈初上時的澳門綠地景觀

附圖集A——現狀圖

A-1 澳門城市綠地系統索引圖

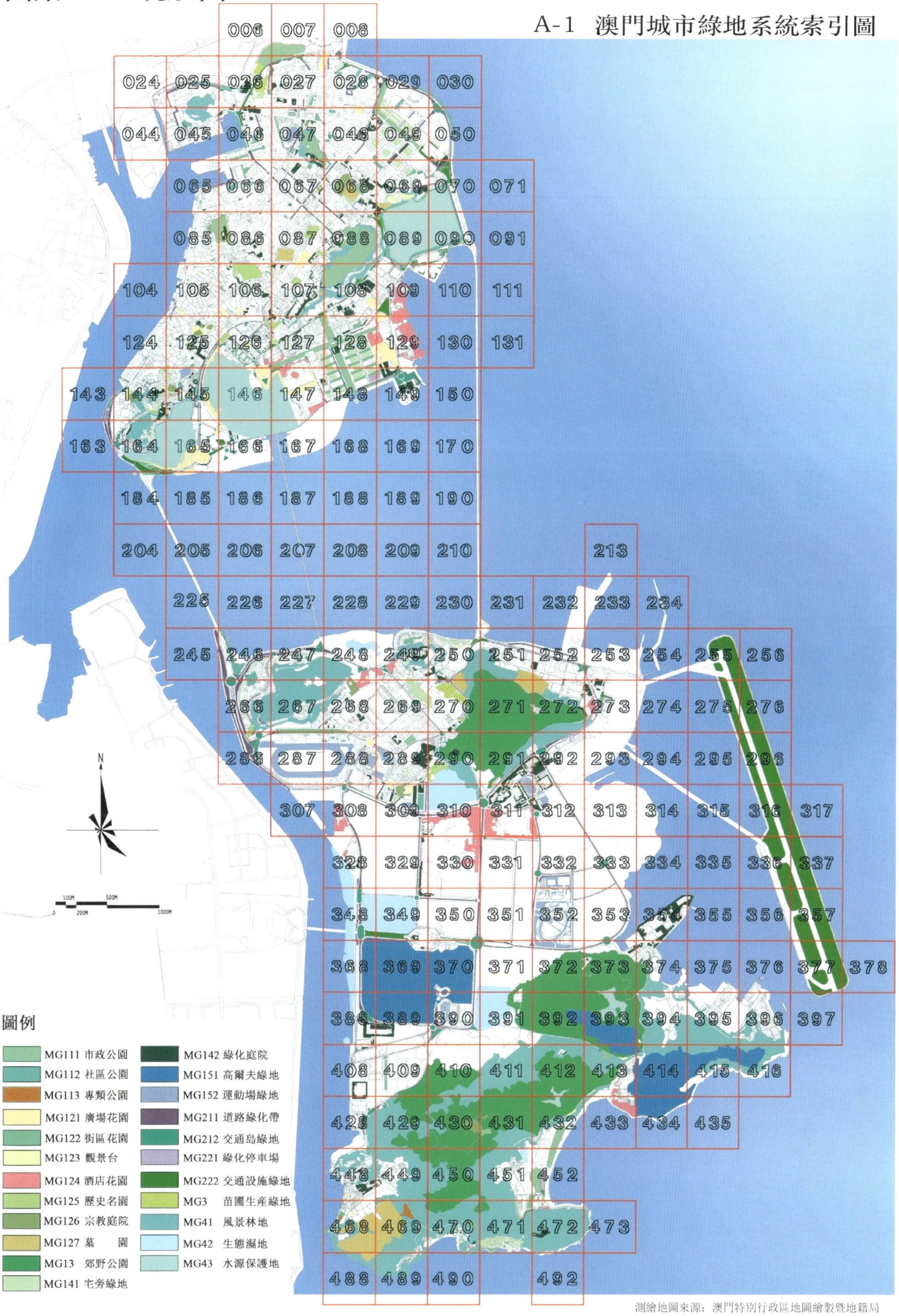

測繪地圖來源：澳門特別行政區地圖繪製暨地籍局

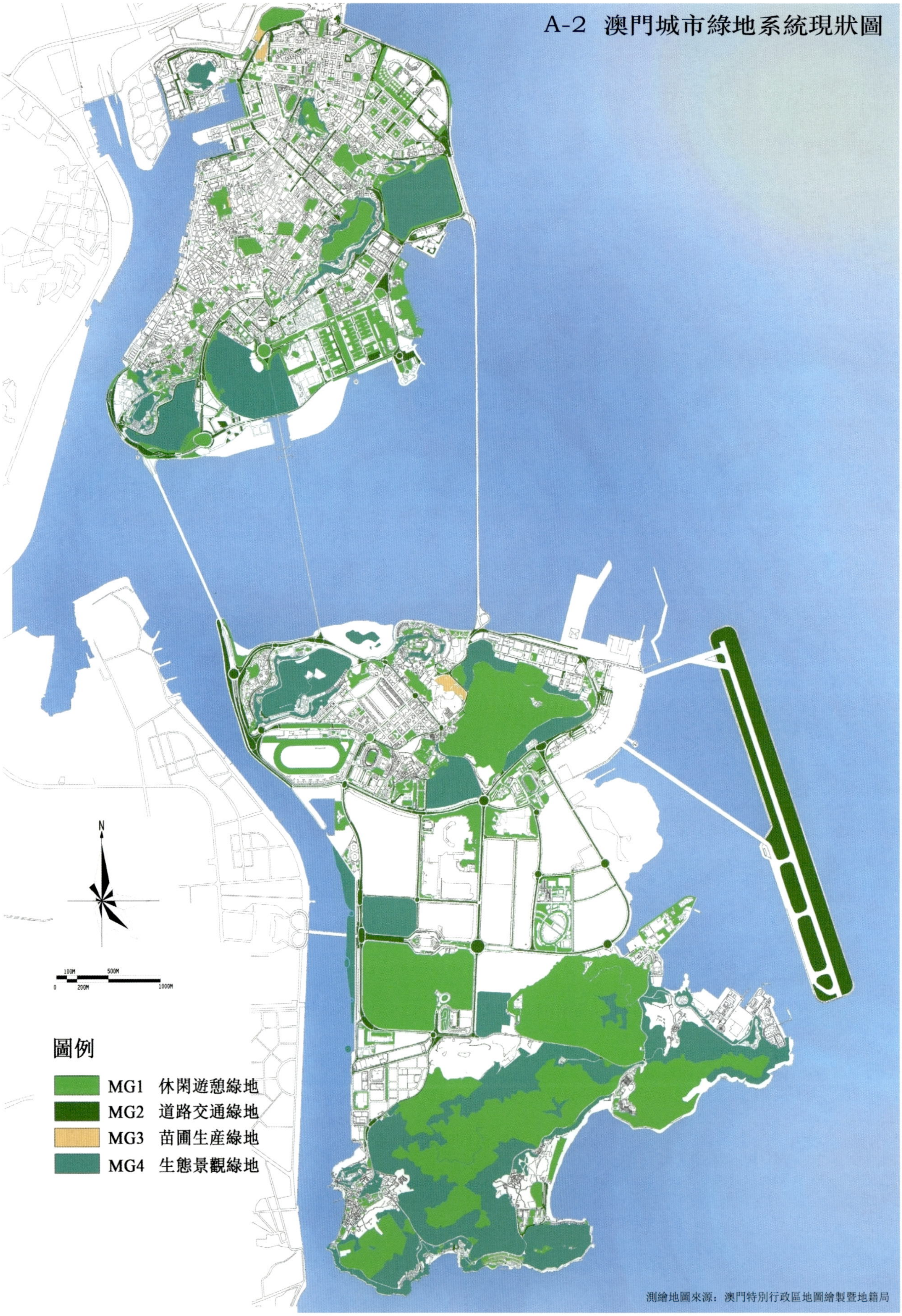
A-2 澳門城市綠地系統現狀圖
N
100M 500M
0 200M 1000M
圖例
MG1 休閑遊憩綠地
MG2 道路交通綠地
MG3 苗圃生產綠地
MG4 生態景觀綠地
測繪地圖來源：澳門特別行政區地圖繪製暨地籍局

A-3 澳門休閒遊憩綠地現狀圖

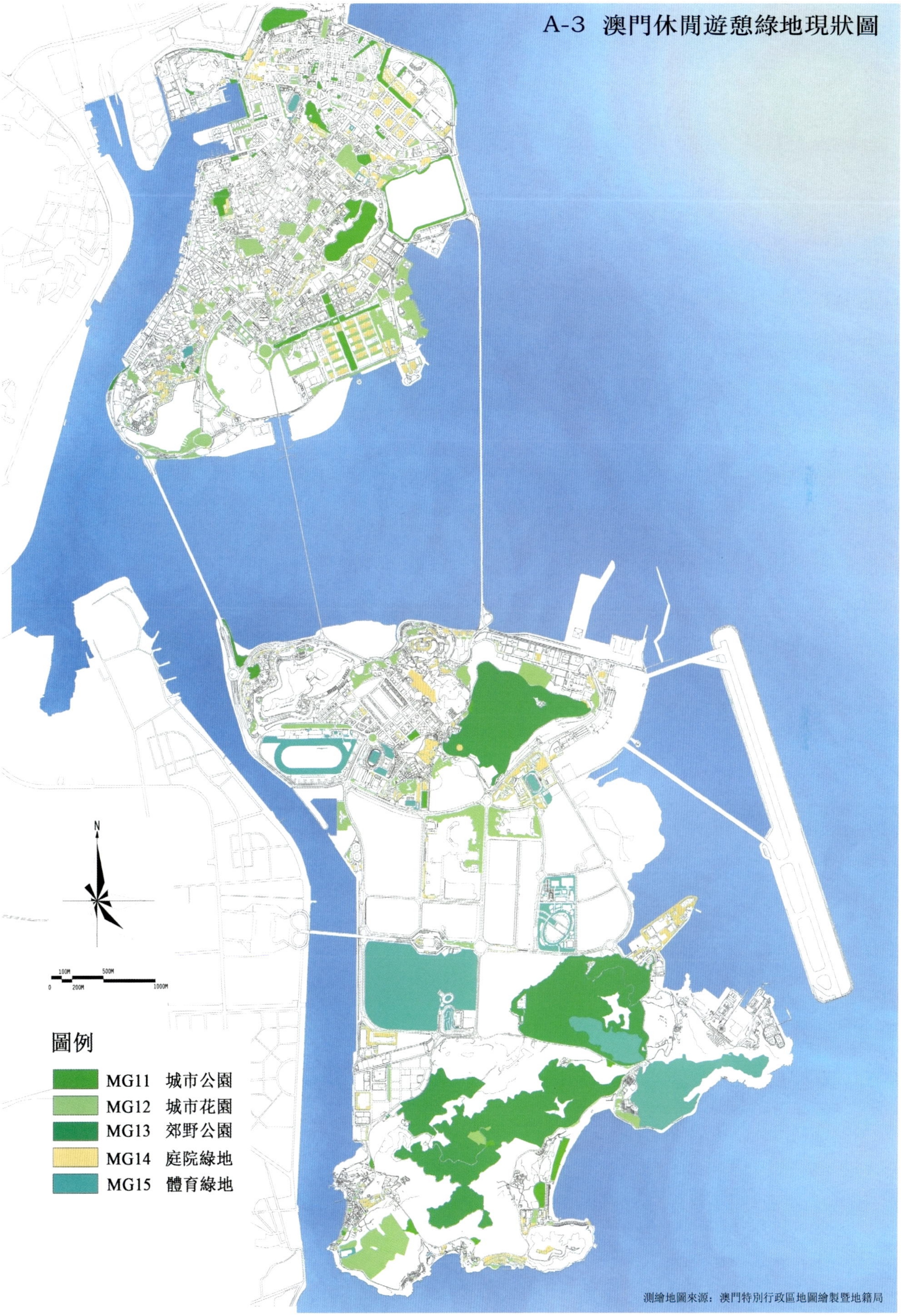

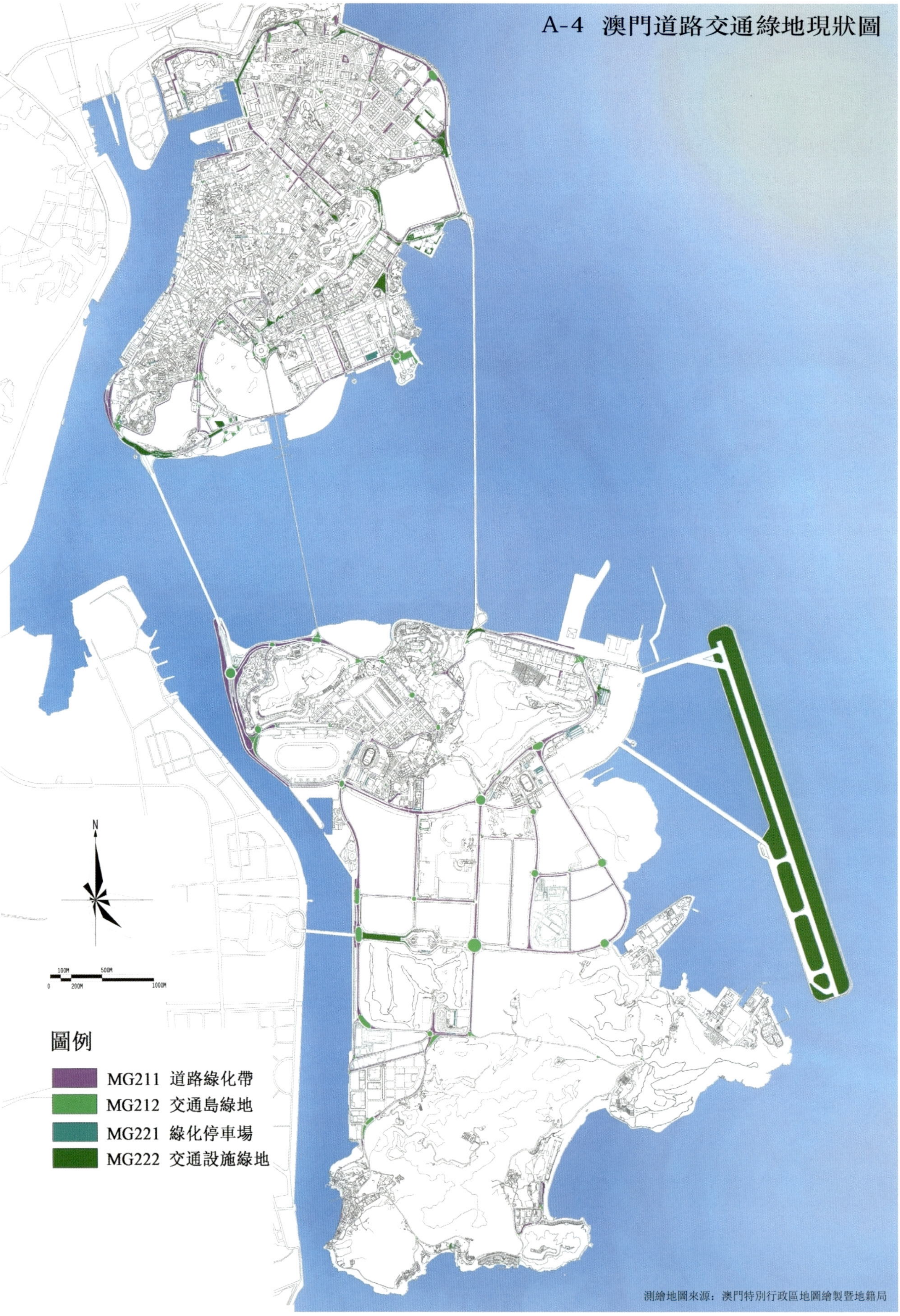
A-4 澳門道路交通綠地現狀圖
N
100M 500M
0 200M 1000M
圖例
MG211 道路綠化帶
MG212 交通島綠地
MG221 綠化停車場
MG222 交通設施綠地
測繪地圖來源：澳門特別行政區地圖繪製暨地籍局

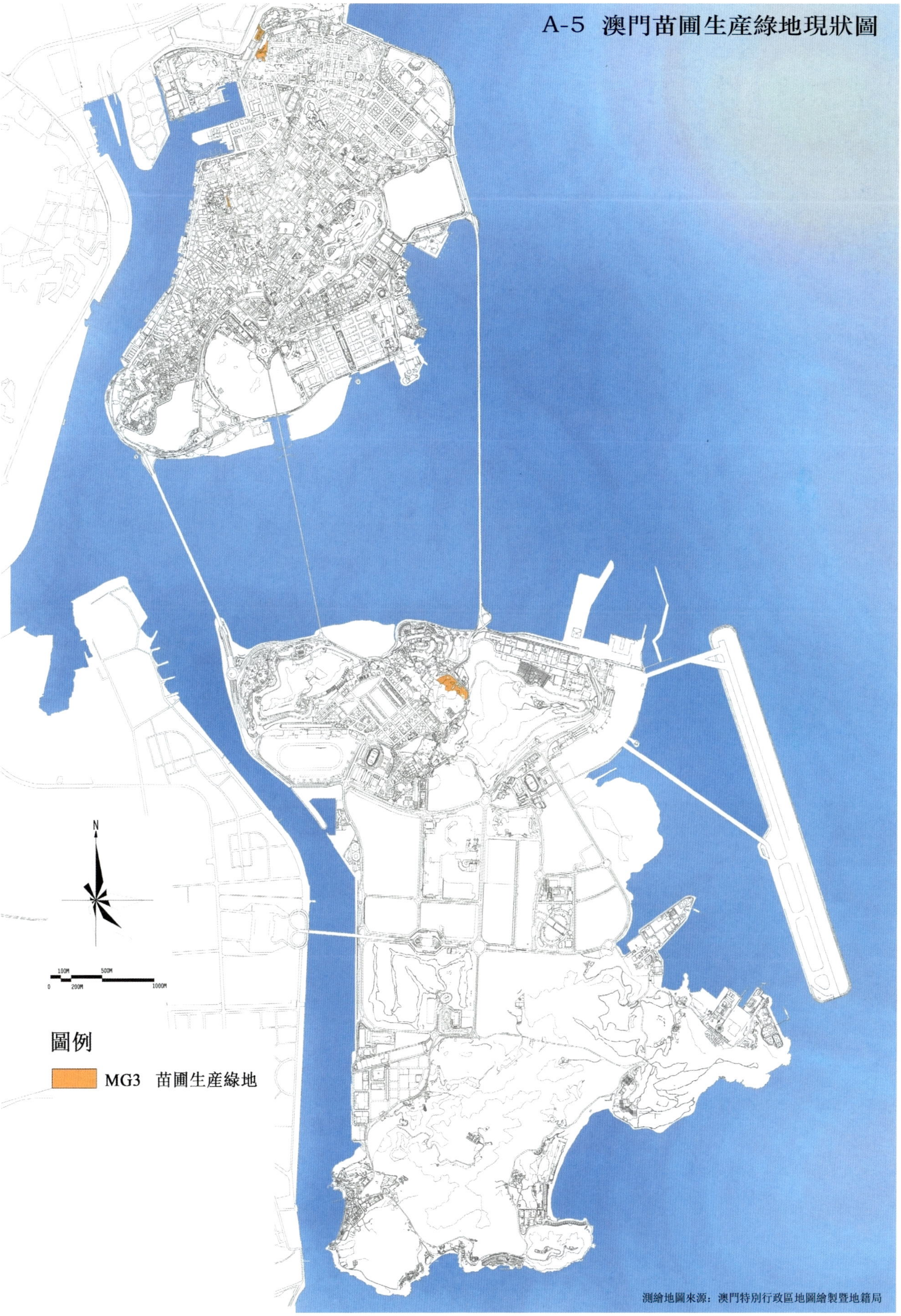
A-5 澳門苗圃生產綠地現狀圖
N
100M 500M
0 200M 1000M
圖例
MG3 苗圃生產綠地
測繪地圖來源：澳門特別行政區地圖繪製暨地籍局

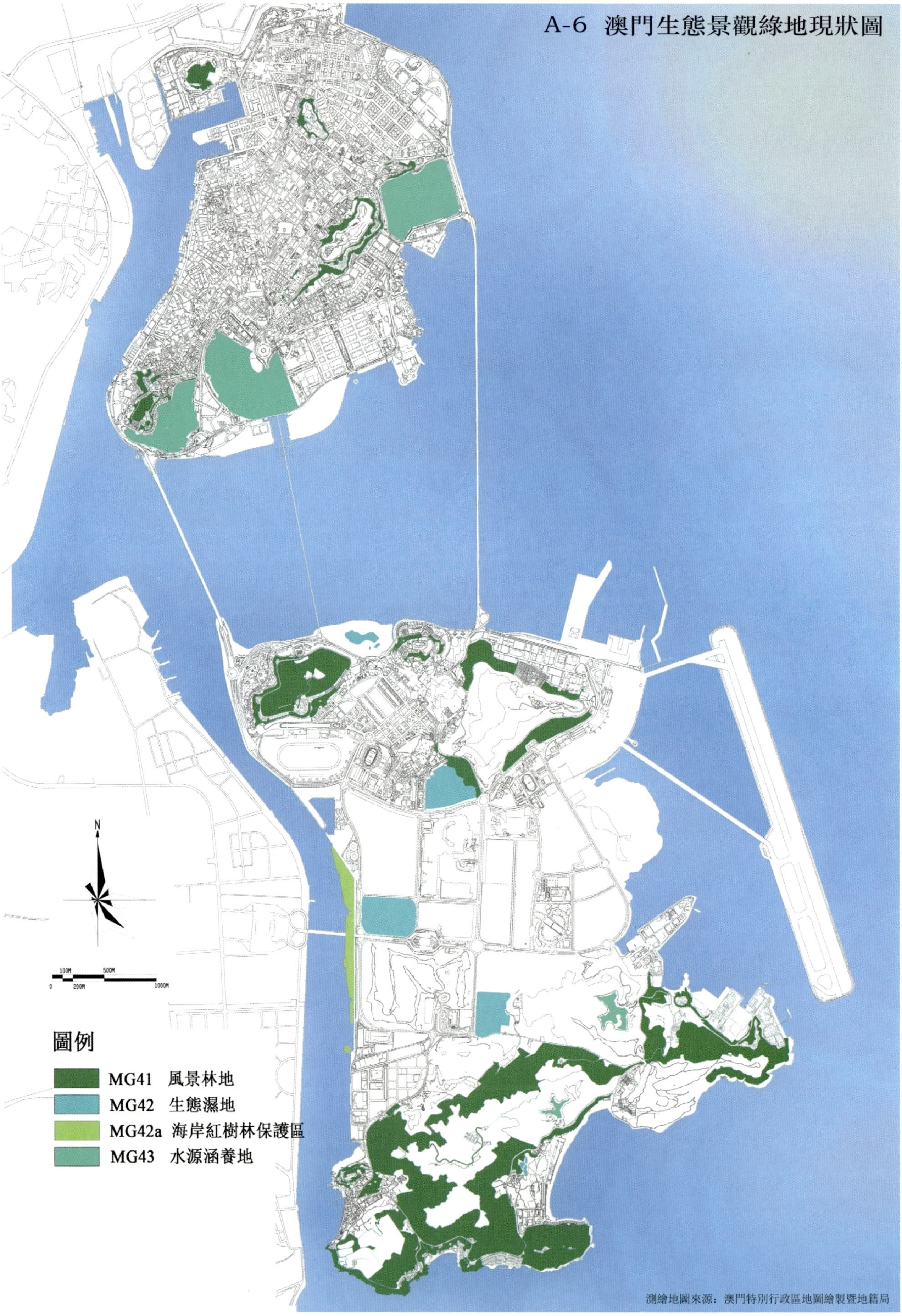
A-6 澳門生態景觀綠地現狀圖
N
100M
500M
0
200M
1000M
圖例
MG41 風景林地
MG42 生態濕地
MG42a 海岸紅樹林保護區
MG43 水源涵養地
測繪地圖來源：澳門特別行政區地圖繪製暨地籍局

A-7 澳門公園綠地現狀分佈圖

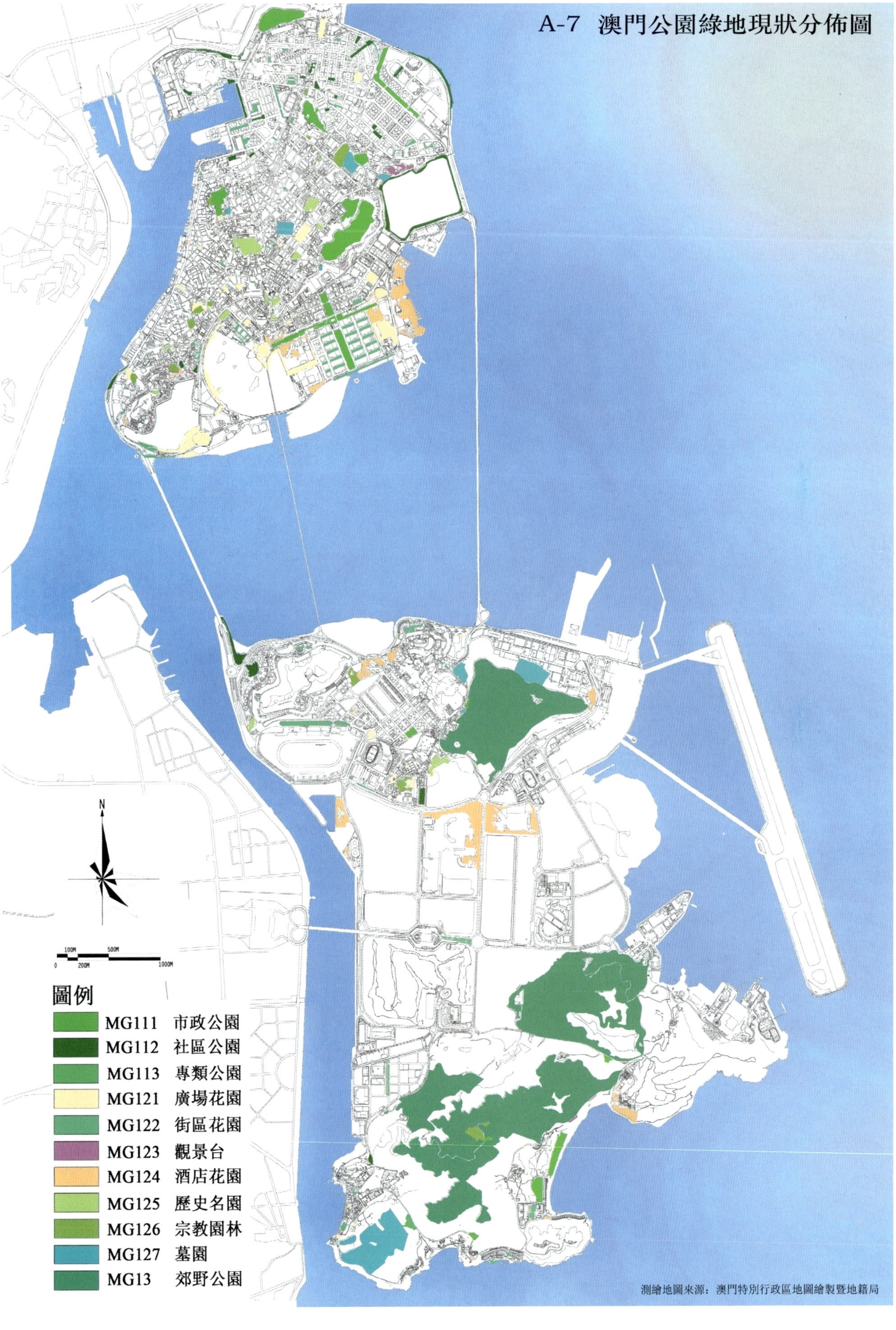

測繪地圖來源：澳門特別行政區地圖繪製暨地籍局

第三章 Chapter three

澳門城市園林綠地景觀薈萃

第三章　澳門城市園林綠地景觀薈萃

澳門園林綠地景觀特色鮮明，豐富多彩。按照《澳門城市綠地分類標準》，以下選取各類園林綠地的典型案例作概要介紹 (表3-1)。

澳門各類城市園林綠地典型案例一覽　　表3-1

類別代碼與名稱			典型案例
大類	中類	小類	
MG1 休閒遊憩綠地	MG11 城市公園	MG111 市政公園	松山市政公園、宋玉生公園、二龍喉公園、螺絲山公園、白鴿巢公園、花城公園
		MG112 社區公園	水塘公園(水塘休憩區)、燒灰爐公園、黑沙環三角花園、慕拉士前地(南澳花園)
		MG113 專類公園	金像農場、路環兒童公園
	MG12 城市花園	MG121 廣場花園	媽閣廟前地、崗頂前地、議事亭前地、亞婆井前地、意度亞瑪忌士花園、西灣湖廣場、金蓮花廣場、塔石廣場
		MG122 街區花園	恩尼斯花園、天神巷、大堂巷、市政狗房花園、仁慈堂右巷
		MG123 觀景台	瑪利亞二世皇后眺望台(海角遊雲)、西望洋聖母眺望台
		MG124 酒店花園	四季酒店、澳門寰鼎(威斯汀)渡假酒店、永利酒店前庭花園
		MG125 歷史名園	得勝花園、史劉蓮德博士眺望台(十字花園)、氹仔市政公園、碼頭花園、民政總署內庭花園、鄭家大屋、加思欄花園(南灣花園)
		MG126 宗教庭園	聖若瑟修道院及聖堂、媽閣廟、普濟禪院(觀音堂)、西望洋聖堂
		MG127 墓園	澳門聖味基(舊西洋)墳場、馬禮遜教堂及基督教墳場、澳門望廈聖母(新西洋)墳場
	MG13 郊野公園		黑沙水庫郊野公園、大潭山郊野公園、石排灣郊野公園、黑沙龍爪角海岸徑(綠道)
	MG14 庭院綠地	MG141 宅旁綠地	海洋花園、保利達花園、竹灣豪園
		MG142 綠化庭院	澳門特別行政區政府總部、東方基金會會址、鏡湖醫院、葡萄牙駐澳門總領事館
	MG15 體育綠地	MG151 高爾夫綠地	澳門寰鼎(威斯汀)渡假酒店高爾夫球場
		MG152 運動場綠地	澳門賽馬會、澳門綜合體育場及逸園跑狗場
MG2 道路交通綠地	MG21 道路綠地	MG211 道路綠化帶	殷皇子大馬路、路氹連貫公路、城市日大馬路、望德聖母灣大馬路
		MG212 交通島綠地	和諧圓形地、石排灣圓形地、東亞運圓形地、路氹連貫公路圓形地
	MG22 設施綠地	MG221 綠化停車場	勞動節大馬路綠化停車場、西灣湖景大馬路綠化停車場
		MG222 交通設施綠地	西灣湖景大馬路與西灣大橋交界綠化、羅理基博士大馬路邊坡綠化、勞動節大馬路至友誼橋大馬路天橋綠化
MG3 苗圃生產綠地			鴨涌河苗圃、沙崗苗圃、白鴿巢養植場
MG4 生態景觀綠地	MG41 風景林地		龍環葡韻鷺鳥林、大潭山、小潭山、西望洋山
	MG42 生態濕地		生態保護一、二區
	MG43 水源保護地		水塘、南灣湖
	MG44 垃圾填埋場等恢復綠地		大潭山垃圾填埋場恢復綠地

3.1 城市公園

3.1.1 市政公園

(1) 松山市政公園

松山市政公園位於澳門半島最高的東望洋山山頂，佔地103,056m^2，1997年建成。早在19世紀，澳葡政府就已在松山進行綠化。因此，松山上至今保留有澳門半島最多、最老的馬尾松。公園內設有松山自然資訊站、健康徑、貯水庫、綜合廣場、綜合球場、兒童遊樂場、觀景台、燒烤區等設施。

松山最高處是東望洋炮台(又稱松山炮台、東望洋山炮台)，登炮台可俯瞰澳門半島全景和珠江口的壯麗景色。20世紀80年代後，澳門政府對東望洋炮台範圍內的防空洞隧道進行修葺並改成旅遊展示廊。炮台旁有東望洋燈塔和具有17世紀葡萄牙修道院建築風格的聖母雪地殿教堂。2005年，東望洋燈塔和聖母雪地殿教堂均作爲澳門歷史城區的組成部分被列入世界文化遺產名錄內。其中，東望洋燈塔所在地面位置的座標，是澳門在世界地圖上的地理定位。

① 松山炮台外景

② 松山健康徑

③ 地厘古工程師馬路，俗稱“33彎”(全段不通車，僅作市民健身之用)

① 東望洋燈塔及聖母雪地殿教堂

② 從山頂俯瞰城區

(2) 宋玉生公園

宋玉生公園位於澳門新口岸，佔地總面積23,254m^2，1996年正式啓用。公園爲紀念澳門著名土生葡人宋玉生博士而命名，總體設計頗具有葡國色彩，是一處功能多元化的綜合性公園。公園一端連接著名旅遊景點——觀音蓮花苑，在此可眺望海景；另一端爲何賢公園。園内有一條鋪砌碎石的葡式林蔭大道貫穿其中，兩旁佈局有草坪和小徑。園内綠樹成蔭，環境清幽，有錦鯉水池等休憩遊樂設施。

① 公園全景鳥瞰

② 公園中軸的林蔭大道

③ 休憩涼亭

④ 休憩場地

⑤ 波浪狀的葡式碎石鋪地

⑥ 公園水景

①

(3) 二龍喉公園

二龍喉公園(又稱何東花園、兵頭花園)位於澳門半島東望洋山山麓的士多鳥拜斯大馬路旁，總面積19,655m^2。公園內有歐式水池、花架和環境資訊中心等遊憩設施。

二龍喉公園前身爲龍田村外的荒丘，1848年由亞美打神父命人修築爲園林。19世紀末，澳葡政府購入作爲早期澳門總督的官邸。二龍喉公園裏的泉水，《香山縣誌》中記載："澳門有泉，曰大龍喉，曰二龍喉，曰小龍喉，俱在東望洋寺右。"公園命名就與這山泉的噴水雕塑有關。以往澳門居民喜歡用水車運載二龍喉泉水到茶樓酒家泡茶享用。從前泉水由兩隻石製老虎口中流出，現今山泉已枯竭，只剩下兩個石雕作為裝飾。

④

⑤

①休憩長廊

②公園配套運動場

③公園環境資訊中心內景

④造型簡潔的鐵藝花架

⑤公園門口的石獸噴泉

⑥噴泉

① 螺絲形的眺望台

② 兒童遊憩區

③ 眺望台細部

④ 盤旋的山道

(4) 螺絲山公園

螺絲山公園位於澳門花地瑪堂區望廈山與馬交石山之間的一個小山崗上，佔地約9,579m^2，有兩個入口，分別位於新雅馬路和亞馬喇馬路。園內設有標誌性的螺旋形小徑，引導遊人迴旋到達山崗上方的眺望台。因整座公園形似一顆巨型的螺絲，眺望台也是螺絲形，故命名爲螺絲山公園。多年前傳說曾有俄羅斯人隱居山上，故也有人稱其為“俄羅斯公園”。

① 公園局部鳥瞰

② 主入口一側的休息廣場

③ 大型葡萄牙碎石鋪砌的《葡國魂》

④ 主入口大型青銅雕塑“擁抱”

(5) 白鴿巢公園

白鴿巢公園位於澳門花王堂區，前面是白鴿巢前地，旁邊是聖安多尼教堂和基督教墳場。公園佔地總面積19,661m²，園內主要景觀有噴泉水景、圖書館、涼亭、兒童活動設施、綜合廣場等。

白鴿巢公園原址爲葡萄牙富商俾利喇的花園別墅，建於18世紀70年代。後曾租給英國東印度公司的澳門分公司，之後又易手賣給另一葡萄牙富商馬葵士爲居所。馬葵士喜歡飼養白鴿，許多白鴿棲於簷宇，遠觀像白鴿巢一樣，公園因此得名。馬葵士非常欣賞葡萄牙詩人賈梅士，在公園裏擺放了一些與詩人有關的物件。相傳賈梅士曾在公園的石洞內完成了著名葡萄牙史詩《葡國魂》的一部分。1885年，公園物業被澳葡政府購入，成爲對外開放的花園。園中的住宅建築於1920年改建爲賈梅士博物館。1989年，賈梅士博物館又轉售給東方基金會，作爲東方基金會會址。

②

③

④

⑤

⑤ 韓國傳教士金大建雕像景觀1

⑥ 韓國傳教士金大建雕像景觀2

⑦ 葡國詩人賈梅士的半身像

⑧ 黃營均市政圖書館

⑨ 噴泉水池

⑩ 景石

⑪ 山頂眺望台

⑥

⑦

⑧

⑨

⑩

⑪

(6) 花城公園

花城公園位於氹仔埃武拉街和奧林匹克馬路之間，面積5,927m^2，富有濃鬱的中國古典園林韻味。園內設涼亭、園橋等建築，屋頂均採用傳統黃色琉璃瓦。公園以水景取勝，迂迴曲折的園廊環繞著池塘，池中種滿荷花，成為公園的標誌性景觀。園中還設有兒童樂園，配置滑旱冰和玩踏板車等活動場地。

①

③

① 公園入口九龍壁

② 蓮花池景觀

③ 百花亭

④ 公園錦鯉池

⑤ 親水活動區

⑥ 兒童休憩區

3.1.2 社區公園

(1) 水塘公園(水塘休憩區)

水塘公園(水塘休憩區)位於水塘馬路，面積為50,454m^2，2002年正式啓用。建園初衷是澳門政府爲了優化東北區的交通，把水塘靠近松山一側開闢成水塘馬路，在靠近水塘馬路一側建堤堰造園，為附近居民增加休憩活動空間。公園內設置有健步器、划船器、座椅及兒童康樂等設施。2006年，澳門政府實施了水塘公園整治工程，於2007年6月竣工。除了將原有的步行徑延長外，還增加大量設施，如鵝卵石健康徑、長廊、公共洗手間、小型噴泉等。公園以水塘景色為主，也可遠眺澳門多個旅遊著名景區，如澳門旅遊塔、港澳碼頭、金沙娛樂場和回力娛樂場等。

① 休息涼亭

② 遊憩公園入口區

③ 富有特色的葡式碎石鋪地

④ 水塘遊憩公園夜景

① 公園全景

② 交通安全教育區景觀

③ 公園次入口

④ 公園休憩區景觀

(2) 燒灰爐公園

燒灰爐公園位於民國大馬路，面積1,639m^2；早期公園內僅設置攀爬架、滑梯等基本設施。1996年4月，澳門政府將其改建成交通安全教育主題公園，景觀特色體現在設有類似交通系統、安全島、斑馬線、行車線及多種路面行車符號，模擬真實的路面環境。園內還設有多輛電動小型汽車及三輪車，以出租形式提供給兒童玩耍；讓兒童在遊戲中感受到安全駕駛的樂趣，增強交通法規意識。公園邊界滿種花草樹木，配置多個休息坐凳，卵石健康徑和景觀水池，環境優美。

(3) 黑沙環三角花園

黑沙環三角花園位於澳門關閘馬路、黑沙環馬路和關閘橫路之間，呈三角形，面積1,583m²，於2005年改建成為開放式公園。園內設置一座藍色琉璃瓦頂的涼亭，配有卵石步道和其他健身設施。因附近街區人口密集，該公園成為眾多中老年居民下棋會友、粵曲演唱、自娛自樂等活動的聚集地。

① 六角涼亭

② 花園全景

①

① 入口區景觀

② 鋪裝與綠化景觀

③ 園內遊憩設施

②

③

(4) 慕拉士前地（南澳花園）

慕拉士前地位於黑沙環海邊馬路旁居民區內，面積2,635m^2，由半圓形的休憩區和後部球場組成。休憩區內設有健身器、休息座椅等設施，種植池與座椅均以紅磚砌成，質樸而實用。

3.1.3 專類公園

(1) 金像農場

金像農場位於路環竹灣馬路旁，面積9,056m²，2005年正式啟用，是目前澳門唯一的有機農場。農場內設有渡假屋和露營場，佈局有可開展集會、野餐和手工藝活動的大型棚舍；還有休閒與娛樂兼備的棋藝天地、綠茵茶座、農場演藝坊、燒烤區、健身區及兒童遊樂區等活動場所，為市民提供近似鄉村生活的遊樂體驗。

① 農田景觀
② 小型農場
③ 遊憩設施
④ 坡地的渡假木屋

①

②

③

④

(2) 路環兒童公園

路環兒童公園位於路環十月初五馬路，面積763m²，與十月初五休憩區僅一牆之隔。公園小巧精緻，佈局規整呈方形，門口牆壁上繪有富有兒童氣息的彩畫。園內種滿花草樹木，綠樹成蔭。設有沙池、兒童遊樂設施、坐凳和犬廁等。

① 公園主入口
② 兒童遊憩設施
③ 公園全景

3.2 城市花園

3.2.1 廣場花園

(1) 媽閣廟前地

媽閣廟前地位於西灣湖景大馬路，是澳門半島南部媽閣廟門前的廣場，面積4,400m^2，周邊有澳門海事博物館，北端爲媽閣斜巷，南端連接媽閣上街，是澳門著名的旅遊景點。前地有鳳凰木、假菩提樹等樹木成蔭，配有書報亭、導遊牌、座椅等設施，採用波浪形圖案的葡式風格碎石鋪地，表現了澳門悠久的海洋文化傳統。

① 媽閣廟前地全景

② 突顯海洋文化的波浪狀鋪地圖案

①

②

(2) 崗頂前地

崗頂前地位於澳門半島南部風順堂區東方斜巷旁，面積1,060m^2，有豐富的人文與宗教景觀。周邊的聖若瑟修院大樓及聖堂、崗頂劇院、何東圖書館、聖奧斯定教堂等建築，都被聯合國教科文組織列為世界文化遺産；社會服務慈善團體——“澳門明愛”也以此地爲會址。崗頂前地的波浪形葡式風格碎石鋪地和小賣亭，為它增添了濃郁的南歐風情。

① 崗頂前地全景

② 休憩區及小賣亭

③ 崗頂前地精美的鋪地

(3) 議事亭前地

議事亭前地俗稱“噴水池”，位於澳門半島中區新馬路旁的澳門議事會(即今民政總署大樓)前，面積2,071m^2，是澳門的四大城市廣場之一。歷來上任的澳門總督，都要在此舉行就職儀式，檢閱澳門的駐軍。1940年前後，廣場中心曾建有一座葡萄牙軍官美士基打的銅像，1966年被毀，改建成噴水池至今。

議事亭前地北連板樟堂前地，南臨新馬路，南闊北窄，平面呈狹長的三角形。20世紀90年代初，澳葡政府聘請葡萄牙技師以黑白相間的葡式碎石鋪砌廣場和周邊街道，使得其富有典型的葡萄牙風情。議事亭前地至今仍為澳門重要的社區活動地點，是澳門標誌性的商業文化活動區。

① 廣場噴水池景觀
② 仁慈堂
③ 前地兩側的騎樓建築
④ 節日燈飾夜景1
⑤ 節日燈飾夜景2
⑥ 節日燈飾夜景3
⑦ 民政總署大樓
⑧ 議事亭前地全景

②

Levi's
③

民政總署
INSTITUTO PARA OS ASSUNTOS CÍVICOS E MUNICIPAIS
⑦

新中央
⑧

(4) 亞婆井前地

亞婆井前地位於澳門西望洋山北面的媽閣街旁，面積635m²。傳說明朝時有一位婆婆在此地築水池貯山泉方便周邊居民汲取飲用，故後人稱該水池爲“亞婆井”(葡文意思是“山泉”)。澳門早期的葡萄牙人多聚居於此地附近，它是澳門最老的住宅區之一。有首澳葡民謠說道：“喝過亞婆井水，忘不掉澳門；要麼在澳門成家，要麼遠別重來。”

多年來，澳門政府爲保存該地區的文化特色，進行了一系列重修工程，保留亞婆井前地及附近建築的歐陸風格。前地內的兩株老榕樹也得以保留。1996年1月重修工程竣工，增設了古典路燈等景觀。

① 亞婆井前地全景1
② 亞婆井前地全景2
③ 噴水池細部
④ 周邊富有特色的民宅
⑤ 周邊建築物

③

④

⑤

(5) 意度亞瑪忌士花園

意度亞瑪忌士花園位於路還十月初五馬路與計丹奴街之間，面積747m²，以20世紀初澳督意度亞馬忌士的名字命名。花園平面呈長方形，主景是聖方各濟聖堂，兩側為南歐風格的柱廊。園內水池中央豎立一座紀念碑，葡人稱之爲"打海盜紀念碑"。

① 意度亞瑪忌士花園全景
② 精緻的窗台1
③ 精緻的窗台2
④ 聖方濟各教堂

④

(6) 西灣湖廣場

西灣湖廣場以前稱"南灣圓形地"，位於澳門旅遊塔前面的西灣湖景大馬旁路，面積36,090m^2。1998年，澳門旅遊娛樂有限公司在該地段興建澳門旅遊塔，澳葡政府在塔前空地興建廣場為大型活動之用。2001年年底，旅遊塔和西灣湖廣場開放啓用。整個廣場分爲親水平台和圓形廣場兩部分，凸顯澳門的海洋文化。廣場中設有座椅和貝殼形的小劇場，是舉辦小型音樂會、同樂日及澳門學界升旗儀式等活動的理想場所。

① 露天表演劇場

② 露天表演劇場局部

③ 廣場局部

④ 草坡上的雕塑小品

⑤ 小碼頭及親水平台

⑥ 從小碼頭遠眺西望洋山

②

③

⑤

⑥

(7) 金蓮花廣場

金蓮花廣場位於澳門新口岸高美仕街、畢仕達大馬路及友誼大馬路之間，面積8,062m²，為慶祝1999年澳門主權移交儀式而設立，現已成為澳門的著名地標和旅遊景點。廣場上坐落的盛世蓮花大型雕塑高6m、淨重6.5t，花體部分最大直徑3.6m，花朵尺寸和香港永遠盛開的紫荊花一樣，寓意中央政府對香港和澳門實施"一國兩制"的態度一致。

① 廣場鋪裝
② 盛世金蓮雕塑
③ 金蓮花廣場全景

①

②

③

①

③

① 塔石廣場全景

② 廣場邊的立體綠化

③ 廣場周邊文物建築

④ 廣場水景

(8) 塔石廣場

塔石廣場是澳門的四大城市廣場之一，位於澳門望德堂區，佔地11,881m^2，原址為塔石球場，於2007年7月正式改建而成。塔石廣場平面佈局為長方形，地面全部為葡式碎石鋪砌，廣場周邊有澳門文化局、中央圖書館、澳門歷史檔案館及塔石藝文館等建築，是一個富有南歐建築風格的休憩廣場。廣場上設有休憩區，平日可舉辦大型市民活動。

3.2.2 街區花園

(1) 恩尼斯花園

恩尼斯花園位於澳門路環島市中心恩尼斯總統前地，佔地約672m²。因花園面積較小，故又被離島居民稱作“花園仔”。該花園是爲紀念葡萄牙推翻薩拉查法西斯政權後，第三任總統恩尼斯的來訪而命名，現已成爲路環市區的地標。由於花園建在馬路中央，因而兼備交通島的功能。花園外圍以各種觀賞植物點綴，中心設一座深褐色純歐洲風格的愛神丘比特噴水雕塑，園內有一棵高大的老龍眼樹，是附近居民夏天乘涼談天的好地方。

① 位於花園中央的丘比特雕塑

② 恩尼斯花園全景

③ 花壇景觀1

④ 花壇景觀2

①

②

③

④

天神巷花園

(2)天神巷

天神巷位於澳門水坑尾街及白馬行街之間，街道平面形狀呈L形。在新馬路開通之前，它曾是重要的東西向道路。由於鄰近數間學校及電子遊戲機中心，故成爲青少年流連的地方。巷內設有一些座椅供行人休息，椅旁配置散尾葵等植物作爲遮陽美化之用，構成因地制宜、見縫插綠的小花園。

(3) 大堂巷

大堂巷位於大堂前地與板樟堂街之間，街區花園小而精緻。因澳門著名商人盧華紹(盧九)家族的舊居“盧家大屋”就坐落在大堂巷旁，因而每天來往的遊客絡繹不絕。巷中設有種植池與座椅供遊人休息。歐式花箱配合葡萄牙風格的碎石鋪地，頗具南歐風情。

① 大堂巷全景

② 坐凳及綠化花箱

①

②

(4) 市政狗房花園

市政狗房花園位於美副將大馬路市政狗房旁，面積960m²，花園平面呈長方形。在花園門口設有兩排座椅，旁邊有男童與狗的雕像。花園整體為規則式佈局，園內道路規整，兩側設置整形灌木鑲邊的花壇。

① 市政狗房花園全景

② 花園呈規則式佈局

(5) 仁慈堂右巷

仁慈堂右巷位於議事亭前地仁慈堂大樓的右邊，為一條進深約60m的小巷，面積為$280m^2$。夜晚燈光把巷子兩邊的歐式建築照得金碧輝煌。巷子的盡頭有一尊半身銅像，為仁慈堂創辦人賈尼路主教的雕像。雕像的後面為一面爬滿異葉爬牆虎的白牆，巷子中間設置了若干圓形花壇，兩邊老房子的窗台也安放著美麗的花箱，動人多姿，生趣盎然。

① 仁慈堂右巷日景
② 仁慈堂右巷夜景
③ 賈尼路主教雕像
④ 窗台綠化

3.2.3 觀景台

(1) 瑪利亞二世皇后眺望台（海角遊雲）

瑪利亞二世皇后眺望台又稱“海角遊雲”，位於澳門馬交石炮台馬路東端，面積1,890m²。該眺望台是一處觀賞山海風景的絕佳地點，園內只有一條車道環繞，遊步道旁設有木椅和一座半圓形的花架廊供遊客休憩。

① 瑪利亞二世皇后眺望台全景

② 眺望台中央的圓形休憩廣場

③ 眺望台上的半圓形花架廊

①

②

③

(2) 西望洋聖母眺望台

西望洋聖母眺望台位於西望洋山上、鮑公馬路旁主教山教堂的下方，面積1,156m^2。在此可眺望欣賞澳門內港。眺望台花園平面呈長條形，園內設有路牌、花池、遊樂設施、花廊架、"包廂式"坐凳和歐式噴泉水池。

① 歐式噴水池及花架
② 水池景觀
③ 西望洋聖母眺望台全景

3.2.4 酒店花園

(1) 四季酒店

四季酒店位於澳門路氹城連貫公路的威尼斯人渡假村旁，於2008年8月28日正式開幕。酒店花園佔地14,970m^2，設計風格糅合歐洲古典及東方色彩，從酒店入口的歐式水池到庭院內部的瓷磚拼圖，處處散發着南洋風情。花園中佈局有泳池、涼亭、噴水池等景點設施。

① 酒店花園內的植物造景

② 跌水池

③ 酒店入口花園噴泉

④

⑤

⑦

⑧

⑥

④ 花園泳池景觀1

⑤ 花園泳池景觀2

⑥ 花園泳池旁的鋪裝

⑦ 泳池旁的休憩區

⑧ 酒店入口植栽

⑨ 休息平台

⑨

①

②

① 主入口
② 入口噴泉水池
③ 綠蔭長廊
④ 主入口及門廊

(2) 澳門寰鼎(威斯汀)渡假酒店

寰鼎(威斯汀)渡假酒店位於澳門最南端的路環島上，面向南中國海，側靠黑沙海灘，是澳門頂級的五星級酒店之一。酒店花園面積為21,305m^2，樓高8層，以階梯式建築沿山坡而建，並與一個標準18洞國際錦標賽高爾夫球場相連。酒店四周地形起伏有致，綠草如茵，推窗遠眺能俯瞰黑沙海灘全景。

酒店大堂入口兩邊設置青花瓷貼面的跌落式噴泉水池，周邊植物景觀精緻而簡潔。酒店內建築、走廊及花架大量採用垂直綠化和屋頂綠化。隨處可見的奶黃色粉刷磚牆，精緻的陶瓷畫，質樸大方的紅陶盆栽和典雅的古典園燈，勾勒出一幅輕鬆閒逸的優美圖景。

③

④

⑤ 花園泳池景觀1

⑥ 花園泳池景觀2

⑦ 建築牆面的垂直綠化

⑧ 觀海平台

⑨ 花園中富有葡國風情的牆面裝飾細部

⑧

⑨

①

(3) 永利酒店前庭花園

永利酒店位於澳門外港填海區仙德麗街，與葡京酒店隔街相望。酒店庭園面積10,900m^2，包括室外前庭和室內中庭。最引人注目的是前庭音樂噴泉，據稱是亞洲技術最先進的表演式噴泉。氣勢宏偉、水形多樣的噴泉隨著音樂的旋律、節奏而不斷變化，令觀賞者無不為之動容、陶醉。酒店中庭花園的平面佈局為中軸對稱式，以跌落式水景為構圖中心，兩邊佈置有涼亭、盆栽、雕塑等，裝飾華麗，格調典雅，植物景觀富有熱帶園林的氣息。

③

②

① 永利酒店前庭花園的迷人夜色

② 內庭花園泳池夜景

③ 永利酒店前庭花園夜景

④ 音樂噴泉表演1

⑤ 音樂噴泉表演2

④

⑤

3.2.5 歷史名園

(1) 得勝花園

得勝花園位於澳門半島東望洋山南麓的士多鳥拜斯大馬路及得勝馬路之間，佔地1,910m^2，為繁華地段的中區市民營造了一個安靜舒適的綠色空間。據歷史記載，1622年6月24日，荷蘭派遣艦隊進攻澳門，駐澳門的葡萄牙軍隊依靠居民協助，憑藉幾個高地炮台成功禦敵，就在現花園所在地成功重創荷軍指揮官，並在今瑪利亞二世皇后眺望台附近俘虜一些荷軍士兵。爲紀念此事蹟，葡人於1871年於此建戰勝荷蘭紀念碑，公園亦因此命名爲“得勝花園”。花園平面佈局對稱，是典型的西式花園。在花園的士多鳥拜斯大馬路入口處設有條狀休憩區，放置許多休憩座椅供遊人休息。園內栽植的主要樹種有鳳凰木、異葉南洋杉和硬枝老鴉嘴等。

① 戰勝荷蘭紀念碑
② 得勝花園全景
③ 休憩設施及遊憩場

(2) 史劉蓮德博士眺望台(十字花園)

史劉蓮德博士眺望台(又稱十字花園)位於澳門氹仔島嘉路士米耶馬路旁，面積2,181m^2。花園落成於1955年，當時公園還地處海邊。公園依山而建，護坡擋土牆結合花池設計，採用波浪狀造型，構思巧妙而獨特。十字花園現為澳門八景中“龍環葡韻”景區的重要組成部分，毗鄰龍環葡韻住宅博物館、嘉模聖母堂、氹仔市政花園和婚姻登記處，已成為澳門著名的旅遊景點和市民拍攝婚紗照的心水地點。

① 景觀別緻的護坡花池景觀1
② 景觀別緻的護坡花池景觀2
③ 護坡與台階細部
④ 山頂休憩區中的花廊架景觀

(3) 氹仔市政公園

氹仔市政公園位於澳門氹仔島上的嘉路士米耶馬路旁，面積3,513m^2，於1955年落成，是澳門八景中“龍環葡韻”景區的一部分。公園順山勢佈局，從嘉模聖母堂延伸至海邊的龍環葡韻住宅博物館，並有小路接連氹仔舊城區。

氹仔市政花園的特色景觀有葡萄牙著名詩人賈梅士雕像花壇、小噴泉與圓形花架廊。噴泉水池採用獨特的十字形花瓣形狀，造型別緻精巧。

① 十字形花瓣水池及花架

② 休憩運動區

③ 水滴狀花槽及賈梅士雕像

①

(4) 碼頭花園

碼頭花園位於氹仔盧伯德圓形地前的海洋花園馬路隧道口旁，毗鄰澳門童軍總部及氹仔海關分局，落成於1955年，面積1,323m^2。花園基址原是往來氹仔島與澳門半島之間唯一的輪渡碼頭。澳氹大橋建成後，來往船運漸少，其後便被改建成花園。園內大量採用歐洲傳統的整形式觀賞植物，造型豐富多樣，生動有趣。園中的建築小品較為簡潔，藝術造型頗具特色。

① 碼頭花園全景
② 碼頭花園鳥瞰
③ 花園內景

② 

③ 

①

① 賈梅士雕像
② 民政總署內庭花園全景
③ 壁泉景觀
④ 窗台綠化

(5) 民政總署內庭花園

民政總署內庭花園位於市中心的民政總署大樓內，佔地約320m²。1939—1940年間，澳葡政府在進行市政廳大樓重建工程時建成該花園。

從新馬路民政總署大樓正門進入，穿過一道拱門，拾級而上，就可分別到達內庭花園。整座花園參照葡萄牙的傳統花園風格設計，中央佈局有形似渾天儀的石球，四周的建築牆面用葡式瓷磚裝飾，點綴有攀緣植物和精美花窗。

① 餘慶堂

② 入口門樓灰塑

③ 積善堂天井

④ 內院

⑤ 內院花園

(6) 鄭家大屋

鄭家大屋位於澳門龍頭左巷，面對亞婆井前地，是中國近代思想家鄭觀應的故居，與盧家大屋同屬嶺南建築風格的民宅，該建築已被列入世界文化遺產。

鄭家大屋佔地總面積爲3,997m^2，綠化庭院面積為1,610m^2，整體由兩座四合院建築群組成，以內院相連。牆體材料以青磚爲主，牆基則由花崗石砌築；整體建築風格為中西合璧，既採用中式大宅建築格局與傳統屋頂形製；又有西方古典建築的裝飾細部，如室內天花、門楣窗楣和簷口線等。該大屋因多次易主，現今的庭院花園還未恢復原貌，僅有白蘭、朴樹等高大喬木若干。

⑧

⑨

⑥ 前院

⑦ 轎道及榮祿第

⑧ 後花園水井

⑨ 內庭花園

⑩ 內庭花園與文昌廳

⑩

①

(7) 加思欄花園(南灣花園)

加思欄花園又稱南灣花園，位於澳門半島南灣大馬路加思欄兵營前，面積6,293m^2。花園按地勢分上下層，下層在南灣街與家辣堂街之間，上層在家辣堂街與兵營斜巷、加思欄新馬路及東望洋新街之間。花園內種植大量觀賞樹木與花卉，安放有許多石椅供遊人休息觀賞。花園頂層在東望洋山麓，建有一座頗爲別緻的圓柱形建築物——歐戰紀念館，高兩層，用以紀念在第一次世界大戰中陣亡的葡國軍士。紀念館建築造型精緻，外牆裝飾有圓拱形門窗和灰塑圖案花紋，頂部裝飾形如皇冠，是花園中的主要景點。花園中臨街的八角亭圖書館，原爲花園的酒水部，後來闢爲中華總商會管轄的書報閱覽室。

① 花園底部全景
② 花壇景觀
③ 和麗女神噴泉雕塑
④ 花園中綠樹成蔭

②

③

④

⑤ 歐戰紀念館

⑥ 歐戰紀念館前的兒童遊戲區

⑦ 坡地花壇

⑧ 欄桿細部

⑨ 護坡壁泉

3.2.6 宗教庭園

(1) 聖若瑟修道院及聖堂

聖若瑟修道院位於崗頂何東圖書館右側，1727年創建，主要用於培訓進入中國的傳教士。與之毗連的聖若瑟修道院聖堂位於三巴仔橫街，大約建於1746年。聖堂前面有個廣場，內庭花園佈局簡潔自然，面積為4,549m^2，主要景觀有意大利著名傳教士利瑪竇雕像及參天古樹等。

① 聖若瑟修道院入口景觀

② 聖若瑟修道院內景

①

②

③ 石壁綠化

④ 花園全景

⑤ 利瑪竇雕像

① 媽閣廟石牌坊

(2)媽閣廟

媽閣廟位於澳門半島西南方，1488年始建，是澳門三大古剎中歷史最久遠的一座。明朝時，媽閣廟門前是當地漁民上岸補給、歇息和祈福的地方。整座廟宇沿山崖佈置建築，有大殿、石殿、弘仁殿、觀音閣等，石獅鎮門，飛簷淩空，背山面海，古木參天，風光優美。廟宇內依山就勢佈置有多重庭院，面積為4,222m^2，循石階小徑拾級而上，可抵達建於巉岩巨石間就石窟鑿成的弘仁殿，景觀十分獨特。2005年，媽閣廟被聯合國教科文組織列入了世界文化遺產名錄。

② 廟門及石牌坊

③ 正覺禪林

④

⑤

④ 弘仁殿

⑤ 弘仁殿飛簷

⑥ “萬派朝宗” 牌坊

⑦ 建築細部雕飾

(3) 普濟禪院(觀音堂)

普濟禪院位於美副將大馬路，是澳門三大古剎之一和最大規模的禪院。禪院建於1627年，佔地18,538m^2，氣氛莊嚴，受眾廣闊，禪院首座為大雄寶殿，二進為長壽佛殿，後座正殿為觀音殿。大雄寶殿的西廳首座為天後殿，次座為地藏殿，後座是語清室、龍華堂、靜樂堂、祖師堂等。大雄寶殿的東偏首座為關帝殿，次座為檀越堂，依東而築還有報恩堂、妙香堂、方丈廳、藏經樓等。禪院東面有後花園，規模甚大；1844年《中美望廈條約》在花園碑亭中簽訂。

① 主入口

② 大雄寶殿

③ 後花園石牌坊
④ 碑亭(1844年《中美望廈條約》在此簽訂)
⑤ 月中亭

(4) 西望洋聖堂

西望洋聖堂位於澳門半島主教山(西望洋山)上，是一座向航海者保護神祈禱的小教堂。面積為5,300m^2，教堂創建於1622年，1837年和1935年兩次重建。其建造原因，據說是當年去日本航線的葡萄牙水手出海與荷蘭海盜船相遇卻未受傷害，因此許下建堂的諾言。教堂正面所刻銘文，記載了歷史上該教堂所發生的重要事件。教堂前方的廣場上安放了一尊大理石雕製的聖母像，面容慈祥，儀態溫柔。教堂四周幽徑與古樹相映成趣，景色優美。教堂下方建有西望洋聖母眺望台，佈置有水池及遊樂設施，讓遊客和市民休憩，憑欄遠眺四周的美景。

① 坡道

② 西望洋聖堂

③ 西望洋聖堂側面

④ 西望洋聖堂一側的庭園

3.2.7 墓園

(1) 澳門聖味基(舊西洋)墳場

舊西洋墳場位於澳門西墳馬路，原稱聖味基墳場，建於1854年。因為當初地在城外，偏僻荒涼，在澳葡人魂歸天國後多下葬於此。隨着城市發展，墳場用地逐漸為房屋街道所包圍，現已位於市區之中。墳場內有一座建於1874年的小教堂，作為葬禮彌撒之用，建築別緻，供奉一位專司闢邪揚善的天神聖味基，墳場亦因此而得名。墳場內墓塚排列整齊，其中不少古墓建築裝飾美觀，鑲嵌有十字架、天使、花卉、人物雕塑等。墳場裏除擺設紀念花束外，還栽種了不少花木，綠意盎然。

① 聖彌額爾教堂

①

② 教堂前平台

③ 墓園內景觀

(2) 馬禮遜教堂及基督教墳場

基督教墳場位於澳門白鴿巢前地白鴿巢公園旁，面積為2,434m^2，建於1821年，是澳門第一座基督教傳道所。150年前，具有特殊勢力的英國東印度公司澳門分公司租賃白鴿巢的洋樓(即今東方基金會會址)作為職員宿舍，在鄰近開闢了這座墳場。因此，基督教墳場原稱東印度公司墳場。

墳場分兩部分，前為馬禮遜小教堂；後為墓園，有墓塚數十座。其中，較著名的人士有：英國艦隊統帥施厚仁，英艦"都魯號"總司令邱赤爾公爵，英駐華商務總監律勞卑，居澳20餘載的英國名畫家喬治•錢納利，基督教會第一個來華傳道的馬禮遜教士等。墓園內古樹參天，濃蔭匝地，姿態蒼勁的雞蛋花樹比比皆是，每年都吸引了不少外國遊客慕名前往瞻仰憑弔。

① 墓園景觀1
② 墓園景觀2
③ 馬禮遜教堂

①

① 墓園小教堂
② 墓園底層景觀
③ 墓園上層景觀1
④ 墓園上層景觀2
⑤ 墓園上層景觀3

③

②

(3) 澳門望廈聖母(新西洋)墳場

澳門望廈聖母墳場位於螺絲山下的虔信街，與普濟禪院(觀音堂)為鄰。據記載，望廈墳場建於1937—1945年的抗日戰爭期間。當時，日本軍隊封鎖了澳門的出境關閘，限制棺柩出關閘安葬；而本地的聖味基(舊西洋)墳場已不敷使用，所以當局就在望廈荒地上新闢墳場。墳場分高低兩層，四邊建有骨灰庫，中部設小教堂供葬禮彌撒之用。墓園綠化呈規則式佈局，環境整齊肅穆。

④

⑤

3.3 郊野公園

①

(1) 黑沙水庫郊野公園

黑沙水庫郊野公園位於澳門路環島中央山東南的山林地帶，用地範圍東至寰鼎(威斯汀)渡假酒店入口的黑沙馬路，南至萬康園對面的“豬牯塘”出水口，面積342,322m^2。公園以黑沙水庫周邊景觀為特色，主要景點有黑沙水庫燒烤區和水上樂園。

黑沙水庫郊野公園內配套設施齊全，有燒烤區、遊樂區、家樂徑、健康徑、藍花楹亭等，風景怡人，供市民節假日休憩遊玩，親近自然，消除都市煩憂。公園裏的熱帶雨林、野人谷、豬牯塘等景區，也是生態保育和科普教育的研究基地。

① 公園主入口
② 黑沙水庫滑草場
③ 休憩區
④ 黑沙水庫
⑤ 燒烤區

②

③

④

⑤

①

(2) 大潭山郊野公園

大潭山郊野公園位於氹仔島東面，面積627,061m^2，用地範圍包括雞頸馬路、嘉樂庇總督馬路和司徒澤雄神父馬路之間大片的山林地帶。公園景觀以欣賞日出日落、鷺鳥歸巢、飛機升降和奇花異草而聞名。園內設有瞭望台、觀景亭、兒童遊樂區、燒烤區、圓形廣場、綠蔭長廊、人造滑草場和環山健康徑等，集遊憩、健身、環保、教育及陶冶性情等多重功能於一體，是市民享受森林浴，回歸大自然，豐富休閒生活的好去處。市民由天文台斜路入園後，可見許多階梯式花池上鮮花盛開，地被植物綠茵如毯，一派清新自然景象。涼風徐來，令人無比舒暢。園中重植林的主要樹種有台灣相思、木麻黃和馬尾松。從山腳沿路緩步而上，兩旁樹木青蔥翠綠，土質路面更具野趣。

① 大潭山環山徑1
② 大潭山環山徑2
③ 大潭山環山徑3

②

③

④ 大潭山環山徑4
⑤ 原生魚類保育區

⑥ 環山徑休憩區遠景

⑦ 兒童遊憩區

⑧ 生態步道

①

(3) 石排灣郊野公園

石排灣郊野公園位於路環島西面，北接石礦場，面積為198,060m^2，其前身為農場。20世紀40年代，天主教耶穌會曾用此地培育孤兒和失業青年。1981年，澳葡政府將此地定為自然保護區域，1984年11月開始改建為郊野公園。公園於1985年5月28日由葡萄牙總統安東尼奧•拉馬爾霍•恩尼斯揭幕，成為澳門第一個郊野公園。

石排灣郊野公園的基本定位是動植物公園。園中設有兒童動物園、觀鳥園、藥用和趣異植物園等景區，成為澳門各類學校進行生物教學的良好研習場。此外，公園內還配套建有完備的康樂設施，如兒童遊樂區、兒童單車徑和公園徑等。2010年，澳門政府在公園內加建了熊貓館，用以照顧由中央政府贈送的一對國寶大熊貓。

②

① 石排灣郊野公園景觀1
② 石排灣郊野公園景觀2
③ 石排灣郊野公園的假菩提榕
④ 石排灣山野秋色
⑤ 歷史文物"沙路士號"小飛機
⑥ 石排灣公園自然教育徑

① 林相鳥瞰

② 大熊貓館

③ 大熊貓館內景

④ 中央政府贈予澳門特區的大熊貓“開開”和“心心”

⑤ 喬遷新居的大熊貓

②

④

⑤

(4) 黑沙龍爪角海岸徑(綠道)

黑沙龍爪角海岸徑位於黑沙龍爪角黃金海岸，起點為黑沙海濱馬路，終點為竹灣豪園第一街別墅群，全長1,200m，面積為97，617m^2，2003年啟用，是澳門的綠道和自然生態旅遊勝地之一。

黑沙龍爪角海岸徑築於岩石之上，沿途怪石嶙峋，可以欣賞到許多天然奇石和豐富的海岸動植物資源，景觀引人入勝。常見的飛禽有喜鵲、畫眉和縫紉鳥等，偶有岩鷺出沒，生長於山邊岩石中的大型植物以露兜和刺葵為多。海岸徑上設有一座觀景建築——聽海軒，建於海岸岩石之上，為長方形涼亭。建築面積不大，內設3排座椅；既可欣賞海景，也是垂釣佳境。

① 海岸徑景觀1
② 海岸徑景觀2
③ 海岸徑景觀3
④ 遠望聽海軒
⑤ 植物介紹牌
⑥ 標距柱

②

③

①

④

⑤

⑥
標距柱
Marco de Distância
1-08-05
民政總署
INSTITUTO PARA OS
ASSUNTOS CÍVICOS
E MUNICIPAIS
緊急求助電話
Telefone de
Emergência
999
1000M

3.4 庭院綠地

3.4.1 宅旁綠地

(1) 海洋花園

海洋花園位於氹仔西北部臨海，望西灣大橋海景，是澳門一個較大型的樓宇住區。海洋花園佔地約19hm^2，有34幢高層住宅樓和21座別墅，宅旁綠地面積共3,188m^2。這些綠地多為平台花園，種植形式以灌木加草坪為主，搭配少量小喬木，配套遊憩設施較為完善，使居民隨處感受到綠意。

① 海洋花園的平台綠化

② 平台花園及兒童活動區

①

②

(2) 保利達花園

保利達花園位於澳門半島黑沙環中街與東北大馬路旁，宅旁綠地面積6,459m^2，多為平台花園，綠地景觀以鋪裝場地和配套遊憩設施為主。因受場地條件限制，花園內多用灌木和小喬木。

① 平台花園景觀

② 兒童活動區

(3) 竹灣豪園

澳門的豪宅別墅區主要分佈在半島主教山和路環島竹灣。竹灣豪園位於路環竹灣馬路旁，宅旁綠地8,953m²。竹灣豪園是澳門最大的別墅區，沿半山向海岸延伸而建，構成背山面海的開敞景觀，地理位置優越。屋苑別墅區內配套建有小型遊艇停泊區、游泳池及商業區。宅旁綠化形式多樣，以盆栽和屋頂綠化為主，多種植棕櫚科植物，營造出充滿熱帶風情的庭園景觀。

① 竹灣豪園道路綠化

② 濱海宅旁綠化

③ 濱海觀景平台

3.4.2 綠化庭院

(1) 澳門特別行政區政府總部

澳門特別行政區政府總部前身為澳門總督府，位於半島南部的南灣大馬路旁，佔地面積約$5000m^2$，其中花園約$3,834m^2$。19世紀中葉由余加利子爵負責興建。1999年，澳門特別行政區成立後，該建築物的功能已改作特區政府專供接待外賓之用。它是一幢古色古香的典型葡萄牙式建築，樓高二層，周圍以麻石砌成牆基，拱門石階，迴廊通物，左右翼伸出露台，莊嚴古樸，結構牢固。建築一側的花園採用中西合璧的設計手法，糅合了摩爾式園林、法式古典園林和中式園林元素，佈局規則對稱。花園中設置了花廊架、噴泉壁龕、草坪步道、水渠和睡蓮池等景觀，地面沿用葡萄牙特色的彩色碎石子鋪裝。

① 政府總部內庭花園

② 花園細部

(2) 東方基金會會址

東方基金會會址位於澳門白鴿巢前地白鴿巢公園側，建於18世紀70年代，面積為4，739m^2。原是澳門富商俾利喇的別墅，後來租給英國東印度公司，作為該公司駐華商務監督、大班及英國駐中國高級官員的住所。1885年，該房屋成為澳葡政府的財產，1960年代後曾改作賈梅士博物院。20世紀90年後，改為東方基金會澳門辦事處所在地。會址內樹影婆娑，設置有雕塑和景觀水池等景致，環境清幽典雅。

① 東方基金會入口
② 美那年奴先那非難地士伯爵雕像
③ 東方基金會大樓
④ 東方基金會內花園

①

③

②

④

(3) 鏡湖醫院

鏡湖醫院位於半島連勝街旁，1871年落成，是澳門華人主辦的慈善醫院，佔地面積約28,000m^2。醫院中庭花園採用自然式山水佈局，表現了中國傳統園林的含蓄典雅之美。

① 鏡湖歷史紀念館及中式花園

② 醫院主入口的孫中山雕像

③ 鏡湖歷史紀念館內部

(4) 葡萄牙駐澳門總領事館

葡萄牙駐澳門總領事館位於澳門伯多祿局長街，面積為2，788m²，1569年由天主教澳門教區首任主教賈耐勞倡建，其前身是為聖辣非醫院。大樓建築經過數次改建，現存樣貌是1939年改建的成果。大樓建築設計採用歐洲新古典主義風格，前庭花園採用退台式景觀設計，構圖簡潔。草坪中點綴種植了一些蘇鐵和棕櫚植物，風格疏朗。

葡萄牙駐澳門總領事館前庭花園

3.5 體育綠地

3.5.1 高爾夫綠地

(1) 澳門竇鼎(威斯汀)渡假酒店高爾夫球場

澳門寰鼎(威斯汀)渡假酒店高爾夫球場位於路環島南端、澳門寰鼎(威斯汀)渡假酒店旁邊，面積為548，158m^2。球場為18洞標，準桿71桿，球道全長6,511碼。球場屬海濱懸崖球場，配備了豪華舒適的會所及各項康樂設施，環境優美，能夠眺望黑沙海灘全景。

高爾夫球場的設計結合了大自然的環境，將黑沙海灘與南中國海的迷人景色盡收眼底。球場充分利用起伏的地勢和懸崖特色，為球手提供各種饒有趣味和充滿挑戰的打球環境。球場中的其他球洞，無論是位於高低起伏之地，還是平坦寬闊之處，或是位於四周滿佈沙坑及人工湖等障礙之中，其獨具匠心的設計均能提供層出不窮的挑戰。四周綠樹成蔭，繽紛豔麗的花叢點綴其間，置身於球場遠離喧囂，悠然自得。

① 球場與酒店相鄰，融為一體
② 發球練習台長廊
③ 高爾夫球場全景
④ 球道景觀

③

①

②

④

3.5.2 運動場綠地

(1) 澳門賽馬會

澳門賽馬場位於氹仔西南區，面積為120,081m²，建於1987年，由澳門賽馬會管理，其前身為賽馬車場。賽馬場具有國際水準的比賽設施，設有全天候式沙地和草地跑道各一條。賽馬場的景觀氣勢宏偉，看台上可容納1.5萬人觀看賽事。

① 從小潭山頂鳥瞰賽馬場

② 賽馬場全景

①

②

① 逸園跑狗場入口
② 跑狗場看台入口
③ 綜合體育場及跑狗場內
④ 賽狗訓練實景

(2) 澳門綜合體育場及逸園跑狗場

賽狗是澳門的傳統博彩項目，澳門也是亞洲唯一合法經營賽狗業務的城市。作為澳門吸引觀光遊客和博彩的活動之一，賽狗活動在白朗古將軍馬路的逸園賽狗場舉行。逸園賽狗場於1931年啟用，1936年停辦，1963年又重新營業。賽狗場的外觀與一般的體育場相似，場內設置了橢圓狀梯形大看台，可容納近萬名觀眾。看台設有售票視窗和專座，專座前面是賽狗專用的環形跑道。場地中央則設置為綜合體育場，總面積為10,757m^2。

3.6 道路綠地

3.6.1 道路綠化帶

(1) 殷皇子大馬路

殷皇子大馬路位於半島南部，西北端自南灣大馬路起，東南端至南灣廣場；面積為594m^2，總長約350m，寬約26m，實際上是新馬路的延長線。道路是以對葡萄牙航海事業出力甚多的殷理基王子的名字命名的。殷皇子大馬路分車綠帶採用複層綠化配置，在馬路中間種植遮蔭樹木，在種植池邊上設計有澳葡式圖案風格的建築小品，與羅保博士街交界處還建有兩個景觀水池。

① 分車綠帶

② 分車綠帶水池細部

③ 殷皇子大馬路

④ 分車綠帶中的水池

③

①

②

④

(2) 路氹連貫公路

路氹連貫公路是連接澳門氹仔島和路環島的公路。1963年5月動工，1969年秋正式通車。公路主體是一道海堤，面積為18,425m^2，高出海面約5m，從氹仔的馬鰽尾向南延伸至路環的石排灣，全長2,250m，路面寬9m雙向六車道。為慶祝澳門回歸，有關部門於1999年在公路分隔帶中豎立了十二生肖的雕塑。整個分車綠帶採用較為自然的複層群落式設計，大量運用棕櫚科植物及植物色塊形成簡潔明快的景觀效果。

① 路氹連貫公路全景

② 人行道分隔帶

③ 路氹連貫公路的大王椰子

④ 濱水人行道

①

③

②

④

(3) 城市日大馬路

澳門城市日為每年的6月24日，澳門回歸前原為公眾假期。據史載，1622年6月24日荷蘭戰艦來犯澳門，葡萄牙駐軍初期潰敗，後來在大炮台發炮擊中荷蘭指揮艦，荷蘭兵傷亡慘重，於是葡兵大舉反攻擊退荷蘭士兵。為紀念此事蹟，澳門市政廳將這一天定為城市日，並把新口岸新填海區的一條街道命名為“城市日大馬路”。

城市日大馬路位於澳門半島南區，始於友誼大馬路旁的仙德麗街，終於孫逸仙大馬路，全長約370m。面積為1,628m^2，道路斷面為兩塊板四車道，中央分車綠帶較寬，兼作街頭小遊園。其種植佈局靈活多樣，植物配置精緻宜人，配套設置有停車位、垃圾箱、健身器材等公共設施；綠樹成蔭，街景美觀。

①

① 分車綠帶
② 車道綠化
③ 城市日大馬路
④ 分車綠帶內景

③

②

④

望德聖母灣大馬路分車綠帶

(4) 望德聖母灣大馬路

望德聖母灣大馬路位於澳門氹仔，面積為16，347m^2，於2001年11月1日由臨時海島市政局命名。大馬路始於奧林匹克游泳館圓形地，終於路氹連貫公路圓形地，沿途與望德聖母灣街和新城大馬路相交。由於是新開發的路段，道路紅線內預留了較多的綠化空間，效果較佳。道路綠化形式以列植為主，多用金葉假連翹、大葉紅草和福建茶等修剪成各種幾何圖案；在空間較寬敞的地方也有採用複層結構的種植方式。一些主要地段大量運用時花和彩葉植物，效果美觀。

3.6.2 交通島綠地

"圓形地"(Rotunda)一詞來自葡萄牙語，意思是處於路口中間的交通圈，內地的叫法是交通環島。由於早期澳門的城市道路規劃較弱，街巷建設便循著地形、憑著需要恣意伸展開來。當三五條道路相遇時，很難形成規範的十字路口，故往往在幾條道路相交的中心部位闢出一片空地，將連接各個路口的道路修成環狀繞行。然後在這塊空地上種植花草樹木，安裝雕塑標誌，這就形成了俗稱的"圓形地"。在澳門，圓形地不僅是一種交通設施，而且是一種獨特景觀[1]。

(1) 和諧圓形地

和諧圓形地位於路環島的石排灣馬路迴旋處，面積為1，702m²，平面佈局獨特，以八卦造型構成，平地和水池佔地各半，構圖簡潔流暢。水池裏成片種植代表澳門的荷花和睡蓮，富有中國傳統特色。

① 和諧圓形地景觀

② 和諧圓形地水景

①

②

[1] 李嘉曾.多元、開放與和諧——關於澳門歷史和現狀的觀察與思考(上)[J].群言，2006(2)：29-30.

(2) 石排灣圓形地

石排灣圓形地位於路環區，距離和諧圓形地不遠，為石排灣馬路、九澳高頂馬路以及路氹連貫公路三條馬路的交匯中心，面積為1,017m²，綠化景觀設計以聖母為主題，14塊拜苦路的石牌圍著聖母像形成半圓狀佈局，配以時花和大樹，凸顯莊嚴聖潔。每當重大節假日，澳門人會為該圓形地梳妝打扮，精心栽種花草，因應不同的節日，或在綠地中間搭起平台，豎立各種卡通形象，點綴雪花、彩鈴、聖誕樹和多種抽象圖案的燈飾，烘托節日氣氛。

① 14塊拜苦路的石牌

② 花壇景觀

③ 石排灣圓形地全景

① 空間雕塑與水體景觀1

② 空間雕塑與水體景觀2

③ 東亞運圓形地全景

(3) 東亞運圓形地

東亞運圓形地位於氹仔的東亞運大馬路與海洋大馬路交界處，面對海洋大馬路休憩區，面積為6，348m^2。景觀設計以體育精神為主題，塑造出一組橢圓形玻璃鋼空間雕塑體，遠遠望去猶如一朵朵含苞欲放的蓮花。綠地的平面設計為流線形水體與網格狀草地相互滲透，構圖簡潔大氣，極富現代氣息。

(4) 路氹連貫公路圓形地

路氹連貫公路圓形地位於澳門路氹城的望德聖母灣大馬路、嘉樂庇總督馬路、偉龍馬路與路氹連貫公路的交匯處，面積為5,876m^2。景觀設計以水體、草地和景牆為元素，將圓形地平均分為五大塊，平面上形成花瓣狀的圖案。

① 圓形地水景

② 路氹連貫公路圓形地全景

3.7 設施綠地

3.7.1 綠化停車場

(1) 勞動節大馬路綠化停車場

該停車場位於勞動節大馬路的旁邊(附屬于勞動節大馬路的道路綠化)，場地呈長條形，面積2,694m^2。車位呈45°斜向佈局，間種高大細葉榕遮蔭；配套綠地為緩坡草坪，斜向穿插放置混凝土條石，整體構圖簡潔大方且富有韻律感。

① 勞動節大馬路停車場景觀1

② 勞動節大馬路停車場景觀2

①

②

①

②

(2) 西灣湖景大馬路綠化停車場

該停車場位於西灣湖景大馬路旁(附屬于西灣湖景大馬路的道路綠化)，綠地呈鋸齒狀斜向分佈，在每個停車位前面都有一塊綠地，種植地被植物和喬木。停車場另一面連接著人行道和道路綠地，整體景觀效果既簡單又精緻。

① 西灣湖景大馬路綠化停車場1

② 西灣湖景大馬路綠化停車場2

3.7.2 交通設施綠地

(1) 西灣湖景大馬路與西灣大橋交界綠化

西灣湖景大馬路與西灣大橋交界綠化面積15,363m^2，平面近似長三角形。綠地中央設有一個圓形的噴水池，構成主體景觀；植物配置採用三種不同的顏色搭配，形成具有強烈導向性的綠地景觀。

① 西灣湖景大馬路與西灣大橋交界綠化景觀1
② 西灣湖景大馬路與西灣大橋交界綠化景觀2
③ 西灣湖大馬路綠地景觀

(2) 羅理基博士大馬路邊坡綠化

羅理基博士大馬路行車隧道旁有一處交通設施綠地，面積2,549m^2。綠地上矗立着一個高28m的空間雕塑——“東方之門”，象徵中葡人民的友誼關係。“東方之門”雕塑由兩條弧形柱和中央圓環組成，寓意澳門是中葡兩國文化的交匯點，和諧統一。在隧道與地面之間的邊坡上裝飾着精美的模紋花壇，一年四季都有鮮豔的花卉圖案。

羅理基博士大馬路邊坡綠化

①

① 天橋綠化景觀1

② 天橋綠化景觀2

③ 天橋綠化景觀3

②

③

(3) 勞動節大馬路至友誼橋大馬路天橋綠化

勞動節大馬路至友誼橋大馬路天橋綠化採用平面與立體相結合的方式精工製作，綠化面積10,484m^2。平面綠化以草坪為基底，配置模紋花壇和小喬木；高架橋立柱和橋欄板外側用異葉爬牆虎作立體綠化，使之整體望去生機盎然。

3. 8 苗圃生產綠地

(1) 鴨涌河苗圃

鴨涌河苗圃位於何賢紳士大馬路的兩側，面積16,827m²。苗圃中的生產基地分為蔭棚和露天兩種，蔭棚內主要生產觀賞盆花，種類多樣；露天苗地主要培育綠化用的喬灌木。苗圃職工善於利用地形條件，在坡地上面分層種植各類花卉苗木，充分發揮了有限土地資源的生產潛力。

① 露天苗圃

② 利用坡地上開闊的苗圃

③ 蔭棚區

沙崗苗圃

(2) 沙崗苗圃

沙崗苗圃位於高勵雅馬路南面，面積26,877m^2，場地平整，主要生產露地花卉。

(3) 白鴿巢養植場

白鴿巢養植場位於白鴿巢公園內，沙梨頭街的西邊，面積1,884m^2，主要生產盆花，已有較悠久的歷史。

白鴿巢養植場

3.9 生態景觀綠地

3.9.1 風景林地

(1) 龍環葡韻鷺鳥林

該鷺鳥林位於龍環葡韻景區旁的濕地上，面積為48，347m²，是澳門鷺鳥的主要棲息地，也是華南地區重要的鷺鳥繁殖地。場地上泥潭遼闊，植被繁茂，為鷺鳥覓食和繁殖提供了良好的生境。每年2月，當鷺鳥繁殖季節到來時，白鷺林中樹上滿佈鳥巢。據觀察統計，鷺鳥數量最多時超過1,400只，其種類有小白鷺、中白鷺、大白鷺、夜鷺、池鷺和黃斑葦鳽等。近年來，隨著路氹城基建工程增多，鷺鳥林的面積也在逐漸減少。澳門民政總署正在加強對鷺鳥的保護，降低周邊的建築工程的影響，加大濕地生態系統的功能。

① 龍環葡韻鷺鳥林遠景1
② 龍環葡韻鷺鳥林遠景2
③ 小白鷺群
④ 小白鷺
⑤ 夜鷺

①

②

③

④

⑤

(2) 大潭山

大潭山位於氹仔島東部，海拔159.1m，是氹仔島的最高點。自然生態保護的範圍包括雞頸馬路、嘉樂庇總督馬路及司徒澤雄神父馬路一帶的山林，總面積約198,653m^2。大潭山環山徑全長約4,000m，於1987年對外開放，是氹仔島第一條自然步行徑，配套設置有健身器材、告示牌等公共設施。從步行徑入口到大潭山郊野公園，沿途綠樹成蔭，怪石嶙峋，置身其中，樂趣無窮。大潭山有豐富的動植物資源，如鳥類就佔有全澳門地區116種中的26種，還有各類昆蟲。山上的植物資源豐富，多為鄉土樹種。

① 大潭山台灣相思林
② 大潭山環山徑1
③ 大潭山環山徑2
④ 大潭山環山徑3
⑤ 大潭山水塘景觀

①

②

① 入口
② 環山徑休憩區
③ 護坡綠化
④ 大型藝術浮雕

(3)小潭山

小潭山位於氹仔島西部，海拔110.8m，面積為315，116m^2，與大潭山遙遙相對。其北面，是嘉樂庇將軍大橋(澳氹大橋)的終點。面向大橋的山坡上設有大型浮雕。山南大片填海地上建有賽馬場和新世紀酒店，菩提禪院在其東麓。

1998年年底前，海島市市政聽在海拔50m高的地方環山開闢步行徑，並於次年開放供民眾使用。這條環貫整個小潭山的步行徑長2,300m，寬2.5m。為慶祝它與澳門市民一同邁向2000年，特取名為“小潭山2,000環山徑”。這條蜿蜒流暢的環山小徑，在澳門離島的眾多步行徑中路面最寬敞，已成為澳門市民休閒探幽的好去處。

③

④

① 西望洋山近景
② 西望洋山遠景1
③ 西望洋山遠景2

(4) 西望洋山

西望洋山俗稱主教山，是澳門半島第三高山崗，海拔62.7m，面積為22,997m^2。西臨內港，東北隔南灣與東望洋山相望，南接媽閣山。有數百年歷史的媽閣廟就坐落在山的西南麓，廟的後山坡上花崗岩石地貌發育奇特，有不少名人雅士題詠的石刻。

在主教山上有一座建於1622年的聖母堂，1935年時重建。教堂的鐘樓高聳，莊嚴肅穆，鮮花盛開，環境幽美。聖母堂前屹立著一尊面臨大海，法相莊嚴慈祥的聖母石像，立於山上，遠近可見，是澳門西灣的一個標誌。

西望洋山昔日是座炮台，地勢險要，在這裏不單可以欣賞到澳氹大橋橫跨海港的景色，更可遠眺內地的風光。山上綠樹婆娑，景色優美，有不少南歐建築風格的別墅，是澳門的高級住宅區之一。

②

③

3.9.2 生態濕地

(1) 生態保護一、二區

西堤馬路鳥類覓食區，是澳門政府為保護紅樹林和候鳥資源在路氹城建立的澳門首個海岸生態保護區，佔地55hm^2，分別由蓮花大橋西堤15hm^{2}的生態保護一區和蓮花大橋西堤外40hm^{2}的生態保護二區組成。保護區第一期工程是15hm^{2}生態保護一區，於2002年展開，主要安裝管道網等基礎設施；第二期工程是40hm^{2}生態保護二區，包括興建4座人工島等內容，均已基本完成。

在西堤馬路鳥類覓食區內的濕地類型為紅樹林，是典型的熱帶海岸潮間帶木本植物群落，擁有澳門已記錄的全部紅樹林植物，如秋茄、白骨壤、老鼠簕、桐花樹等。

①

②

③

① 生態保護二區紅樹林景觀1

② 生態保護二區紅樹林景觀2

③ 生態保護一區

④ 生態保護二區紅樹林景觀3

⑤ 生態保護二區紅樹林景觀4

⑥ 生態保護二區

⑦ 紅樹林植物—老鼠簕

⑧ 紅樹林植物—秋茄

⑨ 大彈塗魚

⑩ 寄居蟹

⑪ 弧邊招潮蟹群
⑫ 黑面琵鷺群
⑬ 黑面琵鷺

3.9.3 水源保護地

(1) 水塘

水塘位於澳門半島東北部，於20世紀20年代後期進行新口岸填海工程時圍海而成。水塘主要用來貯存淡水，面積為102,917m²，可蓄水200萬m³，供澳門居民飲用。1995年，曾有號稱亞洲最大的澳門電腦音樂噴泉建於水塘之中。1998年，該噴泉遷至南灣湖。21世紀初，為配合新口岸地區興建道路網，政府對水塘進行了改建，新建水塘馬路以緩解半島東部的交通狀況。隨後，民政總署也為水塘加建了康樂設施，形成水塘休憩區。

① 水塘遠景1

② 水塘遠景2

①

②

① 南灣湖遠景1

② 駁岸景觀

(2) 南灣湖

南灣湖位於澳門半島南面，面積為414,816m^2，原來是一片海灣，後因築堤而成。早在1981年，澳葡政府曾一度提出修建南灣湖的計劃，但一直未能實施。10年後，澳葡政府宣佈推行“南灣整治計劃”，投資130億澳門幣興建。在經歷了重重波折之後，於1992年7月開始動工，南灣和西灣以南的陸堤最終於1997年建成，並在陸堤中間造出了一片13,000m^{2}的南灣填海區。其東面就是碧波蕩漾的南灣湖。後來，澳葡政府為避免破壞南灣湖地區在填海後的生態環境，又在湖邊填出四塊灘塗地並進行綠化，供雀鳥等野生動物棲息。

⑤

③ 人工島景觀

④ 護坡綠化景觀1

⑤ 護坡綠化景觀2

⑥ 南灣湖遠景2

第四章　澳門城市園林綠化特色分析

4.1 綠地佈局適應高密度城市發展特點

4.1.1 澳門高密度城市人居環境概況

據澳門特區政府統計暨普查局2010年的統計資料，澳門的陸地面積為29.5km^2，居住人口約54.2萬人，人口密度為1.84萬人/km^2，是世界上人口密度最高的城市之一。綜觀澳門近十年的人口數量、陸地面積與人口密度的變化，隨著人口的增加，土地面積也相應擴大。由於年平均人口增長率比土地增長率大，澳門人口密度呈現增加的總趨勢(表4-1-1、圖4-1-1)。

2000–2010年間澳門人口、陸地面積與人口密度一覽　表4-1-1

年份	居住人口（萬人）	陸地面積（km^2）	人口密度（萬人/ km^2）
2000年	43.15	25.40	1.70
2001年	43.63	25.80	1.69
2002年	44.05	26.80	1.64
2003年	44.67	27.30	1.64
2004年	46.26	27.50	1.68
2005年	48.43	28.20	1.72
2006年	51.34	28.60	1.80
2007年	53.81	29.20	1.84
2008年	54.92	29.20	1.88
2009年	54.22	29.50	1.84
2010年	54.24	29.50	1.84

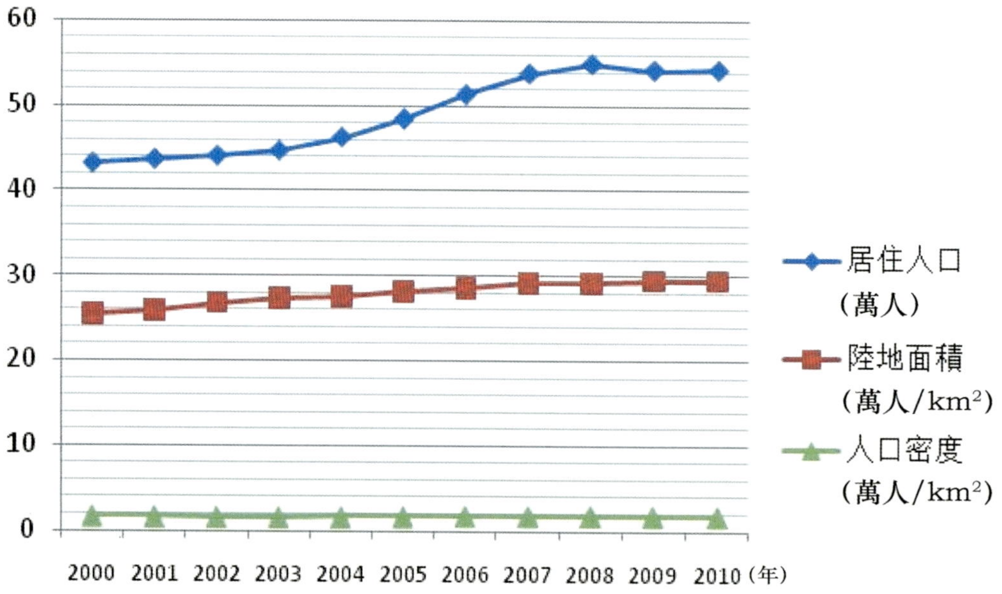

圖4-1-1 2000–2010年間澳門居住人口、陸地面積與人口密度變化情況

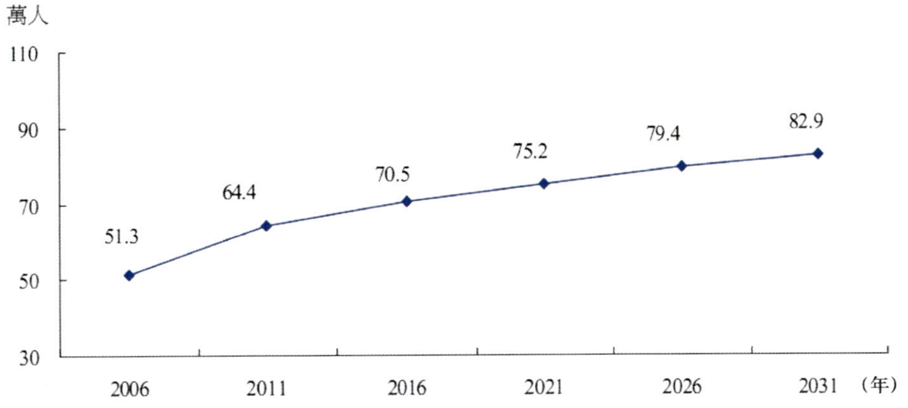

圖4-1-2 澳門2006-2031年居住人口數目預測

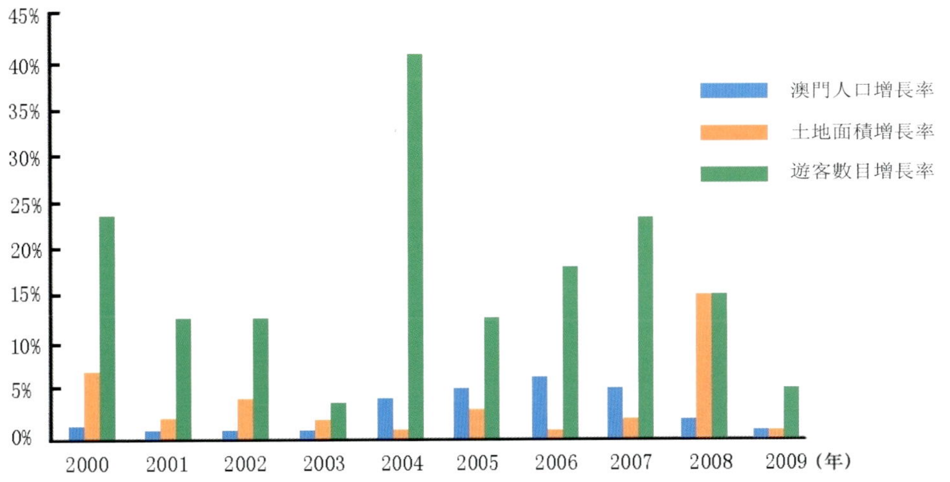

圖4-1-3 2000-2009年澳門人口、土地面積與遊客增長率狀況

截至2010年第1季度，澳門人口總數為54.24萬人，較回歸前的1999年增加超過10萬人；2004-2006年間的增幅更達到了人口增長率的最高峰，其主要原因是澳門經濟蓬勃發展和投資移民政策放寬，吸引了大量從事商業活動的勞動人口，也增加了以家庭團聚為由的人口遷入。據《澳門居住人口預測2007-2031》公佈的預測資料，澳門的居住人口將由2006年年底的51.3萬人上升至2031年年底的82.9萬人，平均年增長率為1.9%。有專家預計，澳門人口增長在2007-2011年的5年間速度較快，年均增幅達4.6%，其後的年均增幅將逐漸放緩(圖4-1-2)。

澳門高密度的人居環境現狀，除了人口急劇增長和土地資源嚴重緊缺外，更主要的原因在於澳門發達的旅遊業每天都吸引了大量的外地遊客。澳門旅遊人口的流動性相當大，全年高達2,500萬人次。據澳門統計暨稽查局的資料顯示，2009年入境旅客總數為21,752,751人次，今年5月入境的旅客及非澳門居民共2,620,223人次，旅客總數有2,098,267人次(圖4-1-3)。

澳門人多地少，全澳85.5%以上的人口居住在僅9.3km^{2}的澳門半島內，城市用地空間十分緊張。其中，人口密度大於10萬人/km^{2}的區域有林茂塘區、高士德及雅廉訪區、筷子基區、新橋區、黑沙環及祐漢區，這些區域均集中在澳門半島北區，是世界上人口密度最高的城區之一(表4-1-2、圖4-1-4)。

人口密度大，無疑給澳門帶來較充裕的人力資源和消費能力，卻也加劇了城市在交通、住房、社會設施等方面的負擔與壓力。澳門土地面積小，無法承載大量的人口，但充足的流動人口資源又是澳門經濟發展所需。因此，澳門的城市規劃需研究合理的人口承載能力，制定適當的人口發展政策，並以此作為土地供應、分配和提供各類基礎設施服務的基本依據。

澳門城市分區人口、面積與人口密度一覽[1]　表4-1-2

城市分區	人口(人)	面積(hm^2)	人口密度(人/km^2)
黑沙環及祐漢區	68,858	42.3	162,785
新橋區	49,011	32.7	149,881
筷子基區	27,121	23.3	116,399
高士德及雅廉訪區	23,856	20.7	115,244
林茂塘區	20,752	19.3	107,522
台山區	37,957	39.9	95,129
荷蘭園區	24,679	28.1	87,826
黑沙環新填海區	51,203	60.2	85,054
下環區	36,598	47.6	76,887
沙梨頭及大三巴區	28,168	40.0	70,419
氹仔中心區	44,802	93.1	48,123
中區	24,096	54.2	44,458
南西灣及主教山區	11,608	39.0	29,765
青洲區	9,576	39.2	24,429
望廈及水塘區	23,726	106.2	22,341
東望洋區(松山區)	6,836	34.8	19,644
新口岸區	11,318	58.9	19,216
海洋及小潭山區	10,077	63.6	15,844
大學及北安灣區	5,510	52.3	10,536
外港及南灣湖新填海區	8,670	81.9	4,766
氹仔舊城及馬場區	4,306	24.0	3,472
北安及大潭山區	3,890	8.2	1,868
路環區	3,447	63.4	452

❶ 原始資料來源：澳門特別行政區地圖繪製暨地籍局、統計暨稽查局(2007年)。

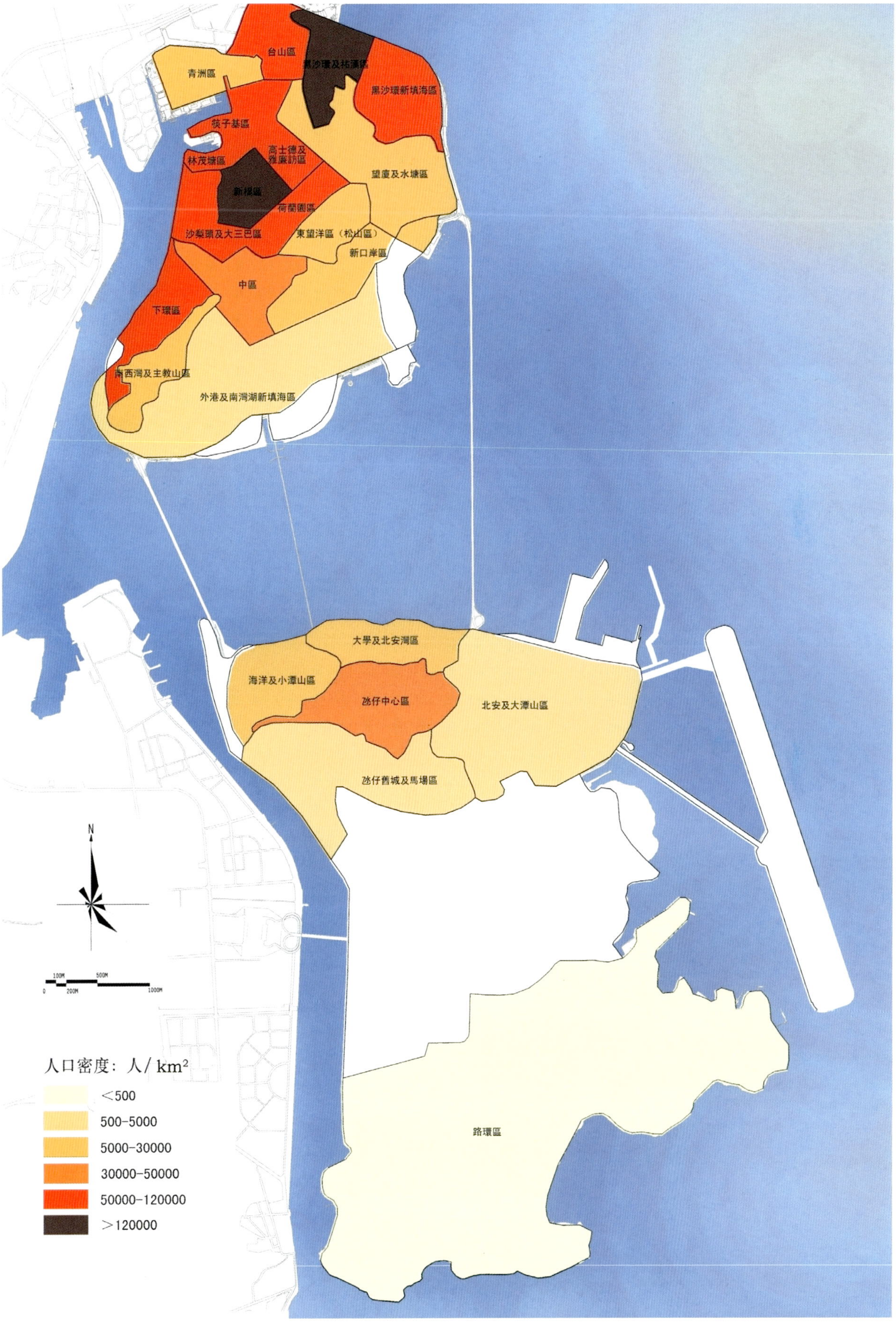

圖4-1-4 澳門城市分區人口密度分析圖

4.1.2 澳門城市綠地的空間佈局特點

(1) 城市綠地功能形式多元化

為適應陸地面積小、人口密度高等特點，澳門城市綠地的功能與形式呈現多元化的特點。尤其在澳門半島，綠地周邊多分佈具深厚歷史文化沉積的居民區、旅遊娛樂區或商務街區。因此，這些綠地除具備傳統的休閒遊憩功能外，還兼具文化展示、娛樂休閒、商務交流等一系列與建築、交通等要素相輔相成的複合功能。各類城市綠地滿足了市民與遊客在澳門開展各項遊憩活動的需求。據調查統計，在澳門半島共有20種綠地類型(表4-1-3)。此外，澳門的城市綠地多為“見縫插綠”佈局，園林綠地的平面形式不拘一格，兼備多樣功能。

澳門半島綠地類型一覽　表4-1-3

序號	類別代碼	綠地類型	綠地個數	綠地個數比重(%)
1	MG111	市政公園	10	1.8
2	MG112	社區公園	22	4.0
3	MG121	廣場花園	28	5.2
4	MG122	街區花園	66	12.2
5	MG123	觀景台	8	1.5
6	MG124	酒店花園	8	1.5
7	MG125	歷史名園	12	2.2
8	MG126	宗教庭園	13	2.4
9	MG127	墓園	5	0.9
10	MG141	宅旁綠地	57	10.5
11	MG142	綠化庭院	101	18.7
12	MG152	運動場綠地	4	0.7
13	MG211	道路綠化帶	104	19.2
14	MG212	交通島綠地	60	11.1
15	MG221	綠化停車場	9	1.7
16	MG222	交通設施綠地	23	4.2
17	MG3	苗圃生產綠地	2	0.4
18	MG41	風景林地	6	1.1
19	MG42	生態濕地	2	0.4
20	MG43	水源保護地	1	0.2

① 休閒遊憩綠地

澳門城市綠地類型中有多種形式。除常見的廣場花園、街區花園外，還有觀景台、酒店花園、歷史名園、宗教庭園和墓園等。如位於澳門半島中心區的加思欄花園，除了具有獨特的園林景觀之外，花園內還設有圖書館、兒童遊樂場、健身設施等供市民使用。

澳門半島綠地規模等級統計　表4-1-4

不同面積綠塊個數及所占比例(%)					綠塊總個數	綠塊密度(個/ km²)
I 級：大於50,000m²	II 級：10,000-50,000m²	III級：5,000-10,000m²	IV級：1,000-5,000m²	V 級：100-1,000m²		
7	29	33	174	365	608	62
1.2%	4.8%	5.4%	28.6%	60.0%	100.0%	—

② 道路交通綠地

澳門城市街巷綠地的兩旁或中間，常設置有精美的座椅和花壇，為市民提供了臨時休憩的空間。如天神巷等地的“袖珍綠地”。澳門的城市道路綠化分車帶及交通島綠地，不僅能起到道路分車隔離帶的交通功能作用，有些也作為街區花園和廣場花園供市民休閒遊憩，或兼有綠化停車場的功能，以適應高密度城市土地集約化利用的需求。典型實例有如白朗古將軍大馬路、亞馬喇前地等。

(2) 城市綠地空間分佈多樣化

澳門的休閒遊憩綠地，因使用功能和使用者心理行為模式的多樣化，其空間分佈也呈現出複雜多樣的傾向。各類城市綠地表現出豐富的空間佈局形式，如下沉廣場、眺望空間、連接空間及立體交通空間等。澳門城市綠地空間的開放性一般較強，公園綠地與周邊環境緊密聯繫，空間相互滲透，常與周邊建築環境共同形成獨特的風景。

在綠地分佈上(表4-1-4)，澳門半島共有678塊綠地，綠塊密度達62個/km²。其中，有60%的綠塊規模集中在100-1,000m²的面積範圍內，有174個1,000-5,000m²的中等面積的綠塊，僅有7個面積大於5,000m²的大綠塊。調查結果表明，澳門半島雖然以小綠塊為主，但在如此袖珍的城市空間裏也有大於5,000-10,000m²的綠塊。由此可見，澳門城市綠地具有“大疏大密”的空間分佈特點。

(3) 城市綠地可達性的最優化

澳門綠地可達性的最優化主要體現在公園綠地服務距離、市民到達綠地阻力、公園服務面的周長三個方面。

① 公園綠地服務距離

澳門半島雖然人口密度、建築密度很高，但由於半島上的公園綠地間距小、分佈合理，綠地與周邊的居住環境相互融合，因而能夠較好地滿足周邊居民對戶外休閒與遊憩活動的需求。

研究結果表明：當綠地服務距離設定為100m時，公園綠地❶的服務範圍覆蓋了澳門半島面積的76.6%和離島面積的44.0%(表4-1-5、圖4-1-5)。當綠地服務距離設定為200m時，公園綠地的服務範圍覆蓋了澳門半島面積的97.0%和離島面積的61.4%。也就是說，整個澳門半島和離島的大部分居民點，均能達到“出門200m進公園”的服務水平。

澳門公園綠地服務距離統計　表4-1-5

項目	面積(km²)	公園綠地範圍(km²)	100m 等距線❷範圍(km²)	200m 等距線範圍(km²)	公園綠地覆蓋率(%)	100m 範圍覆蓋率(%)	200m 範圍覆蓋率(%)
半島	9.3	1.1	7.1	9.0	12.0	76.6	97.0
離島	20.2	3.7	8.9	12.4	18.5	44.0	61.4
澳門	29.5	4.9	16.0	21.4	16.5	54.2	72.6

❶ 注：含城市公園、城市花園和郊野公園，下同。

❷ 見P249，本項研究所定義的“綠地服務等距線”

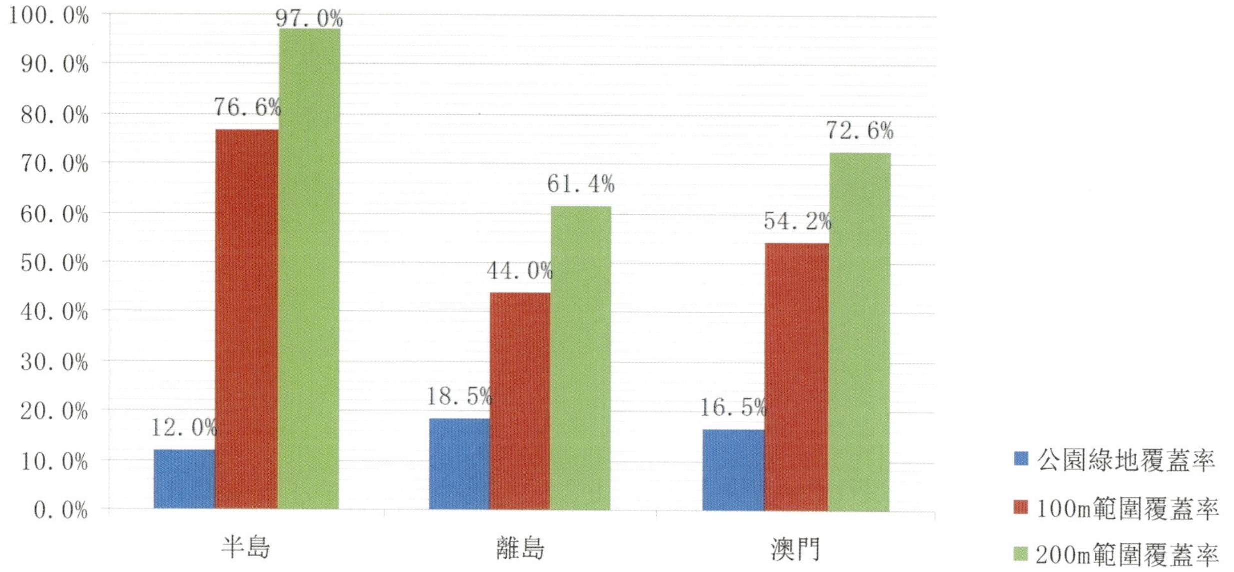

圖4-1-5 澳門公園綠地服務距離統計分析

② 市民到達綠地阻力

澳門半島用地緊張、人口集聚、建築密集，故大部分綠地面積較小，但綠地的分佈較為均勻，與建築道路等外環境聯繫緊密，公園綠地具有更強的開敞空間特性，市民到達公園綠地的臨界阻力很小。具體表現在：澳門城區的大部分公園綠地均可通過步行到達，交通成本低；許多廣場花園和街區花園都結合道路綠化帶和交通島綠地設置，更加方便市民到達使用。

③ 公園服務面的周長

根據衛星遙感影像資料，項目組量算統計出了澳門特區全境每個公園綠地的面積和綠地斑塊數量。從中發現：澳門半島91%的綠地斑塊集中在100-1,000m^{2}的較小面積範圍內。它們與同等面積的綠塊區域相比，公園服務面的周長要大好幾倍。

調查結果表明：澳門半島的休閒遊憩綠地雖然面積很小，但空間分佈密度較大。從整個研究區域看，公園綠地的平均連接水準較高，相互之間在功能和生態上的聯繫較好，公園綠地服務面與其他城市功能區能較好地穿插互動，對改善城區環境品質和提高居民遊憩生活水準有較大的促進作用。

以上是從物理學角度探討了澳門城市公園綠地的可達性。若進一步分析，公園綠地可達性的評價不僅有物理上的距離和時間等向量因素，也涉及當地社會、文化等影響因素。因此，物理上的直線距離可達性評價方法還需考慮市民的出行意願及交通方式。在未來的城市綠地系統規劃建設工作中，對於那些人口密度較大、遊憩需求較高的街道，應盡可能地設法提高公園綠地的可達性水平。

此外，澳門公園綠地的品質與世界上同類城市相比也頗具特色，具體表現在舒適度、安全性、文化內涵和藝術價值等方面，形成了獨特的場所感和文化氛圍。這些公園綠地功能多樣化，與周邊建築關係密切，空間使用率高、開敞性強，對市民有較高的吸引力，為周圍居民提供了相對舒適的休閒遊憩生活空間。這也是彈丸之地的澳門能夠形成國際旅遊都市的特殊魅力因素之一。

4.2 遊憩設施滿足公共福利化社會需求

4.2.1 公共福利化社會的基本概念

“福利”一詞的英文名稱是“welfare”，《牛津高階英漢雙解詞典》[1]對它的解釋是：

(1) the general health, happiness and safety of a person, an animal or a group (個人或群體的)幸福、安全與健康；

(2) pratical or financial help that is provided, often by the government, for people or animals that need it (政府給予的)福利；

(3) money that the government pays regularly to people who are poor, unemployed, sick, ect. 社會保障金(政府定期向貧窮、失業、患病等人發放)。

廣義的公共福利[2]定義一般是指國家和社會爲改善和提高社會成員(尤其是困難者)的社會和精神生活的各種社會服務措施。狹義的社會福利是指當社會成員因年老、疾病、生理或心理缺陷而喪失勞動能力而出現生活困難時向其提供的服務措施。

4.2.2 園林綠地遊憩設施配置特點

特殊的歷史傳統，使澳門政府比較注重社會公共福利化建設。爲盡可能滿足市民的物質和精神生活的基本需要，政府設置了大量城市公益性設施和提供公共服務。園林綠化建設就屬其一，旨在爲城市居民提供方便利用的休憩綠色空間和文化交流場所。

按照澳門城市綠地的功能分類，園林綠地裏常規配置的設施內容主要有休閒遊憩、遊戲康體、公共服務、園務管理以及文化教育等五種類型(表4-2-1)。因此，雖然澳門大部分的城市公園與花園面積較小，但基本的公共服務設施(如路牌、園椅、路燈、垃圾箱、兒童遊樂設施、健身活動設施和犬廁等)一應俱全，遍佈全城的公園、花園等遊憩綠地。反映了澳門已達到公共福利設施比較完善的社會發展階段，市民對城市綠地的基本功能需求總體上能夠得到滿足。

園林綠地中的服務設施，從另一個側面也反映了澳門的歷史文化和地理特點。例如，街道路牌(圖4-2-1)多以葡萄牙瓷磚畫(Azulejos)藝術作為藍本。其藍白相間的主調，配以中文和葡萄牙文的街道名稱，成為澳門的地方特色之一。園林綠地中的園椅造型，多爲歐式風格(圖4-2-2)。其中，某些園椅會按照園林綠地風格與周邊環境特色進行設計。如西望洋聖母瞭望台的座椅(圖4-2-3)。結合花台、護欄和廊架設置，既美觀又實用。在氹仔十字花園中，既有結合樹池設計的園桌和座椅，也有依階梯和護欄而設的園椅和園桌(圖4-2-4)。這些都充分體現了澳門人民在面積狹小的城市園林中巧妙利用場地空間的智慧和豐富想象力。

表4-2-1 澳門城市園林綠地中的基本設施

類型	項目內容
休閒遊憩設施	亭、廊、橋、花架、園椅、園凳、園桌、燒烤爐
遊戲康體設施	兒童遊樂設施(遊戲墻、遊戲器械、沙池、淺水池等)、健身器械、球場、健身步道、泳池
公共服務設施	飲用水噴泉、洗手器、洗手間、路燈、垃圾箱、路標、導遊牌、公用電話、停車場、犬廁
園務管理設施	管理辦公室、垃圾站、變電室、泵房、值班室、倉庫、消防用具
文化教育設施	圖書館、紀念碑、展覽館、小型實驗農場

❶ A S Hornby. 牛津高階英漢雙解詞典[M].第六版. 北京：商務印書館，2004.

❷ 中國大百科全書·社會學卷[M]，1995.

兒童遊樂設施(圖4-2-5)和健身活動設施(圖4-2-6)，在澳門的園林綠地中較爲常見。其佈局形式多為獨立地開闢一個安放健身活動設施或兒童活動器材的區域，設施數量依該區域的面積大小而定。有時，健身活動設施也會根據場地的情況分散佈置於綠地外圍，或者配合休息坐凳等設置，以方便居民就近使用，開展休閒遊憩活動(圖4-2-7)。

此外，澳門園林綠地中還配套有一些特殊的服務設施，如犬廁(圖4-2-8)、垃圾箱(圖4-2-9)、路燈(圖4-2-10)、洗手器(圖4-2-11)、飲用水噴泉(圖4-2-12)、消防用具(圖4-2-13)、導遊牌(圖4-2-14)、景觀橋(圖4-2-15)等。

① 圖4-2-1 路牌(西灣湖廣場)
② 圖4-2-2 歐式坐凳(盧廉若花園)
③ 圖4-2-3 特製的座椅(西望洋聖母睇望台)
④ 圖4-2-4 特製的圓桌和圓椅(十字花園)
⑤ 圖4-2-5 兒童遊憩設施(永寧廣場)

①

②

③

④

⑤

①

① 圖4–2–6 健身活動設施(馬場東大馬路旁)
② 圖4–2–7 健身器械配合坐凳(慕拉士前地)
③ 圖4–2–8 犬廁(媽閣廟上街)
④ 圖4–2–9 垃圾箱(碼頭花園)
⑤ 圖4–2–10 路燈

②

碼頭花園
紙類
Papel
Paper
膠樽
Recipientes de Plástico
Plastic Bottles
鋁罐

④

③

⑤

① 圖4-2-11 洗手器(螺絲山公園)

② 圖4-2-12 澳門公園內第一座飲用水噴泉(加思欄花園)

③ 圖4-2-13 消防用具(大潭山郊野公園)

④ 圖4-2-14 導遊牌 (媽閣廟前地)

⑤ 圖4-2-15 景觀橋(紀念孫中山市政公園)

③

④

⑤

在澳門園林中，圖書館屬於比較特別的文化教育設施，在一定程度上反映了澳門城市花園的特點。澳門市內分佈著許多不同規模的圖書館，有的屬於政府管理，有的屬於民營機構，其中一部分就設立在城市公園或花園中，如民政總署管轄下的何賢公園圖書館、紀念孫中山市政公園黄營均圖書館、黑沙公園黄營均圖書館、白鴿巢公園黄營均圖書館等(圖4-2-16)。特別值得一提的是由中華總商會管理的加思欄花園八角亭圖書館(圖4-2-17)，建成於1927年。原爲花園的餐廳和檯球室，後改爲公衆閱讀書報的小型圖書館。這些園林圖書館，為市民在遊憩活動中獲取知識提供了便利，也展示出澳門城市公共服務"以民爲本"的精神以及社會對於文化的愛護和對公民教育的尊重。

① 圖4-2-16 白鴿巢公園黄營均圖書館

② 圖4-2-17 加思欄花園八角亭圖書館

4.3 花木配置體現南亞熱帶的植物特色

4.3.1 澳門特區自然地理區位

澳門位於東經113° 31′ 33”-113° 35′ 43”，北緯22° 06′ 39”-22° 13′ 06”，是典型的東亞季風氣候地區，長年溫濕，無明顯的四季物候特徵。全年裏3~4月溫濕多霧，5~9月炎熱多雨、颱風有時發生，9月末到10月晴朗清爽、溫度適中，11月至次年2月少雨稍冷。澳門降水量相當充沛，全年平均降水量超過2,000mm[❶]。南亞熱帶的良好氣候爲城市中各類植物的生長提供了良好的條件，使澳門植被茂盛、常年鮮花盛放。市區重要交通幹線的道路綠地和海濱，可見一些百年樹齡的古老榕樹。早春時節，木棉花處處綻放，如火如荼，鮮艷美麗。城市裏各類園林植物使山地、公園、海濱、街道充滿了生機。

4.3.2 澳門常用園林綠化植物

據有關研究，澳門的植物區系屬於南亞熱帶植被區系，植物種類豐富。長期以來，澳門城市的綠化苗木基本上是由廣東地區供應，常用的園林綠化植物種類與華南地區基本相同，多爲南亞熱帶的常見植物，也有少量溫帶植物。

據澳門特別行政區民政總署園林綠化部的專家統計，澳門常用的園林綠化植物約有495種。一些面積較大的公園與花園，如盧廉若花園、路環石排灣公園等，栽培植物種類150多種。而一些面積較小的城市花園，如氹仔市政花園、碼頭花園(圖4-3-1)、十字花園、華士古達嘉馬花園、西望洋花園、市政狗房花園等，配置的植物種類平均在30-60種之間。另外，也有一部分面積較小的規則式花園，如恩尼斯花園和民政總署大樓內庭花園等，選用的園林植物僅10餘種。

據現場考察，澳門的植物資源比較豐富，但在城市園林綠地中的常用植物僅有100餘種。主要植物有散尾葵(*Chrysalidocarpus lutescens*)、蒲葵(*Livistona chinensis*)、假檳榔(*Archontophoenix alexandrae*)、軟葉刺葵(*Phoenix roebelenii*)、細葉榕(*Ficus microcarpa*)(圖4-3-2)、朴樹(*Celtis sinensis*)、羅漢松(*Podocarpus macrophyllus*)、紫薇(*Lagerstroemia indica*)、黃槐(*Cassia surattensis*)、鷄蛋花(*Plumeria rubra* var. *acutifolia*)等，詳見表4-3-1。其中，喬木多爲常綠開花樹種，灌木則多爲花灌木或彩葉灌木等，適宜散植、列植觀賞或修剪成各類綠籬、組合成各種花壇。草本類多是適應性較強的多年生花卉或花期較長的植物，花色明快艷麗，可叢植、盆栽或片植於花壇或花池內(圖4-3-3)。常用園林植物的色彩主要有黃色類、橙色類、紫(紅)色類、藍色類、白色類等(圖4-3-4)，常組合成非常豐富的植物景觀效果。

① 圖4-3-1 碼頭花園精巧的植物景觀

② 圖4-3-2 榕蔭鋪地(區華利前地)

❶ 吳志良，楊允中.澳門大百科全書[M]. 澳門基金會，2005：12.

① 圖4-3-3 大炮台周圍花園的整形植物

② 圖4-3-4 花壇與花架廊(紀念孫中山市政公園)

澳門常用園林綠化植物一覽　表4-3-1

序號	植物種名	學名	科名
1	紫薇	*Lagerstroemia indica*	千屈菜科
2	大葉紫薇	*Lagerstoemia speciosa*	千屈菜科
3	紫雪茄花（滿天星)	*Cuphea articulata*	千屈菜科
4	變葉木	*Codiaeum variegatum*	大戟科
5	金邊紅桑	*Acalypha wilkesiana* cv. Marginata	大戟科
6	石栗	*Aleurites mluccana*	大戟科
7	秋楓	*Bischofia javanica*	大戟科
8	火殃簕	*Eorphorbia antiquorum*	大戟科
9	鐵海棠	*Eorphorbia milii*	大戟科
10	虎刺梅	*Eorphorbia milii* var. *splendens*	大戟科
11	一品紅	*Eorphorbia pulcherrima*	大戟科
12	紅背桂	*Excoecaria cochinchinensis*	大戟科
13	琴葉珊瑚	*Jatropha pandurifolia*	大戟科
14	血桐	*Macaranga tanarius*	大戟科
15	山烏桕	*Sapium discolor*	大戟科

續表

序號	植物種名	學名	科名
16	南天竹	*Nandina domestica*	小檗科
17	假柿木薑子(假柿樹)	*Tetranthera monopetala*	小檗科
18	山茶	*Camellia japonica*	山茶科
19	荷木（木荷）	*Schima superba*	山茶科
20	人心果	*Manilkara zapota*	山欖科
21	金葉假連翹	*Duranta repens* cv. Golden leaves	馬鞭草科
22	花葉假連翹	*Duranta repens* cv. Variegata	馬鞭草科
23	花葉鵝掌藤	*Scheffera arboricola* cv. Varigegata	五加科
24	幌傘楓（火通木）	*Heteropanax fragrans*	五加科
25	澳洲鴨腳木（大傘葉）	*Polyscias fruticosa* var. *plumata*	五加科
26	鵝掌藤	*Schefflera arboricola*	五加科
27	綠蘿（黃金葛）	*Epipremnum aureum*	天南星科
28	龜背竹	*Monstera deliciosa*	天南星科
29	春羽	*Philodendron tripartitum*	天南星科
30	合果芋	*Syngonium podophyllum*	天南星科
31	龍眼	*Dimocarpus longan*	無患子科
32	荷花玉蘭（廣玉蘭）	*Magnolia grandiflora*	木蘭科
33	白蘭	*Michelia alba*	木蘭科
34	木麻黃	*Casuarina equisetifolia*	木麻黃科
35	木棉	*Bombax malabaricum/Bombax ceiba*	木棉科
36	爪哇木棉（吉貝）	*Ceiba pentandra*	木棉科
37	桂花	*Osmanthus fragrans*	木犀科
38	山指甲	*Ligustrum sinense*	木犀科
39	茉莉	*Jasminum sambac*	木犀科
40	炮仗竹	*Russelia equisetiformis*	玄參科
41	夏堇	*Torenia fournicri*	玄參科
42	蜘蛛蘭 (水鬼蕉)	*Hymenocallis americana*	石蒜科
43	文殊蘭	*Crinum asiaticum* var. *sinicum*	石蒜科
44	朱蕉	*Cordyline fruticosa*	龍舌蘭科
45	夾竹桃	*Nerium indicum*	夾竹桃科

續表

序號	植物種名	學名	科名
46	鷄蛋花（緬梔子)	*Plumeria rubra* var. *acutifolia*	夾竹桃科
47	長春花	*Catharanthus roseus*	夾竹桃科
48	吊蘭	*Chlorophytum capense*	百合科
49	沿階草	*Ophiopogon bodinierj*	百合科
50	銀邊沿階草	*Ophiopogon jaburan* cv. Argenteo-marginatus	百合科
51	紅背竹芋	*Calathea rufibara*	竹芋科
52	朱纓花	*Calliandra haematocephala*	含羞草科
53	台灣相思	*Acacia confusa*	含羞草科
54	大葉相思	*Acacia mangium*	含羞草科
55	杜鵑	*Rhododendron* spp.	杜鵑花科
56	九里香	*Murraya exotica*	芸香科
57	紅龍草	*Alternanthera dentata* cv. Rubiginosa	莧科
58	千日紅	*Gomphrena globosa*	莧科
59	紅桑	*Acalypha wilkesiana*	大戟科
60	金邊紅桑	*Acalypha wilkesiana* cv. Marginata	大戟科
61	鳳凰木	*Poinciana regia*	蘇木科
62	黃槐	*Cassia surattensis*	蘇木科
63	洋紫荊	*Bauhinia blakeana*	蘇木科
64	大葉合歡（闊莢合歡)	*Albizia lebbeck*	蘇木科
65	宮粉羊蹄甲	*Bauhinia variegata*	蘇木科
66	馬尾松	*Pinus massoniana*	松科
67	羅漢松	*Podocarpus macrophyllus*	羅漢松科
68	腎蕨	*Nephrolepis auriculata*	腎蕨科
69	矮牽牛	*Petunia hybrida*	茄科
70	異葉南洋杉	*Araucatia heterophylla*	南洋杉科
71	扁柏	*Chamaecyparis obtusa*	柏科
72	側柏	*Thuja orientalis*	柏科
73	圓柏(檜柏)	*Juniperas chinensis*	柏科
74	龍柏	*Juniperas chinensis* cv.Kaizuca	柏科
75	美人蕉	*Canna generalis*	美人蕉科

續表

序號	植物種名	學名	科名
76	龍船花（山丹)	*Ixora chinensis*	茜草科
77	彩葉草	*Coleus blumei*	唇形科
78	串錢柳	*Callistemon viminalis*	桃金娘科
79	檸檬桉	*Eucalyptus citriodora*	桃金娘科
80	崗松	*Baeckea frutescens*	桃金娘科
81	細葉榕	*Ficus microcarpa*	桑科
82	黃金榕	*Ficus microcarpa* cv. Goledn Leaves	桑科
83	白桑	*Acalypha wilksiana* cv. Javawhite	桑科
84	花葉垂榕	*Ficus benjamina* cv. Variegata	桑科
85	印度橡膠榕	*Ficus elastica*	桑科
86	假菩提樹	*Ficus rumphii*	桑科
87	假蘋婆	*Sterculia lanceolata*	梧桐科
88	南美蟛蜞菊(三裂蟛蜞菊)	*Wedelia trilobata*	菊科
89	蒲葵	*Livistona chinensis*	棕櫚科
90	散尾葵	*Chrysalidocarpus lutescens*	棕櫚科
91	假檳榔	*Archontophoenix alexandrae*	棕櫚科
92	棕竹	*Rhapis excelsa*	棕櫚科
93	軟葉刺葵（日本葵)	*Phoenix roebelenii*	棕櫚科
94	大王椰子（王棕)	*Roystonea regia*	棕櫚科
95	勒杜鵑（三角梅、葉子花)	*Bougainvillea spectabilis*	紫茉莉科
96	福建茶（基及樹)	*Carmona microphylla*	紫草科
97	米仔蘭	*Aglaia odorata*	楝科
98	朴樹	*Celtis sinensis*	榆科
99	蓮花（荷花)	*Nelumbo nucifera*	睡蓮科
100	朱槿（扶桑、大紅花）	*Hibiscus rosa-sinensi*	錦葵科
101	黃槿	*Hibiscus tiliaceus*	錦葵科
102	陰香	*Cinnamomum burmannii*	樟科
103	樟樹	*Cinnamomum camphora*	樟科
104	蔓花生（遍地黃金)	*Arachis duranensis*	蝶形花科
105	硬枝老鴉嘴	*Thunbergia erecta*	爵床科

4.3.3 澳門園林植物配植特色

澳門園林綠化的植物配植形式主要有“喬—灌—草”、“喬—草”、“灌—草”等，其中又以“喬—灌—草”的植物配植形式最爲常見。

例如，盧廉若花園的挹翠亭景區(圖4-3-5)，在不大的空間裏配置了細葉榕、黃金榕(*Ficus microcarpa* cv. Goledn Leaves)、紅背桂(*Excoecaria cochinchinensis*)、黃金間碧竹(*Bambusa vulgaris* cv. Vittata)、九里香(*Murraya exotica*)、艷山薑(*Alpinia zerumbet*)、海芋(*Alocasia macrorrhiza*)、腎蕨(*Nephrolepis auriculata*)等植物，構成了“喬—灌—草”混交的植物群落景觀。

“喬—草”和“灌—草”的配植形式，在澳門園林中也比較常見。如：望廈墳場使用了鷄蛋花配植在草坪之上(圖4-3-6)，西灣湖景大馬路交通綠島上用金葉假連翹(*Duranta erecta* cv. Dwarf Yellow)、紅龍草(*Alternanthera dentata* cv. Rubiginosa)、黃金榕等灌木配植於草地之上(圖4-3-7)。

此外，澳門城市園林綠化中還存在“喬—灌”(圖4-3-8)、草坪等其他配植形式。有些園林綠地常用整形的灌木與花卉結合攀緣植物配植。例如，紀念孫中山市政公園內的圓形溫室外使用了大花老鴉嘴(*Thunbergia grandiflora*)作攀緣綠化，配植變葉木(*Codiaeum variegatum*)、金葉假連翹、福建茶(*Carmona microphylla*)、紫雪茄(*Cuphea articulata*)、龍船花(*Ixora chinensis*)等灌木(圖4-3-9)，使建築環境融於自然之中。多元化的植物配植形式，使澳門城市園林綠化煥發出勃勃生機。

澳門園林的植物配置多採用規則式種植方法，常把植物修剪成各種抽象的幾何形或鳥獸形態，

① 圖4-3-5 盧廉若花園的“喬-灌-草”植物配植形式

② 圖4-3-6 望廈聖母墳場的“喬-草”植物配植形式

③ 圖4-3-7 西灣湖景大馬路上的“灌-草”配植形式

採取等距行列式或對稱式種植。園林裏常用的造型植物有福建茶(*Carmona microphylla*)、紫雪茄、簕杜鵑(*Bougainvillea spectabilis*)等(圖4-3-10)。這些整形植物有時也會結合各色花卉佈置，如矮牽牛(*Petunia hybrida*)、何氏鳳仙(*Impatiens holstii*)等，組成富有形式美感的圖案，表現出井然有序的植物景觀。同時，在一些城市花園裏也有局部採用自然式種植群落的現象，或是將規則式與自然式種植手法混合使用(圖4-3-11)。完全採用自然式種植的情況則較爲少見。

① 圖4-3-8大砲台周圍花園的“喬-灌”配植

② 圖4-3-9紀念孫中山市政公園內圓形溫室外的植物配置

③ 圖4-3-10水塔花園的整形植物

① 圖4-3-11 二龍喉公園的植物群落
② 圖4-3-12 市政狗房花園的灌-草植物配植形式
③ 圖4-3-13 澳門園林植物(加思欄花園)

實地調查表明，澳門園林綠地裏進行規則式整形修剪的植物，主要集中在矮層灌木，形狀也多爲球形、塊狀或條帶狀。這些幾何圖形經過排列、編織又組成了多樣化的圖案紋樣。綠地裏的中、上層喬灌木則極少進行整形修剪，基本上都保持了較爲自然舒展的形態。低矮的綠籬或整形花壇距人的視平線有一定距離，便於人們欣賞其優美圖案和紋樣。上層的植物配置多採用自然形態，一方面有助於緩解規則式線條帶來的生硬感，另一方面也有利於建築遮陽。如澳門市政狗房花園(圖4-3-12)以散尾葵爲背景，金葉假連翹和紅龍草等整形灌木圍合在草地邊上，用紅果仔(*Eugenia uniflora*)、細葉榕和米仔蘭(*Aglaia odorat*)等灌木配植在草地上，植物景觀體現出人工結合自然的精緻。

就澳門園林植物營造的空間景觀而言，無論是採用規則式、自然式或混合式種植形式，其空間景觀的垂直分佈常表現出的狀況是：下層灌木及草本植物覆蓋度較高，中層植物較少或基本沒有，上層的植物尤其是喬木層則稀疏錯落地佈置(圖4-3-13)。整體植物空間形態主要表現爲較為開敞的格局。因此，遊人在園林綠地裏的視野也較爲開闊。究其原因，大致有二：

其一，由於長期受殖民地社會歷史文化因素的影響，澳門園林中存在著許多西方園林的營造手法，比較習慣使用規則式種植。這種種植方式，容易形成明快開朗、色彩絢麗的空間效果。

其二，受地理環境條件的限制，在園林綠地裏營造開敞的植物空間有利於使觀賞視野顯得更爲開闊，這對於在高密度城市環境裏的公共綠地顯得尤爲必要。

在澳門園林綠地中，整形花壇的分佈也是植物配置的一大特色，主要有兩種類型：

① 花叢花壇：多由觀花草本組成，表現花卉盛開時群體的色彩美。這種花壇運用的圖案一般比較簡潔，花卉品種可根據不同季節來選擇，如較多選用荷花(*Nelumbo nucifera*)(圖4-3-14)、一品紅(*Eorphorbia pulcherrima*)(圖4-3-15)等。

② 模紋花壇：多由低矮的常綠或彩葉植物和觀花植物組成，重在表現植物群體組成的圖案

③

美。在澳門的城市花園裏面，這種形式使用較多。常見的模紋花壇有四種：

★花壇的外輪廓造型比較簡單，種植池內的植物修剪成較複雜的圖案形式，如華士古達嘉馬花園中環繞中心雕塑佈置的花壇(圖4-3-16)、加思欄花園前的廣場花壇等。

★花壇本身的外輪廓造型複雜，種植池內的圖案較爲簡單，常以觀花或彩葉草本植物成片種植，有時也使用綠籬作爲鑲邊，如氹仔市政花園內佈置在圓亭外圍的花壇(圖4-3-17)。

★根據地勢營造花台，結合喬木和攀緣植物配置景觀(圖4-3-18)。

★又如在澳門塔石廣場中利用搭建支架，填擺盆花和袋苗形成立體花壇(圖4-3-19)。這些整形的立體花壇多配植熱帶園林植物，色彩豐富，形態多樣，裝飾性強。

① 圖4-3-14 荷花花壇(金蓮花廣場)

② 圖4-3-15 一品紅花壇(紀念孫中山市政公園)

① 圖4-3-16 華士古達嘉馬花園中的花壇

② 圖4-3-17 氹仔市政花園中的花壇

③ 圖4-3-18 十字花園花台

④ 圖4-3-19 立體花壇(塔石廣場)

4.3.4 澳門城市立體綠化現狀

立體綠化，是在城市裏充分利用立地條件種植花木於人工改造的建築空間中綠化美化、改善環境的一種環保手段。城市立體綠化主要包括垂直綠化和屋頂綠化兩部分。隨著城市的發展，澳門城市土地資源越發緊缺，市民對綠色環境的要求日益增加，充分利用有限的城市空間進行立體綠化顯得極爲重要。

澳門城市的立體綠化以往局限於城市某些角落，綠化運用樹種較單一，綠化技術簡單，少有精品立體綠化。近年來，澳門逐漸開始採用藤本植物和攀緣植物進行立體綠化。目前，澳門的立體綠化主要包括窗台綠化、燈柱綠化、天橋及建築立面綠化和屋頂綠化四種。

① 窗台綠化：在窗台上放置花卉盆栽，這是傳統的歐洲園藝做法。在澳門民署大樓(圖4-3-20)和仁慈堂(圖4-3-21)已使用此綠化方式。

②

① 圖4-3-20 民署大樓的窗台綠化

② 圖4-3-21 仁慈堂右巷的窗台綠化

①

① 圖4-3-22 燈柱綠化(崗頂前地)

② 圖4-3-23 燈柱、立柱綠化(氹仔嘉模墟)

② 燈柱綠化：在燈柱上掛上植有非洲新幾內亞鳳仙等時花的花籃。在飛能便度街、施督憲正街、告利雅施利華街、新馬路、崗頂前地(圖4-3-22)、南灣花園、氹仔嘉模墟(圖4-3-23)、大三巴牌坊等遊客常去的地方，已在沿路燈柱安裝垂吊花籃，大大豐富了街景效果。還有在城市街道和廣場中放置的歐式花鉢，既表現了南歐風情，又美化了城市環境。

③ 天橋及建築立面綠化：在天橋(包括人行天橋與道路天橋)立柱及建築立面種植攀緣植物。目前，澳門的部分坡道雨棚(圖4-3-24)、垃圾房外牆、住宅及博物館立面(圖4-3-25)已漸漸爬上了攀緣植物，綠意盎然。

④ 屋頂綠化：在建築屋頂、露台、天台、陽台或人工假山的山體上進行造園，種植樹木花卉。澳門城市的某些樓盤(如保利達花園、海洋花園等)均設有天台花園(圖4-3-26)。澳門民政總署還在南粵鮮活批發市場天台(圖4-3-27)上進行天台綠化先進技術實驗，並在台山街市建造平台花園。其中，南粵鮮活批發市場的天台綠化引進先進栽培技術(圖4-3-28)，營造了較為生態自然的天台綠化環境(圖4-3-29)。

①

②

① 圖4-3-24 坡道雨棚立體綠化(大炮台週圍花園)

② 圖4-3-25 建築立面綠化(鄭家大屋)

③ 圖4-3-26 保利達花園平台綠化

④ 圖4-3-27 南粵鮮活批發市場天台綠化1

⑤ 圖4-3-28 南粵鮮活批發市場天台綠化種植土結構層次

⑥ 圖4-3-29 南粵鮮活批發市場天台綠化2

立體綠化佔地少、管理簡便，可以彌補澳門土地資源緊張、綠化用地不足的問題，如偉龍馬路爬牆虎立體綠化（圖4-3-30）、水塘公園(水塘休憩區)旁立體綠化（圖4-3-31）、氹仔鏡湖門外爬牆虎立體綠化(圖4-3-32)、碼頭花園立體綠化(圖4-3-33)等。豐富立體綠化植物種類、美化立體綠化景觀，對提升澳門城市景觀質量、提高綠化覆蓋率意義重大。

① 圖4-3-30 偉龍馬路爬牆虎立體綠化景觀

② 圖4-3-31 水塘公園(水塘休憩區)旁立體綠化景觀

③ 圖4-3-32 鏡湖門外爬牆虎立體綠化景觀

④ 圖4-3-33 碼頭花園立體綠化景觀

③

④

4.4 建築裝飾體現明快精緻的南洋風格

4.4.1 有關南洋風格的概念釋義

南洋一詞在中國歷史上有多重含義。根據《辭海》的解釋，南洋❶的意思爲：

①地區名。清末至民國時稱江蘇、浙江、福建、廣東等沿海各省爲南洋；稱江蘇以北沿海各省爲北洋。

②即“東南亞”(圖4-4-1)。明·鄭若曾的《海運圖說》、清·陳倫迥的《海國聞見錄》有專條記述。

因此，本文所述的“南洋”，爲明、清時期對東南亞的稱呼。與“南洋”一詞相對應；還有“東洋”、“西洋”和“北洋”的名詞稱謂，釋義如下：

東洋❷的意思為：①元、明以今南海東部(約自東經110° 以東)及其附近諸島(今加里曼丹島及菲律賓群島等)爲東洋。見元·汪大淵《島夷誌略》、明·張燮的《東西洋考》。②清以來，因日本在中國之東，故習稱日本爲東洋。清·王之春《東洋瑣記》，即記日本事。

西洋❸的意思為：①元代以今南海以西(約自東經110° 以西)海洋及沿海各地(遠至印度及非洲北部)爲西洋。明永樂至宣德鄭和七次(一說八次)率領船隊遠航南海，統稱下西洋。②明末清初以後，指大西洋兩岸即歐、美各國爲西洋。

北洋❹的意思為：①舊稱今渤海、黃海一帶爲北洋。②地區名。清末至民國時稱江蘇以北的山東、河北、遼寧等沿海各省爲北洋，而稱其以南沿海各省爲南洋。

❶ 辭海[M].缩印本.上海:上海辭書出版社,1999:160.

❷ 辭海[M].缩印本.上海:上海辭書出版社,1999:56.

❸ 辭海[M].缩印本.上海:上海辭書出版社,1999:2211.

❹ 辭海[M].缩印本.上海:上海辭書出版社,1999:407.

綜上所述，南洋風格一般特指東南亞地區國家的自然風物與人文特色。16-18世紀期間，西方殖民者陸續登陸東南亞地區，如葡萄牙、西班牙、荷蘭、英國和法國。從18世紀後期到20世紀初，西方殖民國家在東南亞地區完成了瓜分領土的活動，建立了殖民統治體制。由於東南亞國家曾長期處於西方殖民者的統治和壓迫之下，社會文化受統治階層所代表的歐洲文化的直接影響較大。東南亞地區作爲民族遷徙和多民族文化交流頻繁地區，印度和中國文化對其文化的影響非常深遠，而東南亞各國其各民族本身的固有文化也富有個性。因此，南洋文化的本質特徵反映爲文化構成的特殊性——多元文化的糅合與共存。

南洋地區文化多元與融合的特殊性還體現在建築與園林文化方面。例如，建築學上將具有騎樓外廊式形態的建築統稱爲“南洋風格”(Southeast Asian Style)(圖4-4-2、圖4-4-3、圖4-4-4)，並特指19世紀末、20世紀初歐式殖民地風格建築與嶺南騎樓建築混合的一種建築形式，是歐亞混雜的“南洋”文化的重要產物。特別是在中國僑民較多的印度尼西亞、泰國、馬來西亞、新加坡等國，該類型建築十分普遍。

對於建築和裝飾而言，“南洋風格”具體表現爲亞歐建築交融混雜的形式，具有“三體合一”的特點。即糅合了歐洲建築、本土建築和中國傳統建築特色，是典型的中西合璧的建築形式。

① 圖4-4-1 東南亞地區圖
② 圖4-4-2 新加坡騎樓景觀(1)
③ 圖4-4-3 新加坡騎樓景觀(2)
④ 圖4-4-4 新加坡騎樓景觀(3)

4.4.2 澳門園林建築與裝飾特色

(1) 建築風格豐富多彩

在澳門園林綠地中，園林建築及構築物主要包括以下類型：樓閣、廊架、棚架、涼亭、園橋、花台等。裝飾部分集中運用於園林建築的屋頂、墻身、柱子、簷口、門窗等位置。不少台階、坐凳、欄桿、種植池、花缽等園林小品也富有裝飾性的細部處理。此外，在一些公園綠地還設置了園林小品或藝術雕塑以豐富園景。

由於受到面積和場地的限制，除個別較大型和歷史較悠久的城市公園和花園外，大部分的城市園林綠地內的園林建築與設施的構造及功能並不複雜，一般多爲涼亭、棚架或廊架等，有些園林綠地甚至連亭、廊之類的常規園林建築都沒有設置。

與東南亞熱帶地區國家相比，澳門同樣具有中西多元文化交叉融匯的歷史背景。城市建築形式既有大量中式廟宇(圖4-4-5)和民宅，也有不少西式教堂、府邸和炮台(圖4-4-6)等。城市建築風格的多元糅合，體現在既有中國傳統嶺南建築風格的寺廟和私家宅邸，也有各式歐洲風格建築。典型的有西方古典式(Classic Style)、葡萄牙古典式(Portugese Classic Style)(圖4-4-7)、折中主義式(Eclecitc Style)、新古典式(New Classic Style)、哥特式(Gothic Style)、羅馬式(Romanesque Style)、巴洛克式(Baroque Style)、摩爾式(Islamic Style)(圖4-4-8)、裝飾藝術風格式(Art-Deco)和現代主義風格式(Modern Style)等。

在特殊的歷史環境背景下，澳門的園林建築及其裝飾元素的風格同樣顯得豐富多樣。總體來看，園林建築及裝飾採用的風格有中西混合式、非正統西方古典式(Informal Classic Style)、歐式與摩爾式的混合式等。最常見且最有代表性的做法，是園林建築形製採用西方古典樣式，細部構築或裝飾爲中式，或者園林建築採用中式形製，結合歐式建築的細部裝飾方法。

典型的實例，有如西望洋花園中的圓形亭(圖4-4-9)。該亭子的平面爲圓形，平屋頂，立面分砌四面白色磚墻，採用現代風格的簡潔造型，磚墻上外嵌深藍色棱形花格。亭中央獨柱的柱式爲折中式，亭內休息坐凳樣式則爲常見的中式花崗岩石凳造型。

加思欄花園歐戰紀念館(圖4-4-10)，是一個別緻的圓柱形建築物。樓高兩層，平屋頂。屋頂外圍爲一圈皇冠形狀的裝飾物，冠尖頂爲貝殼型小裝飾物。樓身粉刷爲粉紅色，採用了葡萄牙風格建築的常用裝飾手法——細部勾勒白色裝飾線，白色抽象的幾何形塊構成的圖案紋樣裝飾味濃厚。樓身四面採用的券拱門窗和粉紅裝飾柱上的螺旋狀卷紋均富有摩爾風情(圖4-4-11)。

①

②

加思欄花園中華總商會附設閱書報室(八角亭圖書館)(圖4-4-12)亦爲中西合璧的典範。建築平面為正八邊形，高兩層，爲典型的中式攢尖頂樓閣造型，採用綠色琉璃瓦起翹屋頂。從細部裝飾風格看，底層的拱形門窗爲歐洲樣式，內嵌彩色套色玻璃及鐵藝窗花。上層的紅色矩形木框窗爲中式，下層窗為歐式。建築簷口處理爲中式做法，下層作爲裝飾立面的柱飾則採用了簡化的西洋柱式(圖4-4-13)。

① 圖4-4-5 媽閣廟

② 圖4-4-6 大炮台

③ 圖4-4-7 澳門特區政府總部

④ 圖4-4-8 國父紀念館

⑤ 圖4-4-9 西望洋花園圓形亭

① 圖4-4-10 加思欄花園歐戰紀念館

② 圖4-4-11 歐戰紀念館裝飾細部

③ 圖4-4-12 中華總商會附設閲書報室(八角亭圖書館)

④ 圖4-4-13 八角亭圖書館裝飾細部

(2) 建築造型簡潔且細部裝飾精美

澳門園林建築的整體形象簡潔大方，滿足功能需求，實用性強。園林建築造型不僅體現出濃鬱的葡國風情，也富有大膽創意，充滿浪漫情調。許多園林中的台階、坐凳、花池、欄桿、鋪裝、飾面等細部營造獨具匠心，頗具葡國風韻。

就外觀而言，澳門園林建築的實用工藝一般比較簡單，多採用磚砌體粉刷、石材粉刷或鋼筋混凝土批灰的做法。多數建築細部的線腳勾勒簡練而不繁縟，有些構築物甚至連線腳都沒有。在建築造型方面，採用了大量律動感強烈的波浪線、螺旋線，圓弧以及圓、半圓、三角型、菱型等作為構圖母型，部分還採用仿生造型。豐富的線體組合和色彩組合，使得園林建築形象生動有趣且富有裝飾意味。大量類似波浪的線型、圓型和矩型環環相扣的鐵鍊狀構圖符號(圖4-4-14)，反映出澳門與東西方海洋文化之間的意向關聯。有不少建築構件採用白色直線裝飾和抽象的幾何圖型裝飾，從中也可看出新藝術運動支流——裝飾藝術運動(Art-Deco)風格對澳門園林建築形式產生的影響。

下面選取澳門園林綠地中若干有代表性的園林建築、構築物、園林小品、鋪裝及飾面實例加以說明。

① 園林建築及構築物

澳門氹仔市政花園的圓型花架廊，從柱子到樑架的造型都很簡練，滿足結構和功能的需求。廊內四條柱子的柱礎與中央花朵造型水池四個角點的池沿連爲一體(圖4-4-15)。

該水池的岸壁加寬，兼作遊人近賞噴泉的坐凳。花架四面的入口踏步造型也採用花朵狀母題，入口踏步外觀如紅色纖細的花瓣，踏步中部微拱，類似小拱橋。其上紋理刻畫細膩逼真，猶如天然花瓣的脈絡，又巧妙地起到了防滑作用(圖4-4-16)。噴水池壁刷粉綠色和粉紅色，用白色線腳勾邊，色彩鮮艷。

澳門十字花園內的花架廊造型簡潔，在兩面入口的柱礎運用了曲線線腳，飾面刷粉紅色和粉綠色(圖4-4-17)。十字花園坡地下的龍環葡韻景區內有一造型奇特的小賣部，設施非常簡單，屋頂爲南方傳統的灰色筒瓦做法，兩側採用花朵造型的粉綠色山墻，建築進深很小，採用半坡頂的做法(圖4-4-18)。

澳門碼頭花園入口和園內花架廊連爲一體，大門以弧面爲主作形體構圖(圖4-4-19)，花架爲混凝土樑架結構。大門和花架均以粉綠色和白色粉刷，其中花架以粉綠色飾面爲主，白色勾線。部分花架基部結合坐凳設置種植池，一側的種植池及坐凳

① 圖4-4-14 螺絲山公園眺望台的鐵鏈狀裝飾符號

② 圖4-4-15 氹仔市政花園花朵造型噴水池

①

②

①

②

③

靠背均採用多段圓弧組合構圖，另一側的種植池爲菱型與半圓型的組合，如同一條精緻小巧的項鏈環繞(圖4-4-20)。

除園林建築外，不少城市公園和花園內部經常會設置小型花台。花台高於地面幾十公分到兩米不等。遊人可拾級而上，頂部設有小型休息平台。平台中間或沿平台邊緣設置休息坐凳，將觀景和休憩功能巧妙地結合起來。這些花池常結合台階設置，或擺設獨立花缽，頂部平台有時候還設置人物雕塑。此類花台佔地面積不大，造型豐富多樣，有螺旋形、方台形、圓台形等。如氹仔市政花園中一處花台雖爲數層方台造型，但平台長寬比例和諧，尺度小巧宜人(圖4-4-21)。另一處花台則顯得曲線流暢，宛如一朵怒放的鮮花，凸顯中央葡萄牙著名詩人賈梅士雕像(圖4-4-22)。

特别值得一提的是加思欄花園的花台設計尤爲精美，花台頂部周圍設計綠釉寶瓶狀護欄，台身粉紅色，白色線腳勾邊。入口台階上下共設置四個花缽，台階兩側條帶石爲扭轉的旋渦造型，細部裝飾有白色花草飾紋(圖4-4-23、圖4-4-24)。

① 圖4-4-16 氹仔市政花園紅色花瓣狀拱橋

② 圖4-4-17 十字花園花廊架

③ 圖4-4-18 龍環葡韻景區小賣部

④ 圖4-4-19 碼頭花園入口園門

⑤ 圖4-4-20 碼頭花園花廊架及種植池

⑥ 圖4-4-21 氹仔市政花園方型花台

⑦ 圖4-4-22 氹仔市政花園賈梅士雕像

⑧ 圖4-4-23 加思欄花園花台

⑨ 圖4-4-24 加思欄花園花台與台階護欄裝飾

④

⑤

⑥

⑦

⑧

⑨

② 園林小品

護欄：澳門多山地丘陵，許多園林綠地結合地形，採用台地的處理手法，護欄及擋土墻爲園中主要組成元素。最常見的護欄形式爲歐式寶瓶狀欄桿。這類護欄在加思欄花園、盧廉若花園、華士古達嘉馬花園中均有使用。寶瓶樣式豐富，有的採用粉刷，結合周邊環境有白色、粉黄色、粉紅色等，如西望洋花園(圖4-4-25)和華士古達嘉馬花園的護欄。有的採用綠釉燒製，如澳門特別行政區政府總部花園的台地擋土墻護欄、白鴿巢公園觀景台護欄(圖4-4-26)、加思欄花園局部護欄(圖4-4-27)等，綠釉寶瓶搭配粉刷了粉紅色、粉黄色和白色的墻體，色彩對比鮮明。

澳門許多園林綠地裏還保留著葡萄牙風情的半圓環綠漆鐵藝護欄，造型雖簡潔，但層層圓環交織重疊，加上護欄半徑爲30-40cm不等，整體效果簡潔大方而不落俗套，如得勝花園的花池護欄(圖4-4-28)。

除了上述兩類造型典雅精緻的護欄外，還有一些頗具特色的護欄做法。如依靠坡地築造的十字花園護欄造型就採用大量曲線和卷紋，護欄還結合花池設計(圖4-4-29-圖4-4-32)。

★台階：澳門有不少城市公園和花園的台階設計獨闢蹊徑，如氹仔市政花園中局部台階踏步設計爲圓型搭配三角型。此外，還有放射性同心圓和不規則曲線造型的踏步等(圖4-4-33、圖4-4-34、圖4-4-35)。西灣湖廣場中音樂劇場的台階轉角等細部則作弧線處理，顯得別具一格(圖4-4-36)。

★坐凳：澳門園林綠地中多結合綠化種植設置圓型種植池，池沿加寬爲坐凳。最普遍的做法是簡單的圓環狀坐凳，採用圓型桌凳組合的做法也很普遍。比較富有葡國特色的是彩色粉刷的圓

① 圖4-4-25 西望洋花園護欄

② 圖4-4-26 白鴿巢公園護欄

③ 圖4-4-27 加思欄花園護欄

④ 圖4-4-28 得勝花園護欄

環狀坐凳，如加思欄花園(圖4-4-37)。不少新公園在保留傳統造型的基礎上也採用如花崗石等新材料。如氹仔市政花園中的坐凳，除了沿用傳統粉刷飾面，還巧妙地結合花池進行設計，坐凳外形雖看似簡單，但通過不同尺寸的矩型和圓型進行組合，造型在統一中又有變化，顯得生動活潑(圖4-4-38、圖4-4-39、圖4-4-40)。再如十字花園裏的坐凳與其園林構築風格相統一，也大量運用曲線造型(圖4-4-41、圖4-4-42)。有趣的是，位於台地上的坐凳造型設計爲紅色心型，白色靠背看似貝殼，又如高豎的衣領，配合粉綠色基座，顯得非常柔媚(圖4-4-43)。

★雕塑及紀念碑等裝飾小品：澳門不少公園和花園中都結合景點設置了人物雕塑、紀念碑等富有歷史色彩的裝飾小品。如得勝花園中央建有得勝紀念碑，葡萄牙人於1831年立八角柱狀紀念碑以紀念1622年6月葡萄牙人戰勝荷蘭人的歷史事件(圖4-4-44)。位於氹仔的紀念碑花園面積不大，主體爲一紀念碑平台，紀念碑建立於1851年，爲紀念1850年“第二瑪麗亞”號戰船爆炸事故中不幸遇難的人們(圖4-4-45)。位於路環的意度亞馬忌士花園前部中央設計一鐵欄桿環繞的水池，水池中部豎立一座方尖狀紀念碑，稱“打海盜紀念碑”(圖4-4-46)，並以20世紀初期澳督意度亞馬忌士的名字命名。今天漫步在這些寧靜而幽雅的花園中，伴隨著這些紀念性小品政治痕蹟的逐漸淡化，人們感受到的更多是當地人文與歷史的沉澱。

★花池、花鉢和飾瓶：澳門園林綠地裏的花池、花鉢和飾瓶富有歐洲花園的風韻，造型精美，做工講究。例如，氹仔市政花園一處坡地的花池充分利用地形，分別在台階兩側設計了成串的水滴造型花池，非常精美(圖4-4-47)。碼頭花園的花池則多數採用不規則形、菱形、三角形、月牙形、圓形等組合，變化豐富(圖4-4-48)。十字花園的花池曲線感強烈(圖4-4-49)。加思欄花園及白鴿巢公園設置的花鉢爲水泥胎體鑲嵌彩色碎石或用彩色釉瓷片貼面(圖4-4-50，圖4-4-51)。碎石和瓷片色彩斑斕，通常還組合構成漂亮的花紋和圖案，花鉢表面的肌理和鮮花的細膩構成鮮明的對比。

① 圖4-4-29 十字花園護欄(1)

② 圖4-4-30 十字花園護欄(2)

③ 圖4-4-31 十字花園護欄(3)

④ 圖4-4-32 十字花園護欄(4)

① 圖4-4-33 氹仔市政花園台階(1)

② 圖4-4-34 氹仔市政花園台階(2)

③ 圖4-4-35 氹仔市政花園台階(3)

④ 圖4-4-36 西灣湖廣場台階轉角處處理

⑤ 圖4-4-37 加思欄花園園凳

① 圖4-4-38 氹仔市政花園坐凳(1)

② 圖4-4-39 氹仔市政花園坐凳(2)

③ 圖4-4-40 氹仔市政花園坐凳(3)

④ 圖4-4-41 十字花園坐凳(1)

⑤ 圖4-4-42 十字花園坐凳(2)

⑥ 圖4-4-43 十字花園園凳

① 圖4-4-44 得勝紀念碑

② 圖4-4-45 紀念碑花園紀念碑

③ 圖4-4-46 意度亞馬忌士花園紀念碑

④ 圖4-4-47 氹仔市政花園台階及花池

① 圖4-4-48 碼頭花園花池

② 圖4-4-49 十字花園花池

③ 圖4-4-50 白鴿巢公園花缽

④ 圖4-4-51 加思欄花園花缽

①

②

③

④

③ 鋪裝

澳門的鋪裝也是城市景觀中獨具特色的亮點。在澳門具有歷史價值的歐式建築周圍，大多採用波浪圖案的傳統葡萄牙鋪路石塊鋪裝作爲地面裝飾。這種路面鋪裝方式來源於葡萄牙，葡萄牙語稱為Cal,cado Portuguesa。在葡萄牙城鎮中，人行道和廣場多用表面呈現黑、白色的玄武岩碎石塊或石灰岩碎石塊拼成，圖案有幾何圖形和象形圖案，並多以與海相關的事物作爲裝飾母題。

這種獨特的鋪裝藝術在澳門廣場中運用廣泛，給城市的裝飾增添了獨特的色彩。例如在議事亭前地(圖4-4-52)、板樟堂前地、崗頂前地、媽閣廟前地、大堂前地都採用這種具有葡式風格的鋪裝。西灣湖廣場作爲近年來新建設的現代城市廣場，圖案設計在傳統基礎上進行創新，採用由波浪曲線抽象而來的大折線(圖4-4-53)。這些鋪裝的波紋形圖案，線條流暢，使人聯想到海洋文化。在澳門的城市鋪裝中，除了傳統波浪線圖案外，還有各種與海洋有關的圖案，如帆船、指南針等。

葡式碎石鋪裝鋪裝的樣式總體上講大同小異，但色彩多有不同。議事亭前地是澳門城市中心最寬闊的一處遊憩廣場，它是澳門市民進行各種休閒和文娛活動的重要場所，其地面鋪裝色彩採用黑白兩色。崗頂前地採用同樣的黑白碎石波浪圖案鋪地，甚至連種植池貼面也採用同樣的碎石拼圖(圖4-4-54、圖4-4-55)。媽閣廟前地的波浪形鋪裝則爲黑色、灰色、紅色和白色石子搭配(圖4-4-56)。

除了城市廣場和道路，這種裝飾性鋪地在城市公園和花園中也很常見。如白鴿巢公園中，入口廣場地面上鋪有白、黑色石子相間隔拼成的“葡國魂”畫面(圖4-4-57)。在豐富園林色彩的同時又增添了綠地的文化內涵。花園中的鋪裝也有如太陽、花卉、魚鱗、龍蝦、雙魚等豐富多彩的裝飾圖案，典型如加思欄花園、宋玉生公園的鋪裝(圖4-4-58、圖4-4-59、圖4-4-60)。

① 圖4-4-52 議事亭前地鋪裝

② 圖4-4-53 西灣湖廣場鋪裝

③ 圖4-4-54 崗頂前地鋪裝

④ 圖4-4-55 崗頂前地種植池裝飾

① 圖4-4-56 媽閣廟前地鋪裝

② 圖4-4-57 白鴿巢公園“葡國魂”畫面

③ 圖4-4-58 加思欄花園鋪裝

④ 圖4-4-59 加思欄花園鋪裝

⑤ 圖4-4-60 宋玉生公園魚鱗狀鋪裝

① 圖4-4-61 大堂前地坐凳瓷磚畫

② 圖4-4-62 大堂巷噴水池瓷磚畫

④瓷磚畫

瓷磚畫藝術最早是由阿拉伯人傳入西班牙和葡萄牙的。瓷磚畫的阿拉伯語意思是在燒製的磚石上繪製圖案。葡萄牙語稱為Azulejo。這種繪畫與燒製結合的藝術在葡萄牙已經具有500多年的歷史，是幾個世紀以來從沒間斷過的流行藝術，已成為葡萄牙文化的典範。

15世紀瓷磚畫藝術進入西班牙和葡萄牙時，因爲燒製工藝複雜，造價昂貴，因此只裝飾在教堂、修道院、王宮和貴族府邸等重要建築物上，以作爲身份、權利和財富的象徵。後來這種裝飾藝術日趨普及，開始出現在各類建築物上，因此在葡萄牙的普通民居上也時常可以看到瓷磚畫的裝飾。

澳門不少重要建築也保留了這種具有濃鬱葡萄牙風情的裝飾細部。如大堂前地的休憩坐凳，採用花朵式樣的青花瓷貼面，色彩素雅而秀美，配合地面花朵枝條的鋪地裝飾圖案，顯得更加精緻(圖4-4-61)。大堂巷噴水池的壁龕、休憩區墻壁以及民政總署內部四周的墻壁上也採用了整幅的葡式瓷磚畫裝飾。瓷磚畫的內容多反映澳門以前的城市歷史景觀，美觀的同時更爲場地增添了一份歷史滄桑感(圖4-4-62-圖4-4-65)。

① 圖4-4-63 民政總署內庭墻壁瓷磚畫
② 圖4-4-64 民政總署內墻壁瓷磚畫1
③ 圖4-4-65 民政總署內墻壁瓷磚畫2

(3) 園林建築色彩鮮艷、色調明亮

澳門的整體城市色彩斑斕多姿，多用鮮艷的紅、黃、藍、綠構成主色調，中間點綴白色。城市建築立面大量使用粉黃色和粉紅色塗料，色彩明亮輕盈，空間氣氛自由活躍。黃墻、紅墻與綠墻或紅綠混搭的墻身一般配有白色線腳勾邊，或以白色線條裝飾建築的窗框、門框、簷口、腰線、立柱等部位，使得建築色彩對比鮮明，形成特有的葡式裝飾風格，使建築顯得更加精緻、漂亮。

在澳門園林綠地裏的建築和構築物中，同類型的主色調運用也非常廣泛。如暖色調的粉紅色和粉黃色給人的感覺鮮艷、舒適、溫暖而柔和。冷色調的藍綠色與園林綠地相配，彰顯自然格調。明亮的色調、豐富的色彩組合和白線勾邊等做法，使得園林建築顯得精緻而富有葡國風情。澳門的園林建築和構築物的粉刷多採用粉色，粉色塊加上白色線條的調和，令人感覺舒適。若大面積用鮮艷而單一的原色，易使人的視覺長期處於興奮狀態，容易感覺疲勞。加上澳門的園林綠地多數小而分散，大量粉刷明艷色彩的園林建築小品和構築物，可增加城市景觀空間的裝飾效果。漫步在澳門的園林綠地中，但見綠色背景中點綴了若干深淺不一的粉紅色、粉綠色、粉黃色和白色的建築形體，色彩柔媚，豐富細膩(圖4-4-66)。這些獨特的園林建築色彩，營造出了一種浪漫舒適的生活情趣，使人真切地體驗到一種南歐城市般宜人的休閒生活氛圍。

①

②

③

例如，龍環葡韻景區的建築以粉綠色爲主調，白線飾邊(圖4-4-67)。加思欄花園中的紀念塔、台地護欄、壁龕噴泉等以粉紅色爲主調，白線飾邊(圖4-4-68)。西望洋花園地處坡地，分佈爲多層台地，台地中圍欄粉刷粉紅色，白色的線腳飾邊和壓面，寶瓶護欄均粉刷爲白色。此外，也有些公園局部構築物粉刷爲明亮的粉黃色，親切宜人，如螺絲山公園的觀景台(圖4-4-69)。

① 圖4-4-66 西望洋山遠景

② 圖4-4-67 龍環葡韻住宅博物館

③ 圖4-4-68 加思欄花園噴泉

④ 圖4-4-69 螺絲山公園觀景台

4.5 園林意境濃縮中西合璧的文化底蘊

澳門的文化背景豐富而複雜，既有中國傳統文化的基礎，也有以南歐葡萄牙文化爲代表的歐洲文化的滲入。在長達400多年的殖民統治期內，葡萄牙人獲得澳門管治權並一度在政治文化上佔有統領地位。不過，長期以來華人一直是澳門居民的主體，各國移民也把不同源流的文化彙聚在澳門。因此，澳門文化自然呈現出中西文化交匯與融合的印蹟。

所謂文化底蘊，特指長期積累下來而形成的獨特的地方性文化特徵。澳門文化最鮮明的特質，是其獨特的開放性與包容性。在澳門，無論是宗教文化、建築文化及民風民俗，東西方風格均能互相滲透包容，西方文化與中國傳統文化之間能取得良好平衡。於是，澳門人在歐洲生活方式和中國傳統風俗之間找到了平衡的支點。在路環戴紳禮街與水鴨街轉角處的休憩區生動地展現出澳門文化的中西合璧特徵，是一處傳統與現代融合共存的典型縮影(圖4-5-1)。在這處曲折巷道休憩區，粉刷過的中式與葡式的民居、舒適優雅的歐式休憩長凳、在深綠色血桐襯托下顯得格外顯眼的土地公神龕、棋盤構圖的現代鋪裝共同構成了一處饒有趣味的城市景觀。又如宋玉生公園，佈局採用了歐式的林蔭大道構思，整體鋪地採用葡式碎石，兩側設計草坪，富有葡國風情。位於公園最南端的近海濱處，豎立有觀音像一尊，因觀音神貌酷似西方聖母，人們俗稱其為“西洋觀音”。西化的佛教菩薩形象與葡式風情的公園共存於一體，這鮮明地反映出澳門文化的包容性(圖4-5-2、圖4-5-3)。

在如此特殊的中西合璧的文化土壤裹成長的澳門園林，一方面表現爲傳統中國園林意境與歐式造園要素的糅合，另一方面也體現出西方哲學思想與中國傳統生活方式的結合，如廣場、噴泉等歐式城市環境要素的大量運用。

① 圖4-5-1 路環水鴨街休憩區

② 圖4-5-2 宋玉生公園及觀音苑

③ 圖4-5-3 觀音蓮花苑觀音像

中西合璧的文化底蘊，孕育了別具一格的澳門園林。其中，最具有代表性的範例有盧廉若花園、何東圖書館及紀念孫中山市政公園。

4.5.1 盧廉若花園

盧廉若花園位於澳門半島羅利老馬路與荷蘭園馬路交界處，是澳門中西合璧文化的縮影。盧園始建於1904年，1925年建成，爲廣東香山人士所設計，現存面積約10,857m^2。盧園營造方式沿襲中國傳統的自然山水園形製，具體表現在空間分佈、組景造景和園林意境等方面。全園採用自然式平面分佈，通過掇山理水，佈置亭台水榭，配置花木，利用曲徑回廊組織遊覽路線。園中北部設置方塘駁岸式的水石庭，主體建築水榭春草堂(圖4-5-4)、碧香亭(圖4-5-5)、挹翠亭(圖4-5-6)、九曲橋等景點環水而置。園內東北角塑人工假山"玲瓏山"(圖4-5-7)。除了有水石庭外，結合建築和園路還佈置了平庭和石庭。

在組景造景上，園中大量採用框景、對景、障景、漏景等傳統手法。如進入"屏山鏡樓" (圖4-5-8)框景洞門，通過假山與叢竹相夾的小路後，水面豁然開朗，頗有障景之妙。步入玲瓏山，群峰奇石，崢嶸百態。穿行其中，小徑高低盤旋，視線時高時低。加上石庭散點置石，錯落有致，形成多處漏景與障景，宛如"柳暗花明又一村"。爬滿絡石的精緻花格漏窗，是園中組織漏景的主要手法，設在多個園路拐彎口、橋頭和水灣處，結合植物配置或山石水景形成如畫構圖。

盧園中的楹聯匾額較多，進一步深化了園林意境。如挹翠亭的楹聯是："蓮青竹翠無由俗，柳色波光已鬥妍；縱橫域外大瀛海，俯仰壺中小綠天"，以此感嘆園居生活之美好。"碧香亭"出入口各有楹聯："如畫風光饒雅興，娛人景色此中尋"；"碧水丹山曲橋垂柳，香風醉月詞館詩人"；借園中景致來抒發文人墨客寄情美景、甘與清風明月爲伍的脫俗情懷。

盧園組景雅俗兼並，既體現清幽的園林意境，也不掩飾園主對世俗和美好生活的願景追求。如位於園中有一幅廣州雕刻家李兆泉創作的淺浮雕作品，名爲"後羿求仙丹"(圖4-5-9)。作品中的仙女乘坐仙轎，在四個仙童的護送下，顯現於祥雲寶樹之中，後羿手牽著馬匹向她叩拜。浮雕外框刻有仙花瑞獸，浮雕對聯爲："三徑綠蔭成翠幄，一池春水躍文魚"，清晰地表達了園主祈求魚躍龍門、官運亨通的願望。

盧園主人正是秉著這種開放而相容的態度，使園中帶有中西合璧風格的細部處理比比皆是。如"碧香亭"爲歇山頂四面亭，亭內石柱和橫樑部位卻以圓形或幾何形歐式圖案作裝飾(圖4-5-10)。最典型的當屬春草堂水榭。該建築外墻粉刷爲葡式的明黃色，白色線腳勾邊，設歐式外廊柱，墻身嵌西式弧形扇窗和條形百葉窗。建築圍欄樣式有綠色琉璃寶瓶式和紅色回紋樣式(圖4-5-11)。園內曲橋不用傳統直線板橋或折橋而採用平面曲線構圖，宛如長虹臥波(圖4-5-12)。在地面鋪裝方面，既有中式的花街鋪地，圖式爲具有福壽寓意的仙鶴圖案，也有葡式黑、白、灰、紅碎石鋪砌的抽象荷花圖案。

① 圖4-5-4 盧園春草堂

② 圖4-5-5 盧園碧香亭

①

④

②

① 圖4-5-6 盧園挹翠亭

② 圖4-5-7 盧園“玲瓏山”

③ 圖4-5-8 盧園“屏山鏡樓”

④ 圖4-5-9 盧園“後羿求仙丹”浮雕

⑤ 圖4-5-10 盧園碧香亭

⑥ 圖4-5-11 盧園春草堂

⑦ 圖4-5-12 盧園九曲橋

⑥

⑤

⑦

4.5.2 何東圖書館

何東圖書館位於崗頂前地，始建於1894年，何東爵士於1918年購入。何東先生逝世後，別墅按其遺囑贈予政府作公共圖書館，是澳門著名的園林式圖書館。建築整體外觀樸實無華，建築設計爲傳統歐式風格，粉黃色墻體，白色立柱搭配上墨綠色的窗框，建築造型方正典雅，清新通透(圖4-5-13)。建築前後佈置有大小不一、高低錯落的庭院空間。

圖書館前院爲對稱式分佈，標高低於崗頂前地。前院不大，面積約220m^2，尺度雖小，但植物繁茂，設置了舒適的閱讀空間(圖4-5-14)。在前後花園間還設一中庭，面積約80m^2。後院花園爲中西合璧式，較前院高，面積約1,000m^2，感覺開朗。

花園主徑兩側設噴水池和花台，設計採用嶺南古典園林傳統樣式。噴水池由磚砌花基矮墻環繞，墻身裝飾有綠色琉璃瓦花磚，飾花和線腳均以白色粉刷(圖4-5-15)。左右兩個水池中各設計了兩排5嘴噴泉，水景造型如扶桑花般優雅，水流纖細婀娜(圖4-5-16)。園景與嶺南園林傳統做法不同的是：花基矮墻沒有保留紅磚原色，均粉刷爲粉黃色；墻身壓頂則保留陶磚原色。花基矮墻上擺盆花，內植花木，一片蒽鬱(圖4-5-17)。整個庭園在一片安謐中樹影婆娑，泉水叮咚，頗有摩爾園林的韻味。

①

③

① 圖4-5-13 何東圖書館

② 圖4-5-14 何東圖書館前庭休憩空間

③ 圖4-5-15 何東圖書館水池

④ 圖4-5-16 何東圖書館噴泉

⑤ 圖4-5-17 何東圖書館花基矮墻

②

④

⑤

4.5.3 紀念孫中山市政公園

紀念孫中山市政公園位於和諧紳士大馬路旁，1983年開園前該處是鴨涌河垃圾填埋區，後開闢修建為公園，作爲環保試點。公園現今佔地面積52,660m^2。整個公園在設計風格和景觀元素上，東北區採用中式風格，西北區則採用歐式風格(圖4-5-18)。公園正門設孫中山先生雕像，以紀念這位曾在澳門居住過的偉人。正門內廣場北側設一人工湖，湖體採用自然式湖岸造型，局部山石駁岸，湖西側砌石成一小型假山瀑佈，配以水生植物，頗有自然野趣。湖東北角設一曲橋橫跨水面之上。橋體平面佈局為曲線狀，橋身兩側回紋狀欄桿為朱紅墨綠兩色相間，富有濃郁的中式園林氣息。曲橋盡端設有一座六邊攢尖園亭，綠琉璃瓦頂。人工湖側配套的其他園林建築，如餐廳等，採用綠琉璃瓦頂的中式建築造型(圖4-5-19)。

從人工湖西側經健康步道可進入園西區(圖4-5-20)。該區設計採用歐式風格，開敞的疏林大草坪構成園區的主體。因公園原址為垃圾填埋區，而地勢高低不平，所以以原始地形為基礎設計了大面積的開闊草坪。草坪一側設置了長500m的步行長廊，涼廊頂部滿覆各類攀緣植物。廊東側設計有傳統歐式的圓形大溫室及錐形玻璃雀籠(圖4-5-21)。

① 圖4-5-18 公園全景

② 圖4-5-19 九曲橋

③ 圖4-5-20 公園入口廣場和孫中山雕像

④ 圖4-5-21 圓形溫室

4.5.4 城市廣場

類似廣場和噴泉等歐洲城市環境的重要組成元素，在澳門園林中也得到廣泛運用。例如，廣場元素的大量運用，一方面反映了東西方文化的融合和發展，從另一層面看，它也是澳門城市生活中不可缺少的組成部分。在人多地少的高密度居住條件下，遍佈城市各地的大小廣場，切實滿足了澳門人實際的戶外遊憩生活需要。

澳門有不少城市廣場位於重要建築的前部，特別是古老的教堂前一般都會空出一塊場地作爲廣場。這類廣場常形成城市的景觀節點，具有典型的西方城市特色，如玫瑰聖母堂及板樟堂前地等(圖4-5-22)。

另一類是位於舊城區的街巷廣場，通常是自由延伸的不規則線形街道在某個部位的擴大。此類街巷廣場是市民使用頻率最高的活動場所和遊憩地。澳門半島地少人多，地形起伏變化較大，平坦地形較少。街巷廣場不僅可以順應地形，而且因其尺度不大，親切宜人，非常適合在高密度的居住環境裏靈活分佈。結合綠化的街巷廣場還有利於打破線形街道空間的冗長感，配合設置休憩設施，創造出愉悅宜人的生活空間。

澳門城市廣場中常設有噴泉水景。爲適應大量人群的使用需要，廣場噴泉水池常將池沿加寬成爲休憩坐凳，或在廣場的邊界設置一些造型簡潔、實用的長凳、座椅(圖4-5-23)。噴泉結合廣場不僅豐富了城市的景觀內容，也滿足了市民聚會、休息、交談、嬉戲的遊憩生活需求。市民和遊客在廣場中活動，構成一道富有歐陸風情的風景線。典型的實例有如區華利前地、議事亭前地、亞婆井前地、花王堂前地、大堂前地等(圖4-5-24-圖4-5-28)。

澳門城市花園和公園中設置的噴泉，多與澳門的歷史事件或人物有關。其中，噴泉一般都結合小型雕塑設計，有時也用簡單的歐式噴水池形式。造型小巧精美，噴泉位置不拘一格，或位於花園中央，或位於道路交叉彙集處，成爲園中的景觀焦點。典型的如恩尼斯花園(圖4-5-29)。該花園位於路環區恩尼斯總統前地，面積約670m^2，為紀念葡萄牙推翻薩拉查法西斯政權後第三任總統恩尼斯而建立。該花園佈置小巧精緻，中央設計傳統歐式的丘比特噴泉雕塑，環繞噴泉設計了卵石鋪裝的環狀健康按摩徑。花園中央小廣場的周邊，設計佈置了花壇和休憩坐凳供市民遊憩。

① 圖4-5-22 玫瑰聖堂及板樟堂前地

② 圖4-5-23 議事亭前地的休息長凳

③ 圖4-5-24 區華利前地

①

②

③

①

③

① 圖4-5-25 議事亭前地

② 圖4-5-26 亞婆井前地

③ 圖4-5-27 花王堂前地

④ 圖4-5-28 大堂前地

⑤ 圖4-5-29 恩尼斯花園

第五章 Chapter five
澳門城市綠地系統空間佈局研究

第五章　澳門城市綠地系統空間佈局研究

研究澳門城市綠地系統的空間佈局，對於制定澳門城市綠地系統的規劃要點具有重要的指引作用。為使規劃要點內容更好地切合澳門實際，充分體現科學性與前瞻性，本項目組通過國內外城市綠地系統的規劃案例比較分析，設定了綠地斑塊破碎度、綠地佈局均勻度、公園綠地服務等距線及公園綠地實用可達性四個向量指標並展開專題研究，力求充分揭示和科學表達澳門城市綠地系統空間佈局的內在規律。

本專題研究所用的技術方法，主要是GIS技術和網格分析法。其中，綠地斑塊破碎度研究採用了GIS技術，其餘三項研究均在網格分析法的基礎上展開。

網格分析是一種比較形象化的空間分析方法。它通過在研究對象上疊加空間網格將空間實體的尺度向量化，從而建立空間直角座標系，以便研究空間實體的向量特徵。

網格分析法在本項目研究中的應用及其可行性驗證的具體步驟如下：

① 用10m×10m的方格網疊加在dwg格式的澳門城市綠地分佈現狀總圖文件上，得到澳門全境範圍內292,000個方格網。

② 對覆蓋綠地的方格進行色塊填充。在單元方格內，以0和1兩個等級對292,000個方格進行逐一統計。若單元方格覆蓋的綠地面積超過單位方格面積的50%，則記為1(即填滿方格)，反之則記為0(即空白方格)，如圖5-1所示。

③ 通過現狀綠地方格向量化處理使綠地邊界規則化，便於實現綠地邊界座標參照點的選定和向量資料的分析。

④ 對網格分析法的可行性進行驗證，將所有綠地中空間形態屬於塊狀綠地(數量最多)的進行抽樣統計，隨機抽取1/10的綠塊樣本進行驗算。

⑤ 分別統計綠塊樣本方格的向量面積(m^2)和原始面積(m^2)，計算相對誤差值：

相對誤差=(向量面積-原始面積)÷原始面積×100%

最後，再求得所有綠塊樣本相對誤差的平均值(表5-1、圖5-2)。

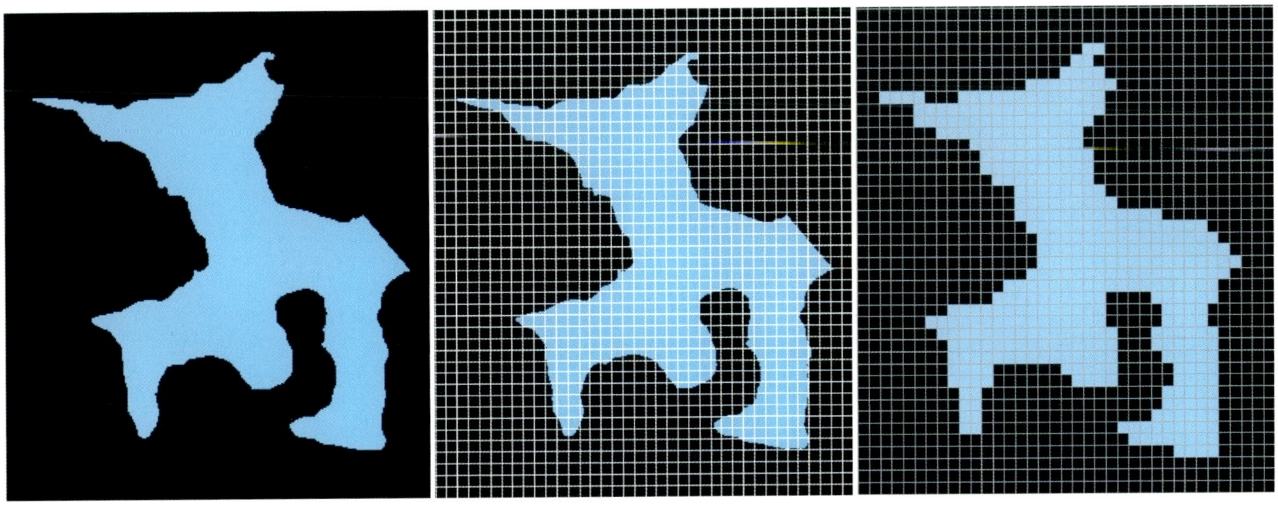

圖5-1 綠地邊界方格向量化的分析過程

澳門城市綠地系統規劃研究網格分析法相對誤差率驗算結果　表5－1

類別 \ 誤差絕對值範圍	<5%	5%-10%	10%-20%	20%-30%	>30%
綠塊個數	32	10	3	3	1
誤差比例	65.3%	20.4%	6.1%	6.1%	2.0%

說明：表中數據是通過對澳門全境城市綠地抽取的49個樣本進行統計分析得出的。其中，誤差率小於5%的綠塊數佔65.3%，誤差率5%−10%的綠塊數佔20.4%，兩者之和佔了樣本數據的絕大多數(85.7%)；全部樣本的相對誤差率平均值為6%。由此證明，應用空間網格法進行澳門城市綠地向量分析的誤差率較小，實用可行。

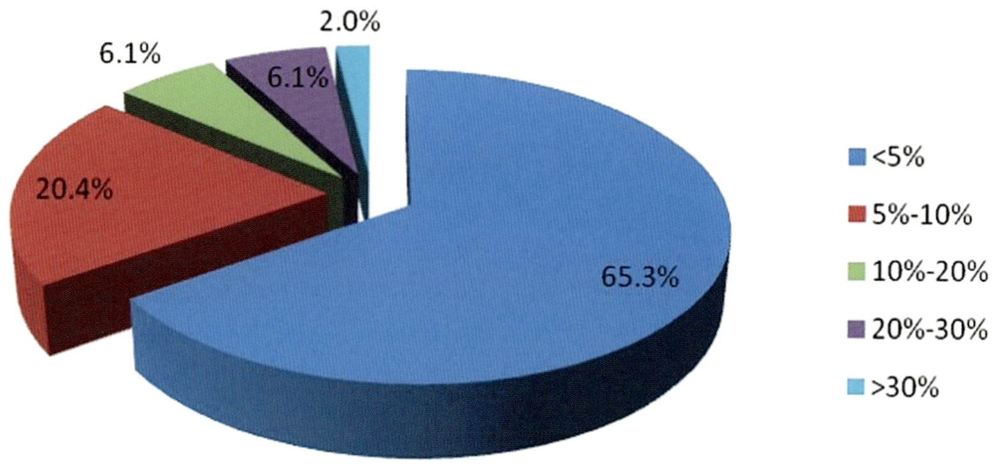

圖5−2 澳門城市綠地系統規劃研究網格分析法相對誤差率驗算結果示意圖

5.1 綠地斑塊破碎度研究

5.1.1 研究目標

綠地斑塊破碎度，是指由於自然或人為因素的干擾所導致的綠地佈局由簡單趨向複雜的過程❶。在同等面積的條件下，綠地斑塊破碎度越高，斑塊單體面積會相對越小，綠地空間分佈範圍也會越廣。通過研究綠塊密度和綠塊規模等級分佈，有助於度量、標定城市綠地的空間分佈密度和生態景觀格局(圖5-1-1)。

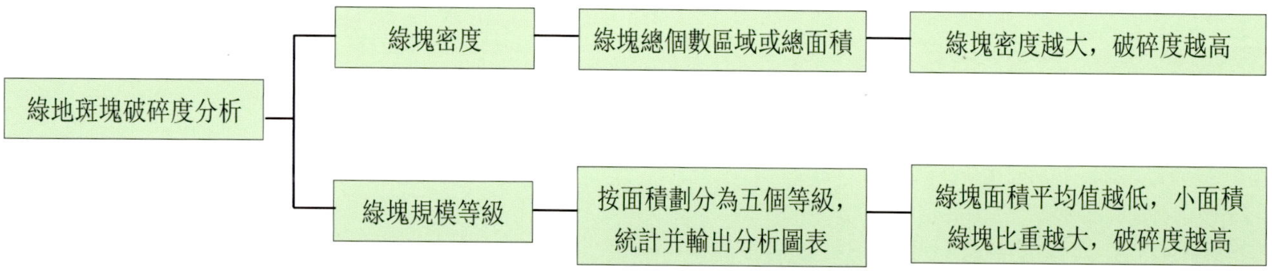

圖5−1−1 綠地斑塊破碎度的分析過程

❶ 王憲禮，布仁倉，胡遠滿.遼河三角洲濕地的景觀破碎化分析[J].應用生態學報,1996,7(3):299−304.

5.1.2 技術方法

本項目研究應用了GIS技術，具體操作步驟如下：

① 運用ArcGIS9.2軟件，將澳門城市綠地分佈現狀圖(dwg格式)轉換成shp格式。把現狀綠地按空間形態分為綠塊、綠道和綠點三種類型(其中綠塊佔絕大多數)，設定綠塊、綠道和綠點的劃分標準：

★ 綠塊：S綠塊≥100 m^2。

★ 綠道：D綠道:H綠道≥20：1，1m≤H綠道≤5m，S綠道≥20m^2(長D綠道、寬H綠道、面積S綠道)，行道樹直徑R，樹間距H。行道樹長於20m的綠帶，且H≤3R，則計入綠道。

★ 綠點：S綠點<100m^2。

② 以Excel表格形式輸出綠塊、綠道和綠點的空間分佈資料，分別統計澳門半島、離島和全境的綠塊總個數並求得綠塊密度(綠塊密度=綠塊總個數÷區域總面積)。

③ 在ArcGIS9.2的工作環境中，將綠塊按照面積大小劃分為五個等級(Ⅰ級：大於50,000m^2，Ⅱ級：10,000-50,000m^2，Ⅲ級：5,000-10,000m^2，Ⅳ級：1,000-5,000m^2，Ⅴ級：100-1,000m^2)，並用不同色塊區分，進而對澳門城市綠地進行規模等級分析(表5-1-1)。再通過Excel查詢、計算和統計，作出澳門城市綠地規模等級統計表和專題分析圖。

5.1.3 分析結論

(1) 澳門半島

澳門半島的綠地斑塊破碎度分析結論如下：

① 澳門半島共有608個綠塊，綠塊密度達62個/km^2。與同類城市(廣州、深圳)的情況相比，綠塊密度較高(表5-1-2)。

② 澳門半島的大部分綠塊面積小於5,000m^2。其中，面積在100-1,000m^{2}的綠塊佔60%，面積在1,000-5,000m^{2}的綠塊佔29%，面積大於5,000m^{2}的綠塊僅佔7% (表5-1-3)。

③ 較大的綠地斑塊多分佈在半島東部及西南部，主要形式為城市公園、城市花園和生態景觀綠地。這表明澳門半島東部及西南部的綠地斑塊破碎化程度較低，綠地空間分佈相對集中(表5-1-4、圖5-1-2)。

④ 較小的綠地斑塊多分佈在半島中部和北部，以城市花園和道路交通綠地為主。由於半島中部和北部人口密度大，建築密集，因此綠地斑塊破碎化程度較高，呈現小而分散的特點。

⑤ 澳門半島的綠塊以休閒遊憩綠地居多，道路交通綠地次之；只有21個綠塊為生態景觀綠地，而苗圃生產綠地的綠塊僅4個(表5-1-5)。

澳門城市綠地規模等級與色塊標識 表5-1-1

綠塊等級	綠地規模	填充色塊
Ⅰ 級	100-1,000 m^2	綠色
Ⅱ 級	1,000-5,000 m^2	黃色
Ⅲ 級	5,000-10,000 m^2	藍色
Ⅳ 級	10,000-50,000 m^2	紫色
Ⅴ 級	50,000 m^2 以上	橙色

同類城市人口密度、綠塊密度與綠地率比較 表5-1-2

城市	人口密度 (人/ km^2)	綠塊密度 (個/km^2)	綠地率 (%)
澳門半島	55,406	62	26.9
廣州越秀區[1]	34,067	27	27.8
深圳福田區[2]	15,000	23	39.0

❶ 資料來源：鄭淑穎,管東生.廣州城市綠地斑塊的破碎化分析[J].中山大學學報(自然科學版),2000,39(2).

❷ 資料來源：劉曉輝,許振文.深圳市綠地景觀格局的分析研究[J].長春師範學院學報(自然科學版),2006, 25(2).

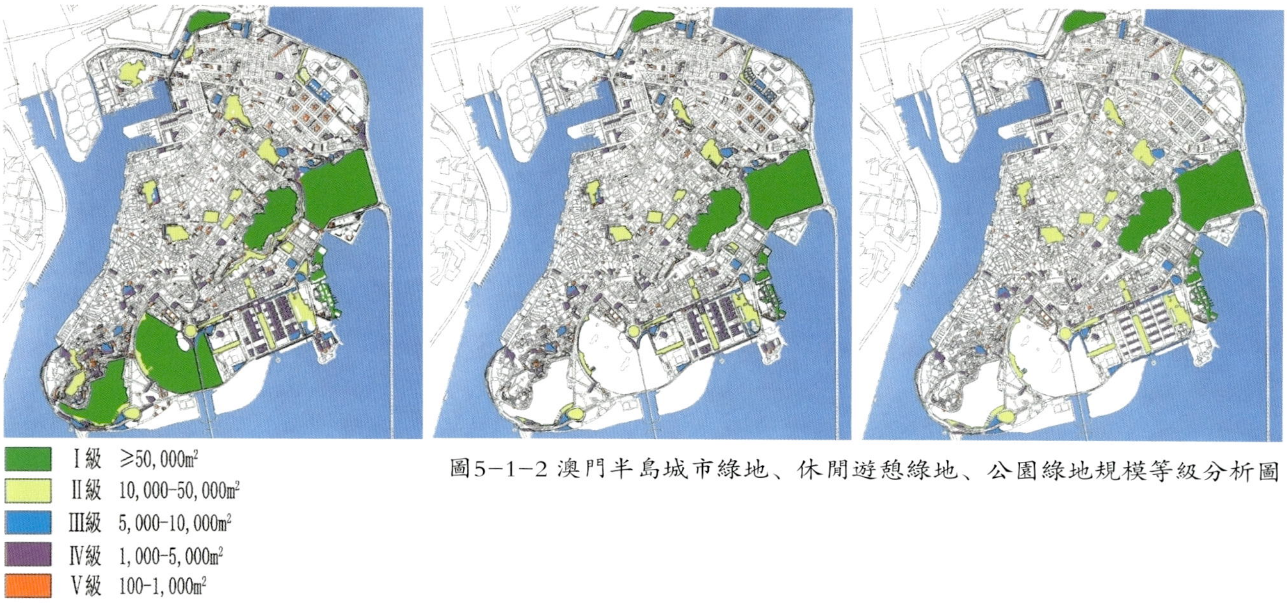

圖5-1-2 澳門半島城市綠地、休閒遊憩綠地、公園綠地規模等級分析圖

澳門半島綠地規模等級統計　表5-1-3

不同面積綠塊個數					總個數	綠塊密度(個/ km²)	面積(m²)			
Ⅰ級：大於50,000m²	Ⅱ級：10,000-50,000m²	Ⅲ級：5,000-10,000 m²	Ⅳ級：1,000-5,000 m²	Ⅴ級：100-1,000m²			最小值	最大值	平均值	標准差
7	29	33	174	365	608	62	100.9	385,847.1	4,427.2	24,113.2

澳門半島公園綠地規模等級統計　表5-1-4

公園綠地	不同面積綠塊個數					總個數	綠塊密度(個/ km²)
	Ⅰ級：大於50,000 m²	Ⅱ級：10,000-50,000 m²	Ⅲ級：5,000-10,000 m²	Ⅳ級：1,000-5,000 m²	Ⅴ級：100-1,000 m²		
城市公園	3	7	5	19	15	49	5
城市花園	1	13	13	63	77	167	17
郊野公園	0	0	0	0	0	0	0

澳門半島綠地分類規模分級統計　表5-1-5

綠地類型	不同面積綠塊個數					總個數	綠塊密度(個/km²)
	Ⅰ級：大於50,000 m²	Ⅱ級：10,000-50,000 m²	Ⅲ級：5,000-10,000 m²	Ⅳ級：1,000-5,000 m²	Ⅴ級：100-1,000 m²		
休閒遊憩綠地	4	22	26	140	247	439	45
道路交通綠地	0	1	4	26	113	114	15
苗圃生產綠地	0	1	1	1	1	4	0
生態景觀綠地	3	5	2	7	4	21	2

從上所述可知，澳門半島現狀城市綠地的綠塊密度較大、破碎化程度較高，綠地空間分佈格局以小面積綠塊散點均勻分佈為主。

(2) 澳門離島

澳門離島的綠地斑塊破碎度分析結果如下：

① 澳門離島共有559個綠塊，綠塊密度達28個/km^2。與澳門半島相比，離島的綠塊密度相對較低(表5-1-6)。

② 澳門離島的大部分綠塊面積小於5,000m^2。其中，面積100-1,000m^{2}的綠塊佔59%，面積1,000-5,000m^{2}的綠塊佔21%，面積大於5,000m^{2}的綠塊佔19%。與澳門半島相比，離島的綠地斑塊總數雖然較少，綠塊密度較低，但綠塊的面積普遍較大。

③ 綠地大斑塊主要集中分佈在離島的南、北部，多為郊野公園和生態景觀綠地。這表明離島南部及北部的綠地斑塊破碎化程度低，綠地空間分佈相對集中(表5-1-7、圖5-1-3)。

④ 綠地小斑塊則多分佈在氹仔中心區和路環部分居民區，形式上以城市花園為主。由於在氹仔中心區和路環部分居民區的人口分佈相對集中，建築物較密集，因此綠地斑塊破碎化程度較高，呈現小而分散的特點。

⑤ 澳門離島的綠塊以休閒遊憩綠地居多，道路交通綠地次之。離島上有58塊生態景觀綠地，而苗圃生產綠地僅1塊(表5-1-8)。

澳門離島綠地規模等級統計

表5-1-6

不同面積綠塊個數					總個數	綠塊密度(個/km^2)	面積(m^2)			
Ⅰ級：大於50,000m^2	Ⅱ級：10,000-50,000m^2	Ⅲ級：5,000-10,000 m^2	Ⅳ級：1,000-5,000 m^2	Ⅴ級：100-1,000m^2			最小值	最大值	平均值	標准差
30	40	39	120	330	559	28	100.0	2,231,561.6	20,075.9	120,321.4

澳門離島公園綠地規模等級統計

表5-1-7

公園綠地	不同面積綠塊個數					總個數	綠塊密度(個/ km^2)
	Ⅰ級：大於50,000 m^2	Ⅱ級：10,000-50,000 m^2	Ⅲ級：5,000-10,000 m^2	Ⅳ級：1,000-5,000 m^2	Ⅴ級：100-1,000 m^2		
城市公園	0	3	3	1	1	8	1
城市花園	4	7	8	28	42	89	5
郊野公園	6	4	2	3	4	19	1

澳門離島綠地分類規模分級統計

表5-1-8

綠地類型	不同面積綠塊個數					總個數	綠塊密度(個/ km^2)
	Ⅰ級：大於50,000 m^2	Ⅱ級：10,000-50,000 m^2	Ⅲ級：5,000-10,000 m^2	Ⅳ級：1,000-5,000 m^2	Ⅴ級：100-1,000 m^2		
休閒遊憩綠地	13	20	29	73	267	402	20
道路交通綠地	4	4	3	31	56	98	5
苗圃生產綠地	0	1	0	0	0	1	0
生態景觀綠地	13	15	7	16	7	58	3

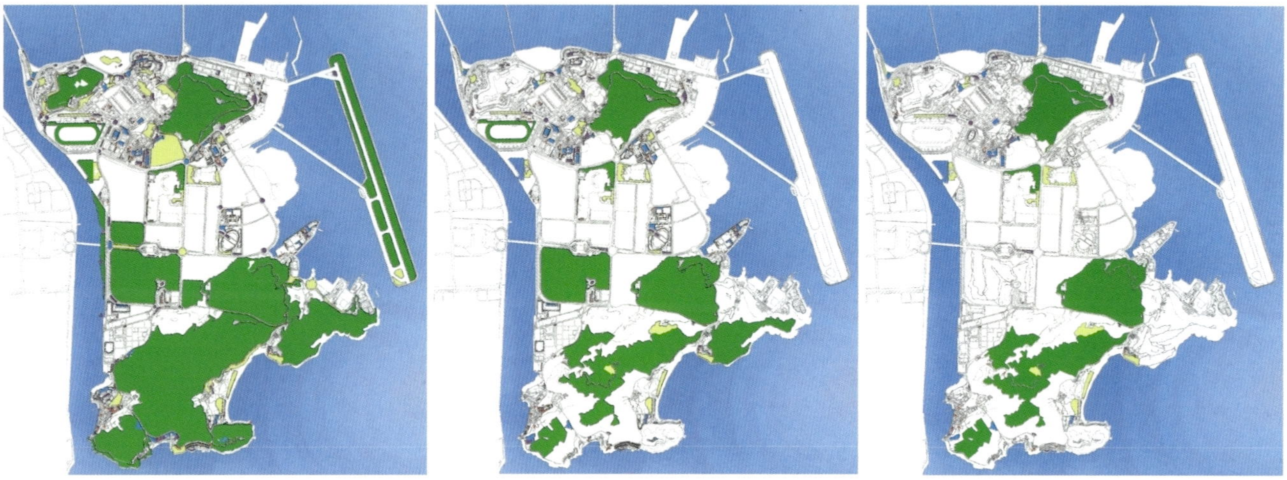

圖5-1-3 澳門離島城市綠地、休閒遊憩綠地、公園綠地規模等級分析

從上所述可知，澳門離島現狀城市綠地的綠塊密度相對較小，且以較大綠地斑塊為主，破碎化程度較低。

5.2 綠地佈局均勻度研究

5.2.1 研究目標

均勻度(evenness)原是生態學中的一個名詞，特指一個生態群落或生境中全部物種個體數目的分配狀況，反映了各物種個體數目分配的均勻程度[1]。在生物多樣性備受關注的當今時代，對於城市綠地系統構建質量的評價，不僅要看綠地面積總量是否恰當，還要看綠地斑塊的佈局狀態是否均勻。

同等面積的綠地在不同尺度空間裏佈局的均勻度會有所不同，例如綠地斑塊的分佈在大尺度空間裏可能不均勻，但在小尺度範圍內是相對均勻的。研究綠地斑塊佈局的均勻度，可以評價綠地在城區內分佈設置的公平性，反映綠地系統佈局是否能夠平等地滿足居民對園林綠地的生活需求(圖5-2-1)。

5.2.2 技術方法

本項目研究在前述空間網格法的基礎上進一步作樣方分析，在澳門半島和離島上各選取8個1,000m×1,000m的典型樣方(M1-M8和I1-I8)，分別計算和統計典型樣方內16個250m×250m的小樣方綠地率。通過圖表比較典型樣方平均綠地率[2]和典型樣方綠地率差值[3]，進而分析澳門城區綠地在不同尺度空間佈局的均勻度。

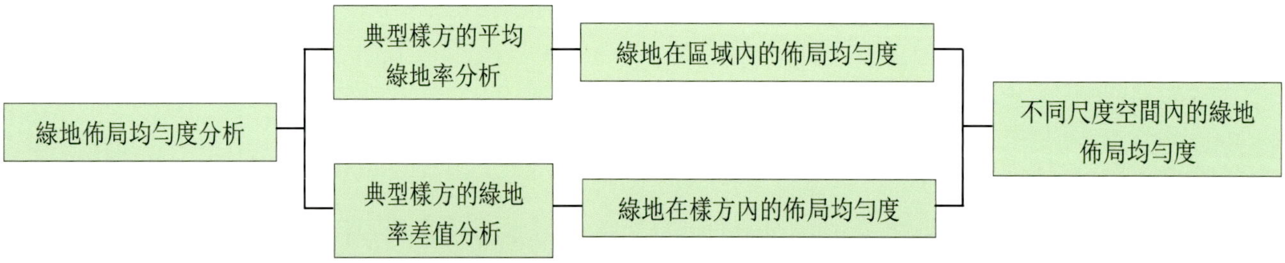

圖5-2-1 綠地佈局均勻度分析過程

[1] 百度百科. http://baike.baidu.com/view/65732.htm?fr=ala0_1.

[2] 典型樣方平均綠地率是指16個小樣方綠地率的均值。

[3] 典型樣方綠地率差值是指16個小樣方綠地率與平均綠地率差值的均值。

(1) 典型樣方的平均綠地率分析，具體步驟如下：

① 在澳門地圖橫、縱軸向上分別按250m間距(正常人以4-5km/h的速度步行3-5min輕鬆可達的距離)作直線方格網，得到覆蓋澳門全境的250m×250m的方格共238個(圖5-2-2)。

② 分別在半島(M)和離島(I)各選取8個基本覆蓋主要居民點的典型樣方(1,000m×1,000m)，標明為M1、M2、M3、M4、M5、M6、M7、M8及I1、I2、I3、I4、I5、I6、I7、I8；每個典型樣方(1,000m×1,000m)均由16個小樣方(250m×250m)組成(圖5-2-3)。

③ 將方格向量化的AutoCAD綠地現狀圖疊加到典型樣方內，可得每個小樣方內共有625個10m×10m的單元方格。根據上述網格法量化得出每個小樣方內的綠地單元方格個數(X)、生態濕地單元方格個數(Y=實際個數×30%)和公園綠地單元方格個數(Z)，並編碼標記為$X(Y/Z)$以便下一步的綠地率指標統計(圖5-2-4)。

④ 根據公式$V=(X+Y)/625\times100\%$算出每個小樣方綠地率，並將統計數據輸入Excel 2007表格中，自動繪出柱狀分析圖。

⑤ 將城市綠地的每個250m×250m方格按I、II、III、IV級城區定位(圖5-2-5、表5-2-1)，將公園綠地按I、II、III、IV、V級城區定位(表5-2-2)，用深淺不同的綠色進行填充。其中，小樣方周邊公園綠地率均為0%的區域視為V級城區(即公園盲區)，並附加紅色網格標識出來(圖5-2-6)。

⑥ 計算半島(M)和離島(I)中8個典型樣方的平均綠地率，將統計數據輸入Excel 2007表格中，自動繪出半島和離島典型樣方平均綠地率的二維折線圖。

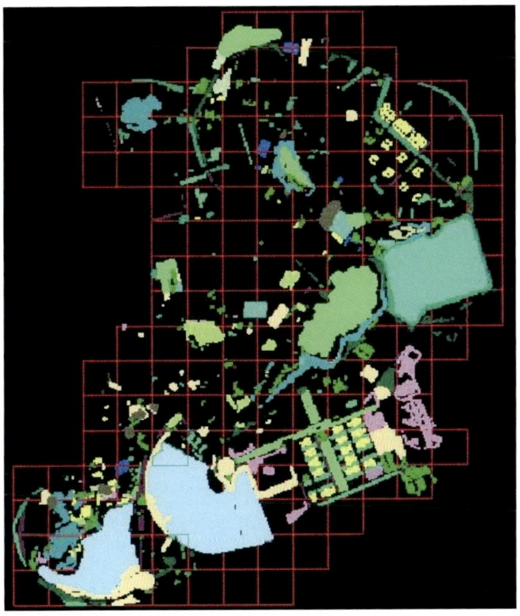

圖5-2-2 典型樣方分析過程 I

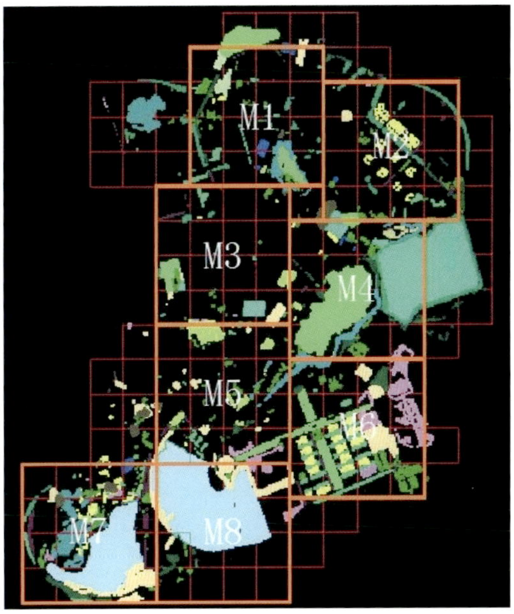

圖5-2-3 典型樣方分析過程 II

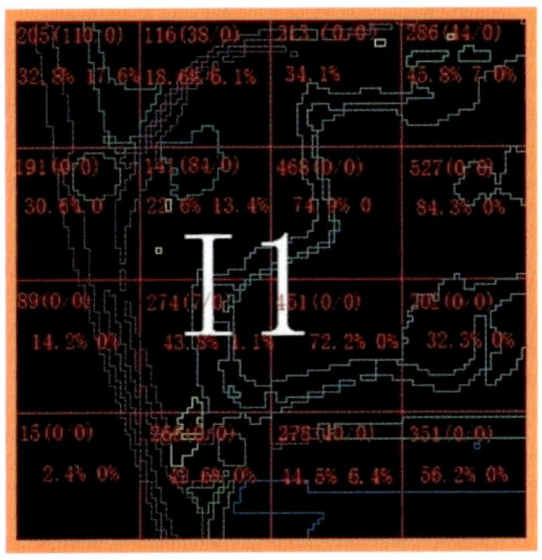

圖5-2-4典型樣方分析過程 III

圖5-2-5典型樣方分析過程 IV

圖5-2-6典型樣方分析過程 V

澳門城市綠地規模等級與色塊標識　表5-2-1

城區等級	綠地率(%)	填充色塊
I 級城區	≥60	深綠色
II 級城區	30—60	綠　色
III 級城區	5—30	黃綠色
IV 級城區	0—5	淡綠色

表5-2-2 澳門公園綠地規模等級與色塊標識

城區等級	公園綠地率(%)	填充色塊
I 級城區	≥30	深綠色
II 級城區	10—30	綠　色
III 級城區	0—10	黃綠色
IV 級城區	0	白　色
V 級城區	公園盲區	白色附加紅色網格

(2) 典型樣方的綠地率差值分析，具體步驟如下：

對8個典型樣方內的小樣方以1-16排序號，將每一個小樣方的綠地率減去相應典型樣方的平均綠地率，例如：典型樣方M1的平均綠地率為15.2%，將M1中的16個小樣方的綠地率都減去15.2%求得差值，並將統計數據輸入Excel 2007表格中，自動繪出柱狀分析圖。

5.2.3 分析結論

(1) 澳門半島

由圖5-2-7、圖5-2-9、表5-2-3、表5-2-5分析澳門半島典型樣方的城市平均綠地率可知：

① 澳門半島8個典型樣方的城市平均綠地率均值為22.9%；

② 樣方M4、M6、M7的城市平均綠地率都高於均值，其中M4、M6基本無綠地率低於5%的IV級城區，樣方內均爲I、II、III級城區，綠地率較高；

③ 樣方M1、M8的平均綠地率在15-20%之間，綠地率為偏低水平；

④ 樣方M2、M3、M5的城市平均綠地率均小於15%。其中，M3包含8塊低綠地率的IV級城區，綠地率僅為10.2%，綠地率較低。

由圖5-2-8、圖5-2-10、表5-2-4、表5-2-5分析澳門半島典型樣方的公園平均綠地率可知：

① 澳門半島8個典型樣方的公園平均綠地率均值為11.4%；

② 樣方M4、M6中的公園平均綠地率高於均值，其中M6中小樣方都分佈了公園綠地；

③ 樣方M1、M3、M5的公園平均綠地率均小於10%，與均值較接近；

④ 樣方M2、M7、M8的公園平均綠地率均小於7%，其中M8樣方裏50%的陸地沒有公園綠地。

由表5-2-6、圖5-2-11分析澳門半島典型樣方的城市綠地率差值可知：

① 澳門半島8個典型樣方的城市綠地率差值的均值為11.7%；

② 樣方M2、M3、M5、M6中各小樣方的綠地率與其所在樣方的平均綠地率差值在10%以下，說明這些樣方裏的綠地佈局較均勻；

③ 樣方M1、M7、M8中各小樣方綠地率與其所在樣方的平均綠地率差值在10%-15%之間，說明這些樣方裏的綠地佈局均勻度一般；

④ 樣方M4中各小樣方綠地率與其所在樣方的平均綠地率差值在20%以上，說明其綠地佈局不均勻。

由表5-2-7、圖5-2-12分析澳門半島典型樣方的公園綠地率差值可知：

① 澳門半島8個典型樣方的公園綠地率差值的均值為8.4%；

② 樣方M1、M2、M3、M5、M7、M8中各小樣

方的綠地率與其所在樣方的平均綠地率差值在10%以下，說明這些樣方裏的公園綠地佈局較均勻；

③ 樣方M4、M6中各小樣方的綠地率與其所在樣方的平均綠地率差值在10%以上，說明這些樣方裏的公園綠地佈局不均勻。

綜上所述，在澳門半島的典型樣方中，望廈及水塘區、東望洋區、南西灣及主教山區綠地率較高，新橋區、高士德及雅廉訪區、荷蘭園區、中區和黑沙環及祐漢區的綠地率相對較低。其中，中區和黑沙環及祐漢區的綠地佈局較均勻。

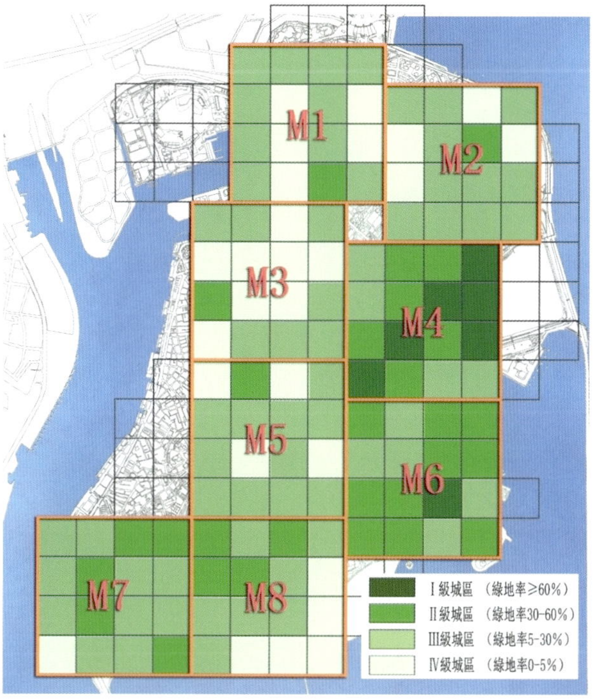

圖5-2-7 澳門半島典型樣方城市綠地佈局均勻度分析圖

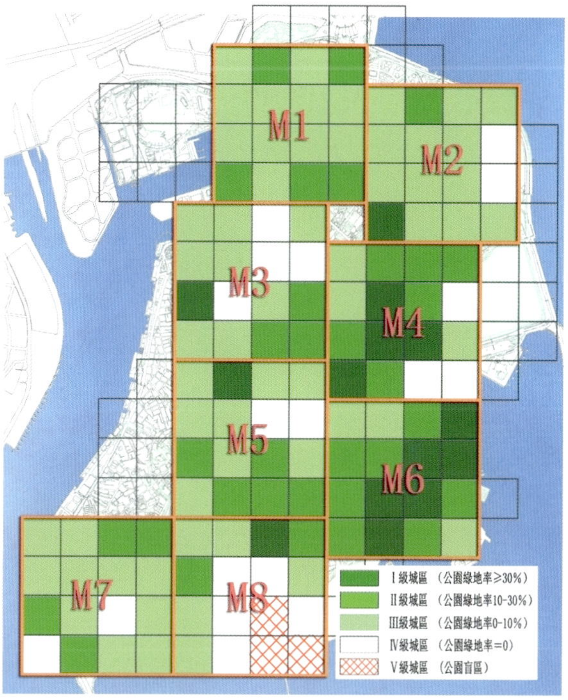

圖5-2-8 澳門半島典型樣方公園綠地佈局均勻度分析圖

說明：上圖中澳門半島各典型樣方包含的區域如下：

M1：台山區，青洲區東部，筷子基區東北部，黑沙環及祐漢區西部，望廈及水塘區西北部，林茂塘區和高士德及雅廉訪區北部。

M2：黑沙環及祐漢區東南部，黑沙環新填海區，望廈及水塘區北部。

M3：新橋區，高士德及雅廉訪區，林茂塘區東南部，沙梨頭及大三巴東部，荷蘭園區西部，東望洋區西部小部分。

M4：望廈及水塘區西南部，高士德及雅廉訪區東南部，荷蘭園區東部，東望洋區大部分，新口岸區北部。

M5：中區，沙梨頭及大三巴東部和荷蘭園區南部，東望洋區西南部，新口岸區西部，下環區和南西灣及主教山區西部小部分，外港及南灣湖新填海區北部。

M6：新口岸區南部，外港及南灣湖新填海區東部。

M7：南西灣及主教山區南部，外港及南灣湖新填海區西部。

M8：外港及南灣湖新填海區中部。

澳門半島M1–M8典型樣方內小樣方的城市綠地率統計 (%) 表5–2–3

典型樣方	1	2	3	4	5	6	7	8	9	10	11	12	13	14	15	16	均值
M1	13.6	20.3	7.2	13.4	28.6	1.1	6.9	1.3	15.5	1.8	27.8	6.4	19.2	2.9	48.3	29.0	**15.2**
M2	6.6	18.4	3.8	10.4	3.0	21.3	26.7	1.8	2.6	9.6	13.6	9.3	31.5	11.7	9.8	17.1	**12.3**
M3	8.5	10.2	0.0	11.0	0.6	0.3	0.0	0.8	50.4	0.6	0.8	12.6	4.8	12.6	20.0	29.3	**10.2**
M4	7.5	42.3	31.7	68.8	8.8	47.8	69.6	100.0	33.3	96.5	59.4	85.1	67.7	47.4	12.2	10.3	**49.3**
M5	4.8	40.2	4.6	8.3	5.8	5.8	8.5	20.5	13.0	2.9	16.8	4.3	24.1	20.2	29.6	18.7	**14.3**
M6	30.1	13.8	33.8	36.3	26.1	26.6	36.6	33.4	48.3	58.2	60.6	23.5	33.4	48.6	27.4	35.7	**35.8**
M7	7.0	22.1	33.1	38.9	14.2	46.9	29.4	23.7	29.3	47.3	29.4	20.1	1.7	25.3	23.6	57.2	**28.1**
M8	30.2	26.4	47.3	27.2	37.1	30.0	28.8	0.9	17.4	15.9	11.1	2.4	7.5	0.5	0.0	0.0	**17.7**

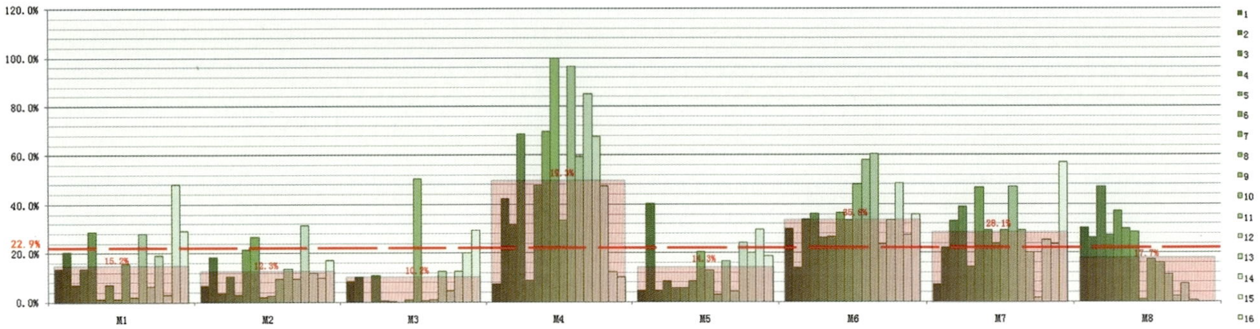

圖5-2-9 澳門半島M1-M8典型樣方內小樣方的城市綠地率分析圖

澳門半島M1-M8典型樣方內小樣方的公園綠地率統計 (%)　　表5-2-4

典型樣方	1	2	3	4	5	6	7	8	9	10	11	12	13	14	15	16	均值
M1	1.4	12.3	0.1	10.6	1.4	0.2	5.1	1.1	8.2	1.8	6.9	5.9	16.5	2.6	23.4	19.2	**7.3**
M2	4.0	12.2	3.8	9.3	3.0	9.6	8.5	0,0	0.2	1.8	4.6	0.0	30.9	2.6	6.1	6.7	**6.5**
M3	3.5	9.3	0.0	1.4	0.6	0.3	0.0	0.0	35.2	0.0	0.8	12.6	4.6	7.2	17.7	28.0	**8.0**
M4	4.6	29.8	15.7	14.2	5.1	46.6	28.6	0.0	28.6	95.8	36.2	9.1	59.4	22.9	0.0	0.0	**24.8**
M5	4.0	38.7	3.7	8.0	5.8	4.8	0.0	0.0	10.6	1.6	12.8	1.3	8.5	14.1	26.4	17.8	**9.9**
M6	2.7	0.8	22.2	36.3	26.1	17.4	36.3	33.4	25.8	32.2	46.4	22.2	18.4	42.4	20.5	0.3	**24.0**
M7	7.0	2.6	14.2	11.5	8.8	7.2	0.5	4.6	7.2	0.8	0.0	2.6	0.0	11.8	1.1	5.6	**5.3**
M8	0.3	6.7	31.4	27.2	15.0	0.0	0.0	4.2	5.4	0.0	0.0	0.0	0.6	0.0	0.0	0.0	**5.7**

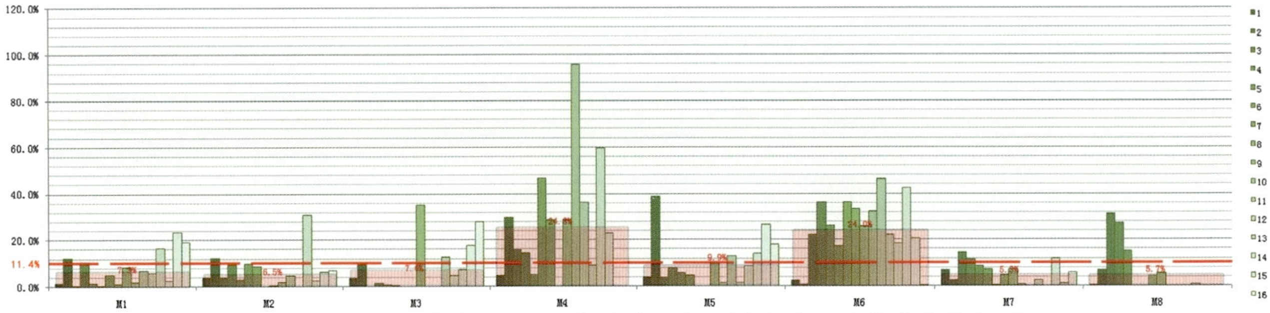

圖5-2-10 澳門半島M1-M8典型樣方內小樣方的公園綠地率分析圖

澳門半島M1-M8典型樣方內小樣方的平均綠地率統計 (%)　　表5-2-5

典型樣方	城市平均綠地率 (%)	公園平均綠地率 (%)
M1	15.2	7.3
M2	12.3	6.5
M3	10.2	7.6
M4	49.3	24.8
M5	14.3	9.9
M6	35.8	24.0
M7	28.1	5.3
M8	17.7	5.7
均值	**22.9**	**11.4**

澳門半島M1–M8典型樣方內小樣方的城市綠地率差值統計 (%) 表5–2–6

典型樣方	1	2	3	4	5	6	7	8	9	10	11	12	13	14	15	16	均值
M1	-1.6	5.1	-8.0	-1.8	13.4	-14.1	-8.3	-13.9	0.3	-13.4	12.6	-8.8	4.0	-12.3	33.1	13.8	10.3
M2	-5.7	6.1	-8.5	-1.9	-9.3	9.0	14.4	-10.5	-9.7	-2.7	1.3	-3.0	19.2	-0.6	-2.5	4.8	6.8
M3	-1.7	0.0	-10.2	0.8	-9.6	-9.9	-10.2	-9.4	40.2	-9.6	-9.4	2.4	-5.4	2.4	9.8	19.1	9.4
M4	-41.8	-7.0	-17.6	19.5	-40.5	-1.5	20.3	50.7	-16.0	47.2	10.1	35.8	18.4	-1.9	-37.1	-39.0	25.3
M5	-9.5	25.9	-9.7	-6.0	-8.5	-8.5	-5.8	6.2	-1.3	-11.4	2.5	-10.0	9.8	5.9	15.3	4.4	8.8
M6	-5.7	-22.0	-2.0	0.5	-9.7	-9.2	0.8	-2.4	12.5	22.4	24.8	-12.3	-2.4	12.8	-8.4	-0.1	9.3
M7	-21.1	-6.0	5.0	10.8	-13.9	18.8	1.3	-4.4	1.2	19.2	1.3	-8.0	-26.4	-2.8	-4.5	29.1	10.9
M8	12.5	8.7	29.6	9.5	19.4	12.3	11.1	-16.8	-0.3	-1.8	-6.6	-15.3	-10.2	-17.2	-17.7	-17.7	12.9
平均差值	**11.7**																

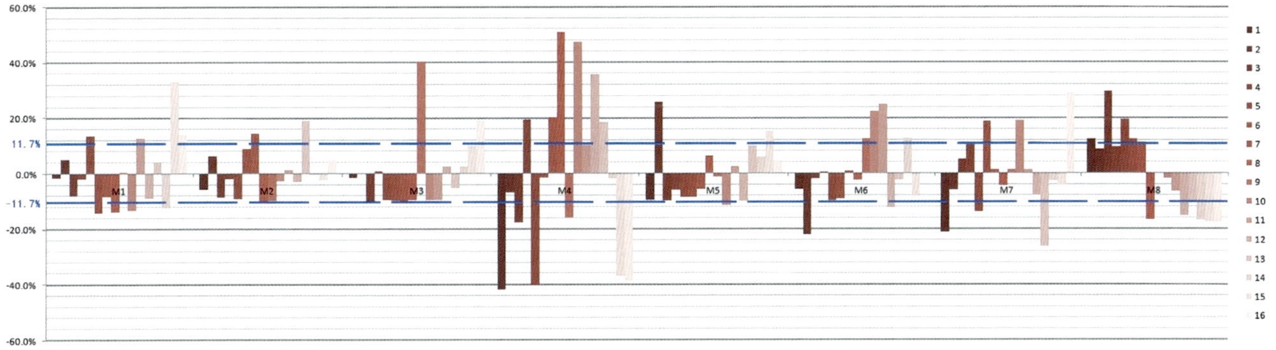

圖5–2–11澳門半島M1–M8典型樣方內小樣方的城市綠地率差值分析圖

澳門半島M1–M8典型樣方內小樣方的公園綠地率差值統計 (%) 表5–2–7

典型樣方	1	2	3	4	5	6	7	8	9	10	11	12	13	14	15	16	均值
M1	-5.9	5.0	-7.2	3.3	-5.9	-7.1	-2.2	-6.2	0.9	-5.5	-0.4	-1.4	9.2	-4.7	16.1	11.9	5.8
M2	-2.5	5.7	-2.7	2.8	-3.5	3.1	2.0	-6.5	-6.3	-4.7	-1.9	-6.5	24.4	-3.9	-0.4	0.2	4.8
M3	-4.1	1.7	-7.6	-6.2	-7.0	-7.3	-7.6	-7.6	27.6	-7.6	-6.8	5.0	-3.0	-0.4	10.1	20.4	8.1
M4	-20.2	5.0	-9.1	-10.6	-19.7	21.8	3.8	-24.8	3.8	71.0	11.4	-15.7	34.6	-1.9	-24.8	-24.8	18.9
M5	-5.9	28.8	-6.2	-1.9	-4.1	-5.1	-9.9	-9.9	0.7	-8.3	2.9	-8.6	-1.4	4.2	16.5	7.9	7.6
M6	-21.3	-23.2	-1.8	12.3	2.1	-6.6	12.3	9.4	1.8	8.2	22.4	-1.8	-5.6	18.4	-3.5	-23.7	10.9
M7	1.7	-2.7	8.9	6.2	3.5	1.9	-4.8	-0.7	1.9	-4.5	-5.3	-2.7	-5.3	6.5	-4.2	0.3	3.8
M8	-5.4	1.0	25.7	21.5	9.3	-5.7	-5.7	-1.5	-0.3	-5.7	-5.7	-5.7	-5.1	-5.7	-5.7	-5.7	7.2
平均差值	**8.4**																

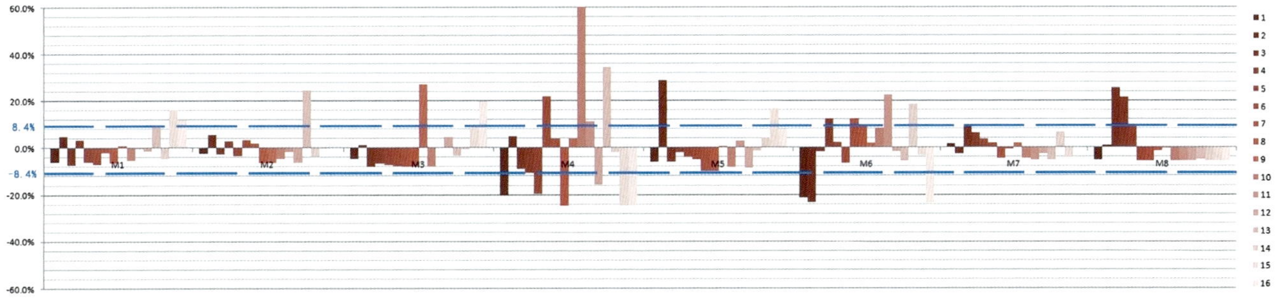

圖5–2–12 澳門半島M1–M8典型樣方內小樣方的公園綠地率差值分析圖

(2) 澳門離島

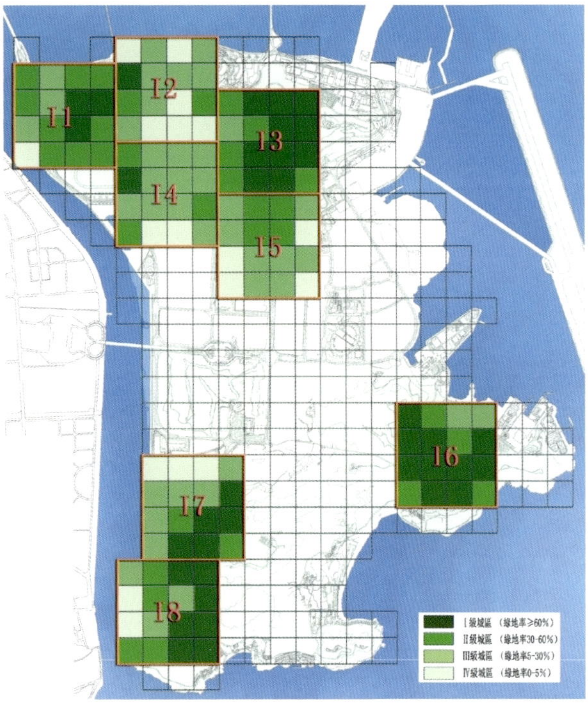

圖5-2-13 澳門離島城市綠地典型樣方佈局分析

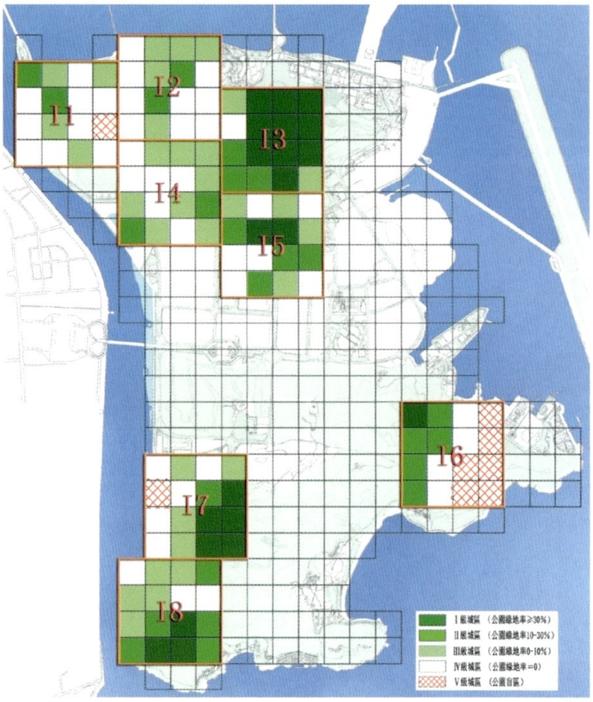

圖5-2-14 澳門離島公園綠地典型樣方佈局分析

澳門離島I1-I8典型樣方的城市綠地率統計 (%)　　表5-2-8

典型樣方	1	2	3	4	5	6	7	8	9	10	11	12	13	14	15	16	均值
I1	32.8	18.6	34.1	45.8	30.6	22.6	74.9	84.3	14.2	43.8	72.2	32.3	2.4	42.6	44.5	56.2	40.1
I2	2.9	28.8	2.4	22.7	65.3	16.1	22.0	27.8	58.7	28.3	0.0	36.6	10.8	4.0	0.0	2.1	20.5
I3	33.4	79.5	98.4	95.0	5.0	48.6	100	100	30.6	89.1	100	94.7	45.9	75.3	72.0	57.0	70.3
I4	53.4	15.4	5.4	13.8	81.3	13.6	22.2	14.6	9.9	14.9	14.6	43.8	30.4	3.8	1.4	17.8	22.3
I5	28.2	38.1	31.7	20.6	25.9	46.5	56.2	1.3	0.0	19.5	28.0	12.2	0.0	12.2	9.4	0.0	20.6
I6	100	59.2	17.1	16.8	96.0	86.7	42.1	83.4	86.7	80.5	94.1	100	36.3	96.5	97.9	42.1	71.0
I7	2.6	2.9	0.0	9.6	5.3	6.4	20.3	93.0	8.3	54.2	100	100	20.3	100	100	100	44.7
I8	9.1	30.6	71.0	82.9	1.9	31.2	16.6	85.6	3.7	17.3	82.9	95.8	40.2	98.2	100	90.4	53.6

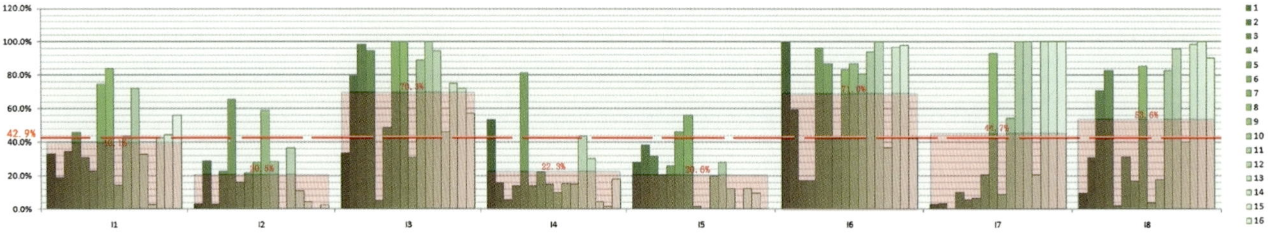

圖5-2-15 澳門離島I1-I8典型樣方的城市綠地率分析圖

澳門離島I1−I8典型樣方的公園綠地率統計 (%)　　表5−2−9

典型樣方	1	2	3	4	5	6	7	8	9	10	11	12	13	14	15	16	均值
I1	17.6	6.1	0.0	7.0	0.0	13.4	0.0	0.0	0.0	1.1	0.0	0.0	0.0	0.0	6.4	0.0	**3.2**
I2	0.0	0.0	0.3	8.6	0.0	5.3	16.6	0.0	0.0	26.9	0.0	0.0	0.0	1.2	0.0	0.0	**3.7**
I3	0.6	39.2	96.2	87.5	0.0	46.1	100.0	100.0	14.6	89.1	100.0	83.8	25.3	24.2	71.5	9.8	**49.2**
I4	0.0	5.8	1.3	9.6	0.0	0.0	0.0	0.8	2.9	0.0	5.6	27.5	29.0	1.6	0.0	3.7	**5.5**
I5	0.5	0.0	3.4	0.0	17.1	43.2	50.6	1.3	0.0	0.0	23.0	12.2	0.0	12.2	4.6	0.0	**10.5**
I6	51.3	28.2	0.0	0.0	17.9	28.3	0.0	0.0	12.6	9.1	0.0	0.0	10.2	0.0	0.0	0.0	**9.7**
I7	0.0	2.2	0.0	9.1	0.0	0.0	20.3	90.2	0.0	2.4	85.9	55.5	0.0	6.1	44.8	66.9	**23.9**
I8	0.0	2.9	0.8	24.5	0.5	2.2	0.0	0.0	3.5	13.0	57.3	18.7	16.2	79.5	81.0	11.4	**19.5**

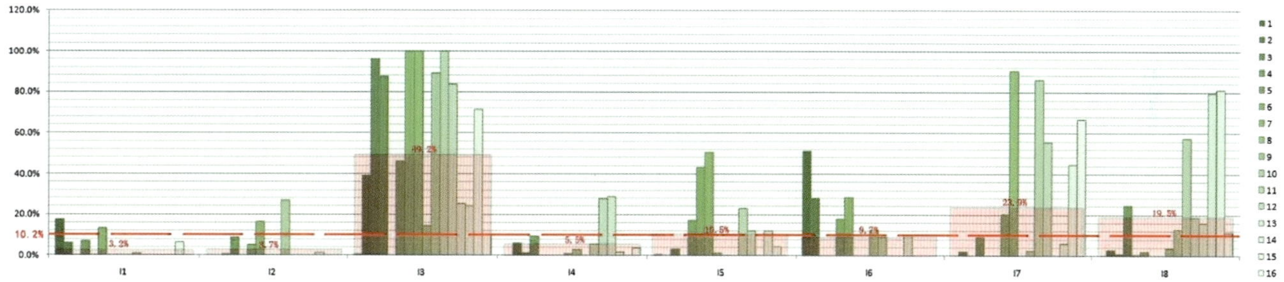

圖5−2−16 澳門離島I1−I8典型樣方的公園綠地率分析圖

澳門離島I1−I8典型樣方的平均綠地率統計 (%)　　表5−2−10

典型樣方	城市平均綠地率(%)	公園平均綠地率(%)
I1	40.1	3.2
I2	20.5	3.7
I3	70.3	49.2
I4	22.3	5.5
I5	20.6	10.5
I6	71.0	9.7
I7	44.7	23.9
I8	53.6	19.5
均值	**43.0**	**15.7**

由圖5-2-13、圖5-2-15、表5-2-8、表5-2-10分析澳門離島典型樣方的城市平均綠地率可知：

① 澳門離島8個典型樣方的城市平均綠地率的均值為43.0%；

② 樣方I1、I3、I6、I7和I8平均綠地率都高於40%，其中I3、I6和I8的城市平均綠地率較高，均達50%以上；

③ 樣方I2、I4、I5的平均綠地率均在20%-25%之間，屬於中等偏低水平。

由圖5-2-14、圖5-2-16、表5-2-9、表5-2-10分析澳門離島典型樣方的公園平均綠地率可知：

① 澳門離島8個典型樣方的公園平均綠地率的均值為15.7%；

② 樣方I3、I7和I8的公園平均綠地率都高於均

值，其中I3的公園平均綠地率較高；

③ 樣方I5和I6的公園平均綠地率均接近10%，其中樣方I6中62.5%的土地沒有公園綠地，公園分佈較不均勻；

④ 樣方I1、I2、I4的公園平均綠地率均小於6%，公園綠地分佈較少。

澳門離島I1–I8典型樣方內小樣方的城市綠地率差值統計 (%)　表5–2–11

典型樣方	1	2	3	4	5	6	7	8	9	10	11	12	13	14	15	16	均值
I1	-7.3	-21.5	-6.0	5.7	-9.5	-17.5	34.8	44.2	-25.9	3.7	32.1	-7.8	-37.7	2.5	4.4	16.1	17.3
I2	-17.6	8.3	-18.1	2.2	44.8	-4.4	1.5	7.3	38.2	7.8	-20.5	16.1	-9.7	-16.5	-20.5	-18.4	15.7
I3	-36.9	9.2	28.1	24.7	-65.3	-21.7	29.7	29.7	-39.7	18.8	29.7	24.4	-24.4	5.0	1.7	-13.3	25.1
I4	31.1	-6.9	-16.9	-8.5	59.0	-8.7	-0.1	-7.7	-12.4	-7.4	-7.7	21.5	8.1	-18.5	-20.9	-4.5	15.0
I5	7.6	17.5	11.1	0.0	5.3	25.9	35.6	-19.3	-20.6	-1.1	7.4	-8.4	-20.6	-8.4	-11.2	-20.6	13.8
I6	29.0	-11.8	-53.9	-54.2	25.0	15.7	-28.9	12.4	15.7	9.5	23.1	29.0	-34.7	25.5	26.9	-28.9	26.5
I7	-42.1	-41.8	-44.7	-35.1	-39.4	-38.3	-24.4	48.3	-36.4	9.5	55.3	55.3	-24.4	55.3	55.3	55.3	41.3
I8	-44.5	-23.0	17.4	29.3	-51.7	-22.4	-37.0	32.0	-49.9	-36.3	29.3	42.2	-13.4	44.6	46.4	36.8	34.8
平均差值	**23.7**																

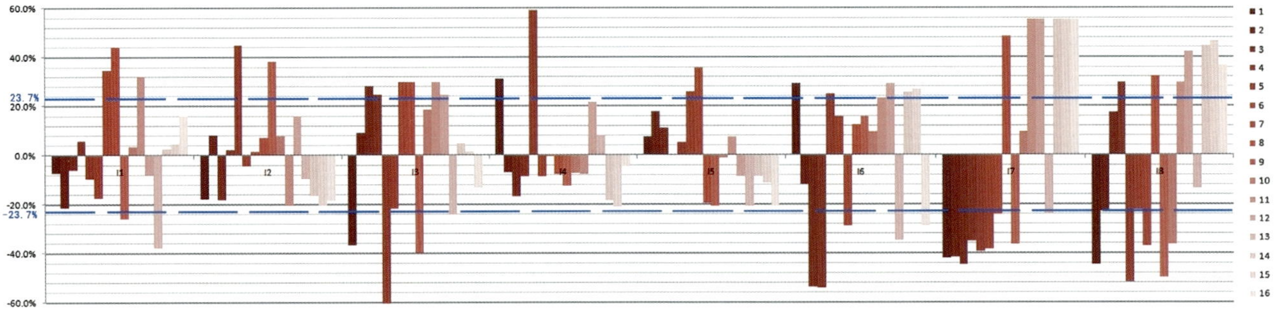

圖5–2–17 澳門離島I1–I8典型樣方內小樣方的城市綠地率差值分析圖

澳門離島I1–I8典型樣方內小樣方的公園綠地率差值統計 (%)　表5–2–12

典型樣方	1	2	3	4	5	6	7	8	9	10	11	12	13	14	15	16	均值
I1	14.4	2.9	-3.2	3.8	-3.2	10.2	-3.2	-3.2	-3.2	-2.1	-3.2	-3.2	-3.2	-3.2	3.2	-3.2	4.3
I2	-3.7	-3.7	-3.4	4.9	-3.7	1.6	12.9	-3.7	-3.7	23.2	-3.7	-3.7	-3.7	-2.5	-3.7	-3.7	5.3
I3	-4.9	33.7	90.7	82.0	-5.5	40.6	94.5	94.5	9.1	83.6	94.5	78.3	19.8	18.7	66.0	4.3	51.3
I4	-5.5	0.3	-4.2	4.1	-5.5	-5.5	-5.5	-4.7	-2.6	-5.5	0.1	22.0	23.5	-3.9	-5.5	-1.8	6.3
I5	-10.0	-10.5	-7.1	-10.5	6.6	32.7	40.1	-9.2	-10.5	-10.5	12.5	1.7	-10.5	1.7	-5.9	-10.5	11.9
I6	41.6	18.5	-9.7	-9.7	8.2	18.6	-9.7	-9.7	2.9	-0.6	-9.7	-9.7	0.5	-9.7	-9.7	-9.7	11.1
I7	-23.9	-21.7	-23.9	-14.8	-23.9	-23.9	-3.6	66.3	-23.9	-21.5	62.0	31.6	-23.9	-17.8	20.9	43.0	27.9
I8	-19.5	-16.6	-18.7	5.0	-19.0	-17.3	-19.5	-19.5	-16.0	-6.5	37.8	-0.8	-3.3	60.0	61.5	-8.1	20.6
平均差值	**17.3**																

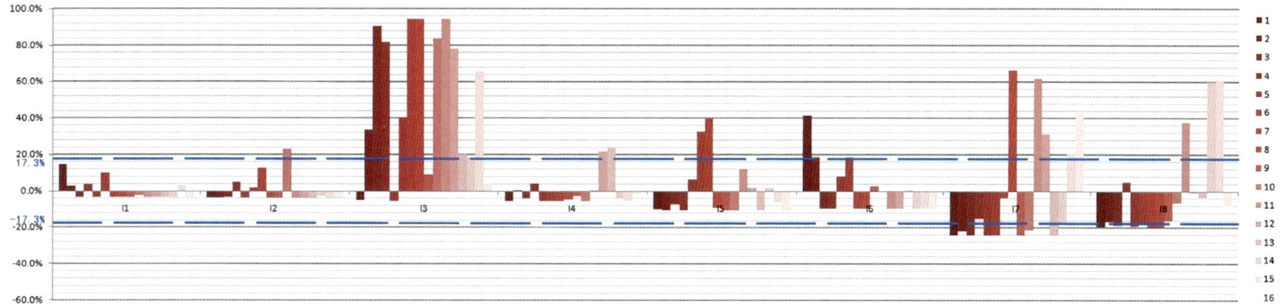

圖5-2-18 澳門離島I1-I8典型樣方內小樣方的公園綠地率差值分析圖

由表5-2-11、圖5-2-17分析澳門離島典型樣方的城市綠地率差值可知：

① 澳門離島8個典型樣方的城市綠地率差值的均值為23.7%；

② 樣方I1、I2、I4和I5中各小樣方的城市綠地率與其所在樣方的平均綠地率差值在20%以下，說明這些樣方的城市綠地佈局較均勻；

③ 樣方I3、I6中各小樣方的城市綠地率與其所在樣方的平均綠地率差值在20%-30%之間，說明這些樣方的城市綠地佈局不太均勻；

④ 典型樣方I7和I8中各小樣方的城市綠地率與其所在樣方的平均綠地率差值在30%以上，說明這些樣方的城市綠地佈局極不均勻。

由表5-2-12、圖5-2-18分析澳門離島典型樣方的公園綠地率差值可知：

① 澳門離島8個典型樣方的公園綠地率差值的均值為17.3%；

② 樣方I1、I2、I4中各小樣方的公園綠地率與其所在樣方的平均綠地率差值在10%以下，說明這些樣方公園綠地佈局較均勻；

③ 樣方I5和I6中各小樣方的公園綠地率與其所在樣方的平均綠地率差值在10%以上，說明這些樣方的公園綠地佈局不太均勻；

④ 典型樣方I3、I7和I8中各小樣方的公園綠地率與其所在樣方的平均綠地率差值在20%以上，其中I3差值的均值更高達51.3%，說明以上樣方內公園綠地的分佈極不均勻。

綜上所述，在澳門離島典型樣方中，北安及大潭山區和路環區東部及南部的綠地率較高。氹仔中心區與大學及北安灣區和氹仔舊城及馬場區東部的綠地率相對較低。其中，路環區西部的綠地分佈不夠均勻。

5.3 綠地服務等距線研究

5.3.1 研究目標

本項研究所定義的“綠地服務等距線”，特指以公園綠地邊界爲基準按相同距離外延擴展的範圍邊界線。它直接反映了公園綠地的有效服務範圍。研究公園綠地服務等距線，可以衡量公園綠地的服務水平及其佈局的合理性(圖5-3-1)。

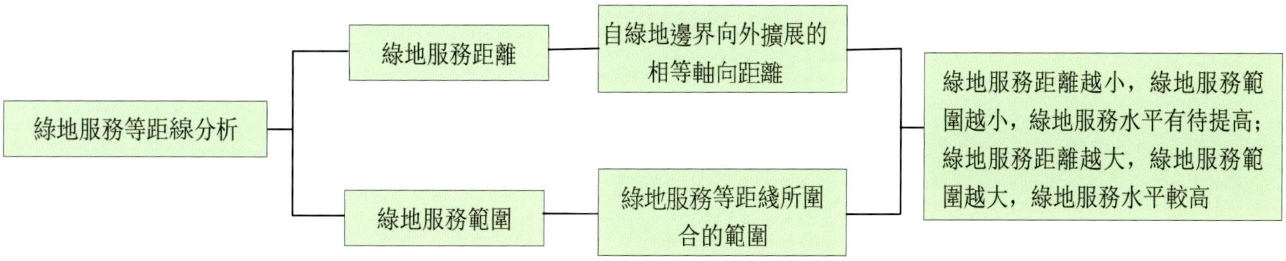

圖5-3-1 綠地服務等距線分析過程

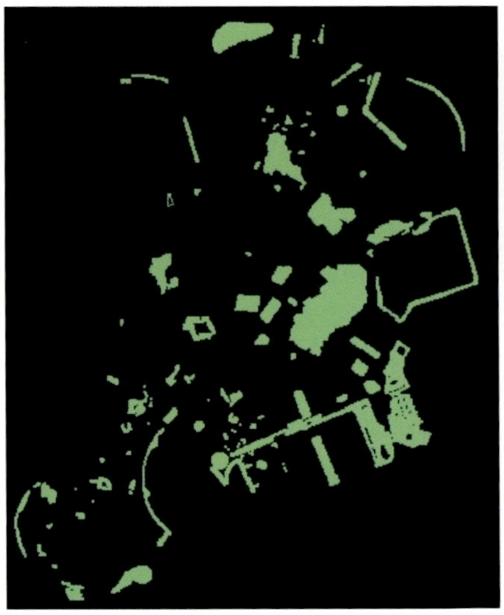
圖5-3-2 公園綠地邊界方格向量化

圖5-3-3 100m等距線服務範圍

圖5-3-4 200m等距線服務範圍

5.3.2 技術方法

本項研究在網格分析法的基礎上，分別選用100m和200m的綠地服務等距線，對澳門所有公園的綠地邊界作外延擴展，求出其服務範圍進行分析。具體操作步驟如下：

① 運用AutoCAD軟件，將澳門公園綠地現狀圖與10m×10m的方格網進行疊加，對澳門公園綠地進行方格向量化處理(圖5-3-2)。

② 將每個方格向量化的公園綠地邊界分別以100m和200m為基準進行等距的外延擴展，擴展後將同一等距線範圍內的相交部分整合為同一閉合邊界線，分別得到澳門公園綠地100m等距線服務範圍(圖5-3-3)和200m等距線服務範圍(圖5-3-4)。

③ 通過AutoCAD軟件對不同等距線的綠地服務範圍進行面積量算，將數據輸入Excel 2007表格，得到澳門公園綠地等距線服務範圍統計表和澳門公園綠地等距線服務範圍分析圖。

5.3.3 分析結論

(1) 澳門半島

圖5-3-5 澳門半島公園綠地等距線服務範圍分析圖

澳門半島公園綠地等距線服務範圍統計　　表5-3-1

項目	面積(km^2)	覆蓋率(%)
公園綠地範圍	1.1	12.0
100m 等距線服務範圍	7.1	76.6
200m 等距線服務範圍	9.0	97.0
半島範圍	9.3	100.0

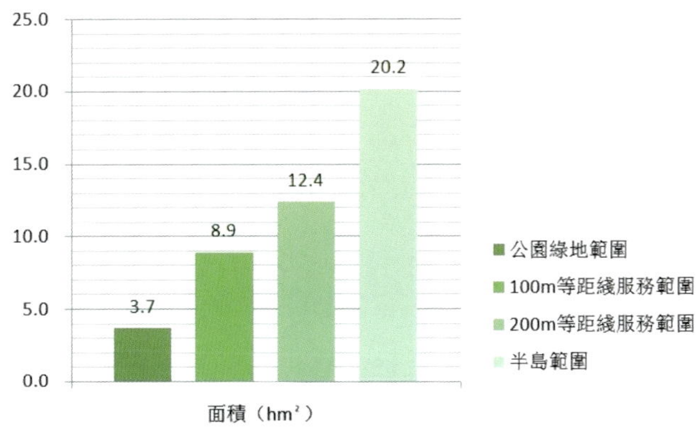

圖5-3-6 澳門半島公園綠地等距線服務範圍柱狀分析圖

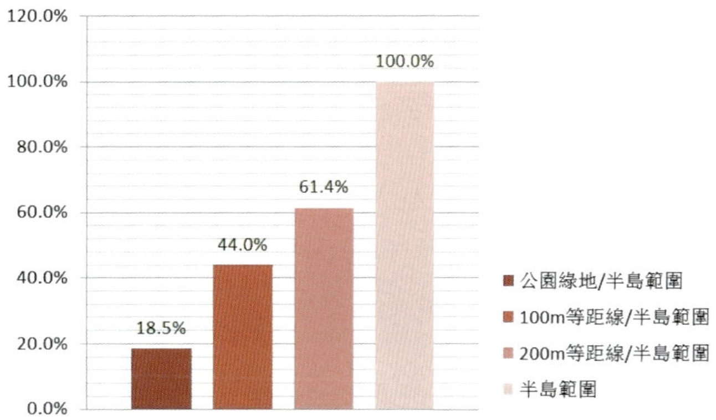

圖5-3-7 澳門半島公園綠地等距線範圍覆蓋率分析柱狀圖

由圖5-3-5、圖5-3-6、圖5-3-7、表5-3-1對澳門半島公園綠地等距線服務範圍的分析可知：

① 現狀公園綠地面積佔澳門半島面積的12.0%。

② 當公園綠地服務距離為100m時，其服務範圍為7.1 km^2，佔澳門半島面積的76.6%。其中，高士德及雅廉訪區、新橋區、下環區為公園綠地服務盲區[1]。

③ 當公園綠地服務距離為200m時，其服務範圍為9.0km^2，佔澳門半島面積的97.0%，基本覆蓋了澳門半島城區地域；但是高士德及雅廉訪區的中部仍為公園綠地的服務盲區。

由上述分析可見，當綠地服務距離設定為200m時，公園綠地的服務範圍可基本覆蓋半島全境，達到市民出家門200m內進公園的服務水準，這在世界超高人口密度的城市裏是比較罕見的。不過，澳門半島的局部地區仍存在着公園綠地服務盲區，需要在今後綠地系統的規劃建設中予以改善。

(2) 澳門離島

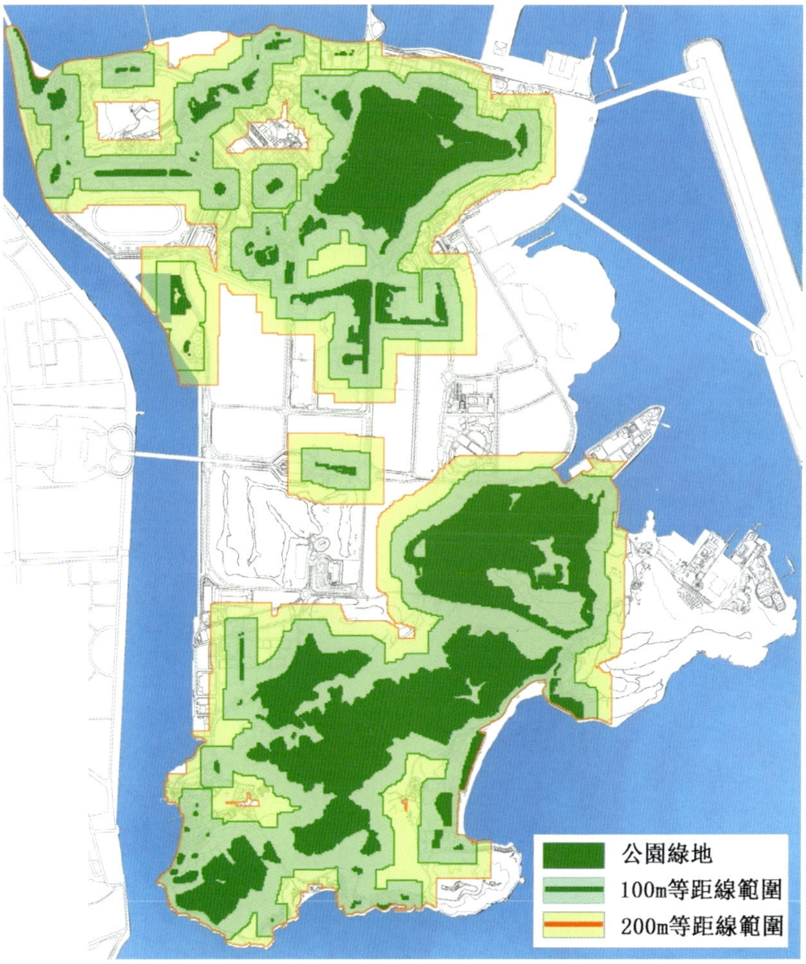

圖5-3-8 澳門離島公園綠地等距線服務範圍分析圖

❶公園綠地服務盲區，指公園綠地200m服務等距線範圍內未能覆蓋的區域。

澳門離島公園綠地等距線服務範圍統計　表5-3-2

項目	面積(km²)	覆蓋率(%)
公園綠地範圍	3.7	18.5
100m 等距線服務範圍	8.9	44.0
200m 等距線服務範圍	12.4	61.4
離島範圍	20.2	100.0

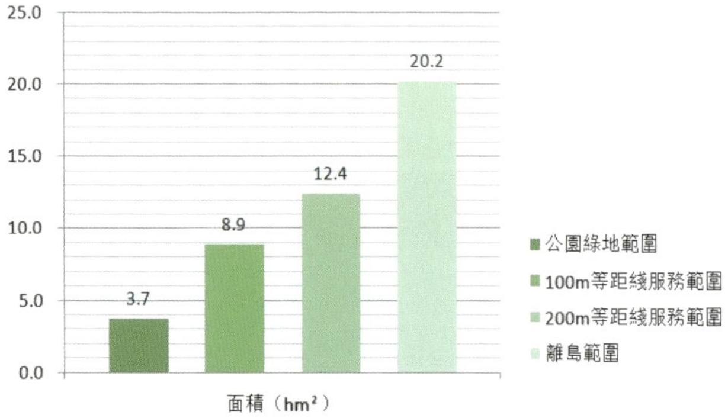

圖5-3-9 澳門離島公園綠地等距線服務範圍分析柱狀圖

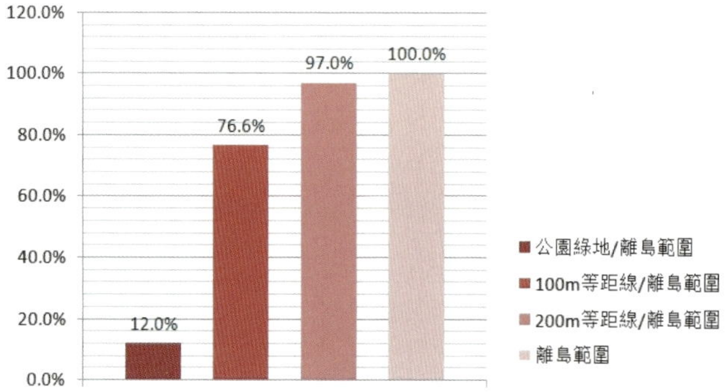

圖5-3-10 澳門離島公園綠地等距線範圍覆蓋率分析柱狀圖

由圖5-3-8、圖5-3-9、圖5-3-10、表5-3-2對澳門離島公園綠地等距線服務範圍的分析可知：

① 現狀公園綠地總面積佔澳門離島面積的18.5%；

② 當公園綠地服務距離為100m時，其服務範圍為8.9km²，佔離島面積的44.0%。其中，路環東部、氹仔澳門大學為公園綠地服務盲區。

③ 當公園綠地服務距離為200m時，其服務範圍為12.4km²，佔離島面積的61.4%。其中，氹仔中心區的中部為公園綠地服務盲區。

由上述分析可見，當綠地有效服務距離為200m時，公園綠地的服務範圍尚未能覆蓋離島全境。由於離島上的居民點分佈較為分散稀疏，公園綠地的服務範圍也基本上覆蓋了已有的城市居民區。路氹填海區尚未完全開發建設，暫時未分佈有居民點，仍為公園綠地服務盲區。在下一步的綠地系統規劃建設中，應配合其土地開發進程，加強公園綠地的建設。

5.4 綠地實用可達性研究

5.4.1 研究目標

可達性(accessibility)，一般指人們克服距離、交通等阻力(impendence)到達一個服務設施或活動場所的願望和能力的定量表述，是衡量城市服務設施空間佈局合理性的重要標準之一[1]。公園綠地的實用可達性，一般反映了市民和遊客克服空間距離障礙到達公園綠地的難易程度，體現了公園綠地服務的便利程度(圖5-4-1)。

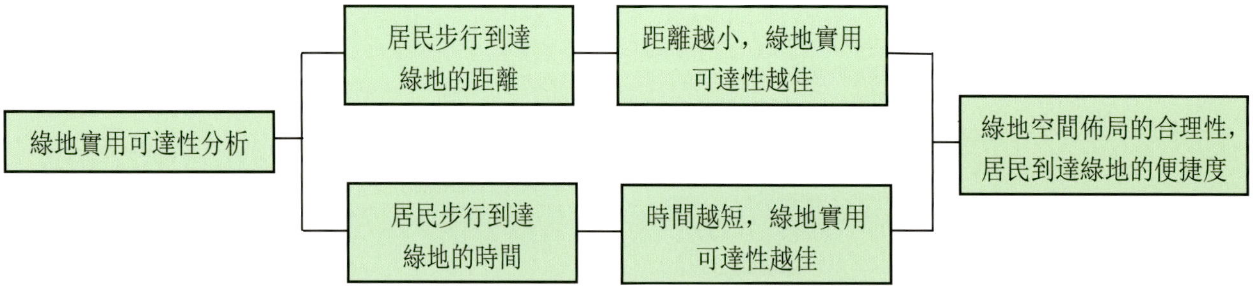

圖5-4-1 綠地實用可達性分析過程

[1] Herzele A.V. Wiedemann T. A Monitoring Tool for the Provision of Accessible and Attractive Urban Green Spaces. Landscape and Urban Planning,2003(63).

5.4.2 技術方法

本項研究在網格分析法的基礎上，對澳門公園綠地的可達性進行分析，研究澳門公園綠地空間佈局的合理性以及城市居民到達公園綠地的便利程度。具體步驟如下：

① 在澳門全境的AutoCAD測繪地圖中，用50m×50m的網格覆蓋，將其中的公園綠地作向量化處理，作出澳門公園綠地現狀向量分析工作底圖。

② 將澳門公園綠地現狀向量分析工作底圖與澳門城市下墊面景觀格局分析圖(含道路交通網絡和居民點分佈等信息)疊加，量算從居民點克服交通阻力到達公園綠地的最短距離。

③ 按最小交通成本的原則，以遊人步行至公園綠地的最短向量距離為路線，將公園綠地實用可達性分為5個等級：

I: 步行距離不大於 50m(1min)；

II: 步行距離 50-150m(1-3min)；

III: 步行距離 150-250m(3-5min)；

IV:步行距離250-500m(5-10min);

V:步行距離500-750m(10-15min)。

④ 將相關統計數據輸入Excel 2007表格，作出澳門公園綠地實用可達性統計表和澳門公園綠地實用可達性分析圖。

5.4.3 分析結論

(1) 澳門半島

通過對澳門半島公園綠地實用可達性的分析可知：

① 在澳門半島，城市居民從城區中任何一點出發，到達區域內最近的公園綠地所需的時間均在15min之內，且步行距離不超過750m(圖5-4-2)。

② 其中，步行距離為不大於50m(1min)的所佔比例較大；而步行距離為500-750m (10-15min)的所佔比例較小(表5-4-1)。

③ 從澳門半島的城市分區來看，人均公園綠地面積較高的有外港及南灣湖新填海區、東望洋區(松山區)和望廈及水塘區。這些區域的公園綠地可達性也相應比較好，均高於平均水平(表5-4-2)。

④ 從澳門半島的人口密度分區來看，在高密度城區中公園綠地可達性較好的有黑沙環及祐漢區、筷子基區、林茂塘區；公園綠地可達性較差的有高士德及雅廉訪區、新橋區、下環區；而在低密度城區中的公園綠地可達性普遍較好。

從上所述可知，澳門半島低密度城區的公園綠地佈局較合理，可達性較好；而高密度區域如高士德及雅廉訪區、新橋區、下環區的公園綠地可達性較差。

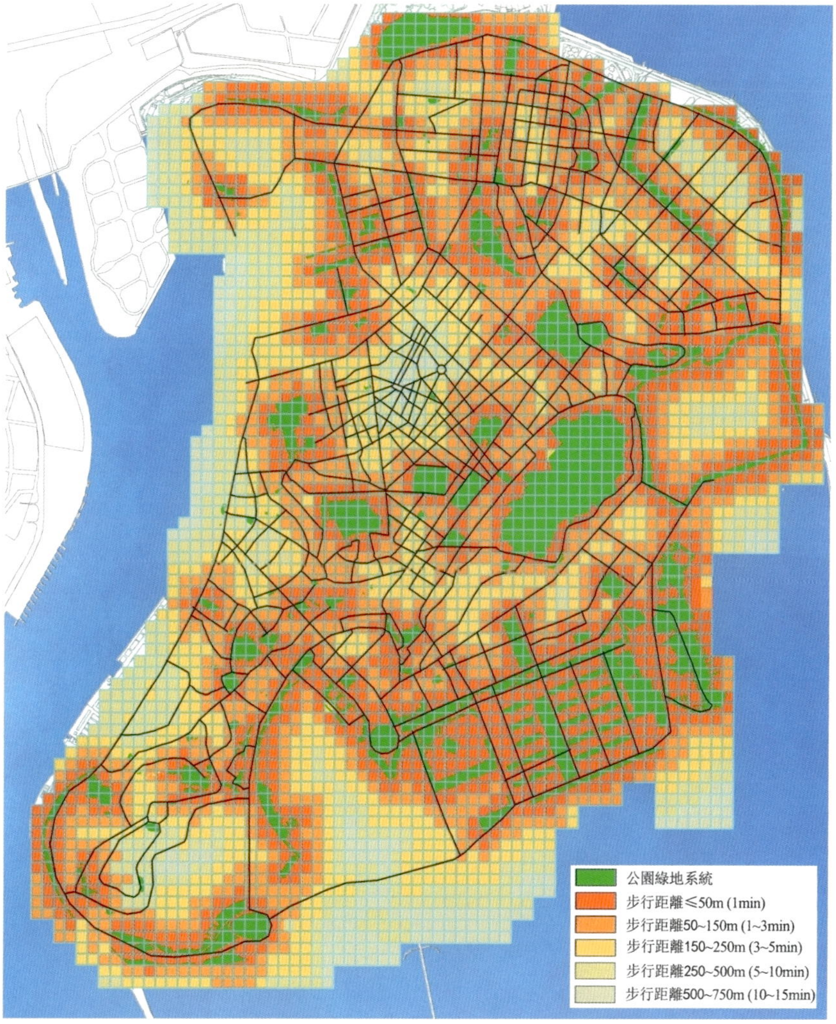

圖5-4-2 澳門半島公園綠地實用可達性分析圖

澳門半島公園綠地實用可達性統計　表5-4-1

項目	面積(km^2)	覆蓋率(%)
步行距離不大於50m(1min)範圍	4.6	42.2
步行距離 50-150m(1-3min)範圍	2.7	24.8
步行距離 150-250m(3-5min)範圍	2.0	18.3
步行距離 250-500m(5-10min)範圍	1.1	10.1
步行距離 500-750m(10-15min)範圍	0.4	3.7
合計	10.8	100.0

澳門半島分區公園綠地實用可達性比較　表5-4-2

分區	人口密度(人/km^2)	公園面積(hm^2)	人均公園面積(m^2/人)	不同步行距離範圍覆蓋率(%)				
				步行距離不大於50m(1min)	步行距離50-150m(1-3min)	步行距離150-250m(3-5min)	步行距離250-500m(5-10min)	步行距離500-750m(10-15min)
青洲區	24,429	1.2	1.3	32.9	32.9	24.5	9.7	0
台山區	95,129	5.6	1.5	39.2	30.1	28.7	2.1	0
黑沙環及祐漢區	162,785	2.4	0.3	56.7	32.3	11.0	0	0
黑沙環新填海區	85,054	1.1	0.2	32.5	36.7	20.4	10.4	0
望廈及水塘區	22,341	12.3	5.2	57.7	26.5	12.0	3.8	0
筷子基區	116,399	2.0	0.7	57.8	24.4	12.2	5.6	0
林茂塘區	107,522	1.0	0.5	47.5	23.8	25.0	3.8	0
高士德及雅廉訪區	115,244	0.1	0.0	10.7	28.6	41.7	19.0	0
新橋區	149,881	0.3	0.1	11.4	25.0	37.9	19.7	6.1
沙梨頭及大三巴區	70,419	4.9	1.7	35.0	30.0	21.3	13.8	0
荷蘭園區	87,826	3.2	1.3	42.9	45.5	11.6	0	0
東望洋區(松山區)	19,644	13.0	19.0	78.0	20.6	1.4	0	0
新口岸區	19,216	3.9	3.4	42.4	38.2	18.5	0.8	0
外港及南灣湖新填海區	4,766	29.1	33.6	61.9	14.1	14.8	6.8	2.5
中區	44,458	3.7	1.5	39.4	31.5	24.5	4.6	0
下環區	76,887	2.1	0.6	22.1	23.2	25.8	28.9	0
南西灣及主教山區	29,765	3.1	2.7	34.4	35.0	19.6	11.0	0
均值	**53,442**	**5.2**	**4.3**	**41.3**	**29.3**	**20.6**	**8.2**	**0.5**

(2) 澳門離島

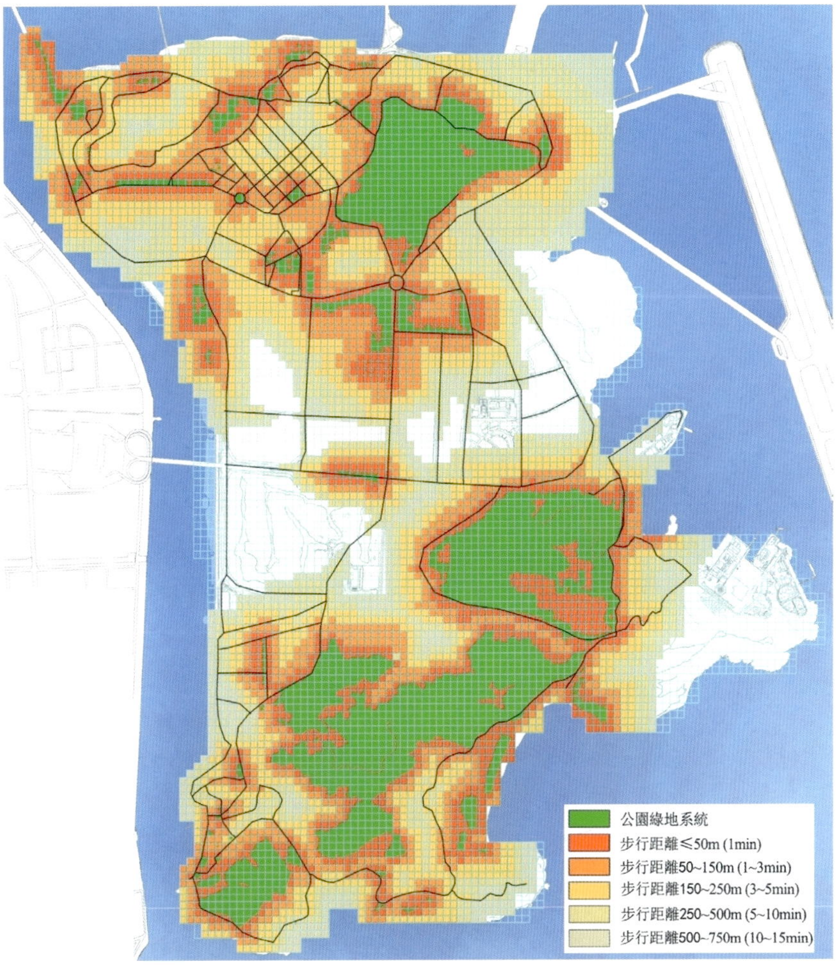

圖5-4-3 澳門離島公園綠地實用可達性分析圖

通過對澳門離島公園綠地實用可達性的分析可知：

① 在澳門離島，居民到達區域內最近的公園綠地所需的時間均在15min之內，步行距離不超過750m(圖5-4-3)。

②其中，步行距離為不大於50m(1min)的所佔比例較大；而步行距離為500-750m (10-15min)的所佔比例較小(表5-4-3)。

③ 從離島分區看，人均公園綠地面積較高的有路環區和北安及大潭山區。相應這些區域的可達性也比較好，均高於澳門半島公園綠地可達性的平均水平(表5-4-4)。

從上所述可知，澳門離島各分區的可達性比較平均，相對較差的僅有兩個分區，即海洋及小潭山區和氹仔舊城及馬場區。

澳門離島公園綠地實用可達性統計　　表5-4-3

項目	面積(km^2)	覆蓋率(%)
步行距離不大於 50m(1min)範圍	6.4	37.6
步行距離 50-150m(1-3min)範圍	3.1	18.2
步行距離 150-250m(3-5min)範圍	3.5	20.6
步行距離 250-500m(5-10min)範圍	2.7	15.9
步行距離 500-750m(10-15min)範圍	1.4	8.2
合計	17.1	100.0

澳門離島分區公園綠地實用可達性比較　表5-4-4

分區	人口密度($人/km^2$)	公園面積(hm^2)	人均公園面積(m^2)	不同步行距離範圍覆蓋率(%)				
				步行距離不大於50m (1min)	步行距離50-150m (1-3min)	步行距離150-250m (3-5min)	步行距離250-500m (5-10min)	步行距離500-750m (10-15min)
海洋及小潭山區	15,844	2.1	2.1	17.8	28.3	38.4	13.2	2.3
氹仔中心區	48,123	5.6	1.2	25.9	36.1	27.2	10.8	0
大學及北安灣區	10,536	1.3	2.4	23.4	31.6	31.1	13.9	0
北安及大潭山區	1,868	70.2	180.5	48.7	12.7	17.4	17.7	3.5
氹仔舊城及馬場區	3,472	5.8	13.5	24.9	21.7	31.7	16.5	5.2
路環區	452	239.9	696.0	55.6	15.4	13.6	9.0	6.4
均值	**5,521**	**54.1**	**149.3**	**32.7**	**24.3**	**28.9**	**13.3**	**3.2**

5.5 綠地系統空間規劃要點

綜上所述，從景觀格局的綠地空間形態分析，未來澳門綠地系統空間佈局的規劃主要體現在以下三點(圖5-5)：

① 保護生態綠塊：

對於澳門城市綠地中受人為因素的影響較弱的自然山林、濕地等生態斑塊，除了要提升環境品質的綜合作用外，還應採取有效的保護措施。在充分考慮滿足新增城市居住人口的綠地配套需求的基礎上，利用郊野公園和生態保護綠地構建生態屏障，控制建築用地的無序擴張，保持居住建築面積與園林綠地面積同步增長。

② 發展沿海綠道：

澳門有豐富的海岸線資源，澳門可利用這些海岸線，建設海濱綠帶步道，將新設的步行休憩空間與現有的海岸線串聯，聯結現有的多個景點及旅遊資源，如漁人碼頭、科學館、觀音苑、旅遊塔、西灣湖、媽閣廟，將新城和舊城區連接起來。在建設過程中，還應根據不同區位及需要增置新設施，如設置旅遊區及生活區等，透過不同的接點，使居民、遊客可享受極具活力的海濱綠化步行區。

此外，在結合生態保護的目標營造綠化景觀的同時，將現有的海岸紅樹林種植區域擴展延伸，盡量覆蓋尚未開發使用的生活岸線，形成海岸生態景觀區，最終能建成約80m寬的環島生態綠廊，形成澳門的“翡翠項鏈”。

③ 優化街區綠點：

澳門半島上還有一些空地和未建設用地，應精打細算地加以利用，鼓勵因地制宜、見縫插綠，並在原有基礎上提高綠地的景觀質量，實現城區綠地的精品化。

通過上述研究分析，歸納澳門城市綠地系統空間佈局的規劃要點如下。

(1) 半島地區

澳門半島雖為超高密度的城市空間，但居住建築用地與休閒遊憩綠地的交叉融合佈局較爲合理，可基本滿足市民遊憩生活對綠地的需求，提供較為宜人的居住環境。在居民點高度密集的區域，雖然綠地率不高但綠塊的空間分佈較爲均勻；而在居民點較疏的區域綠地率較高，整體綠地佈局表現出“大疏大密” 的特點。今後，澳門半島的綠

圖5-5 澳門城市綠地系統空間佈局結構規劃圖

化規劃建設要注意將尚存的部分未建設空地主要用於園林綠化，為市民提供更多的戶外遊憩空間，如將半島上最後一塊較大的未建設綠地——青洲山開闢為公園。同時，要積極發展立體綠化，力爭在集約用地的前提下提高城市景觀的綠視率。

(2) 離島地區

澳門離島的氹仔和路環市區距離半島的高密度城區較遠，人口和建築密度相對較低，城市綠地基本以自然山林、濕地等景觀為主，受人為因素的影響較弱。同時，因離島的綠化建設起步較晚，尚缺乏設施配套齊全的大型市政公園。因此，未來澳門離島的綠地系統空間佈局，應充分考慮新增城市居住人口的綠地配套需求，利用郊野公園和生態保護綠地構建生態屏障，控制建築用地的無序擴張，保持居住建築面積與園林綠地面積同步增長。

(3) 海岸生態景觀區

澳門半島和離島均有豐富的海岸線資源，未來應結合生態保護的目標營造綠化景觀，將現有的海岸紅樹林種植區域(生態一區、二區)擴展延伸，盡量覆蓋尚未開發使用的生活岸線，形成海岸生態保護區，兼顧市民遊憩活動之需。

(4) 路氹填海開發區

位於離島填海區域的路氹城地區開發建設較晚，相對缺乏綠化。今後，路氹城將成為新建大型國際娛樂城和新開發居民點的主要地區，需要通過合理的規劃，配套建設完善的片區綠地系統以適應城市發展的需求。

(5) 澳門大學橫琴校區

2010年起步建設的澳門大學橫琴校區，是未來澳門的科技教育中心和人才培養基地，也是貫徹“一國兩制”原則、拓展澳門城市發展空間的創新之舉。澳門大學橫琴校區的發展要超前做好校園總體規劃，全面落實“綠地優先”、“生態優先”的先進建設理念，營造花園式、國際化、環境一流的大學園區。

(6) 世界文化遺產街區

以大三巴牌坊、媽閣廟等古建築街區為主體的澳門歷史城區，已被聯合國教科文組織批准列入世界文化遺產名錄，成為澳門及世界人民的寶貴財富，也是澳門發展國際旅遊觀光業的重要景觀資源。因此，對澳門歷史城區內的各類綠地要嚴格加以保護和維修，禁止任何破壞行為。要妥善維護歷史街區內現存的古樹名木、大樹和綠地，盡量修復歷史建築和街區原有的庭院與花園綠地。如新修復的遺產建築——鄭家大院，就應盡快在考古研究的基礎上復原建築後院花園，還澳門園林的歷史真實價值。在世界文化遺產街區內，不宜佈局、新建現代風格的公園綠地。

(7) 新填海區

澳門新規劃的5塊填海區土地約350hm^2，東臨珠海情侶路，與南邊的澳氹相望，均在十字門水道之畔。這些填海區，將為澳門增加20多公里的優質海岸線資源。今後規劃應盡可能利用填海區岸線建設濱海綠道，形成環島生態綠廊，並使之與珠海情侶路和十字門中央商貿區的綠地相呼應，融入珠三角綠道網，成為澳門居民享受健康生活的新型休閒空間。

新填海區建設將帶動澳門現有交通條件的改善。要積極協調港珠澳大橋人工島的設計，城市路網建設需考慮盡可能聯接所有口岸，努力打造海濱綠色長廊，讓澳門能更好地融入區域合作的大尺度生態綠地網絡。

在新填海區的規劃中，應預留適量的土地發展有利於經濟多元化進程的相關產業。區內公共設施、綠化空間、基建等規劃用地不應低於總用地的50%；要充分考慮滿足填海區新增城市居住人口的配套綠地需求，新增綠地不應低於城市用地的30%。同時，要注意在新城中建設類型齊全的休閒遊憩綠地，滿足市民需求。

附圖集B——分析圖

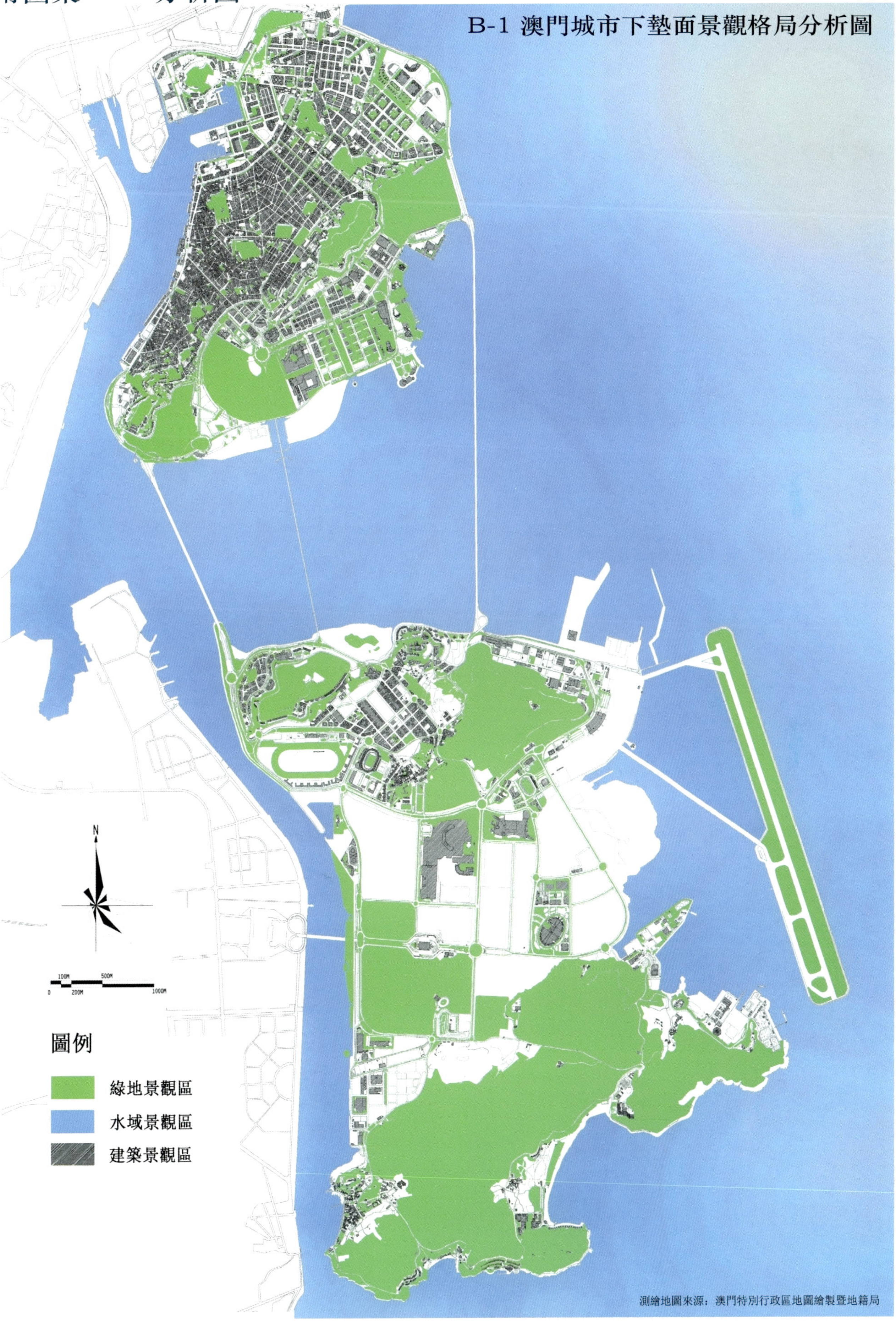
B-1 澳門城市下墊面景觀格局分析圖
N
100M
500M
0
200M
1000M
圖例
綠地景觀區
水域景觀區
建築景觀區
測繪地圖來源：澳門特別行政區地圖繪製暨地籍局

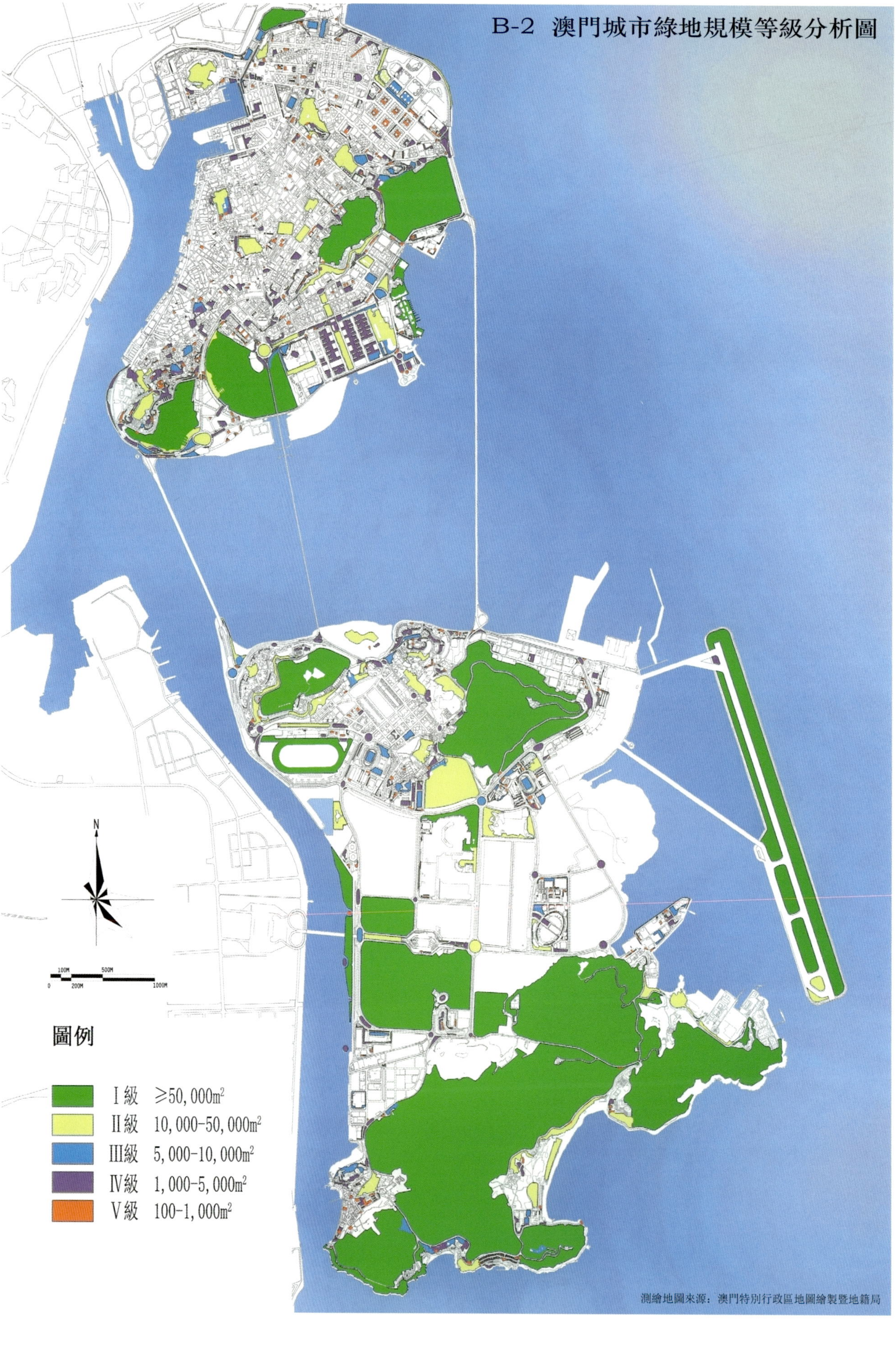
B-2 澳門城市綠地規模等級分析圖
N
100M 500M
0 200M 1000M
圖例
I級 ≥50,000m²
II級 10,000-50,000m²
III級 5,000-10,000m²
IV級 1,000-5,000m²
V級 100-1,000m²
測繪地圖來源：澳門特別行政區地圖繪製暨地籍局

B-3 澳門休憩綠地規模等級分析圖

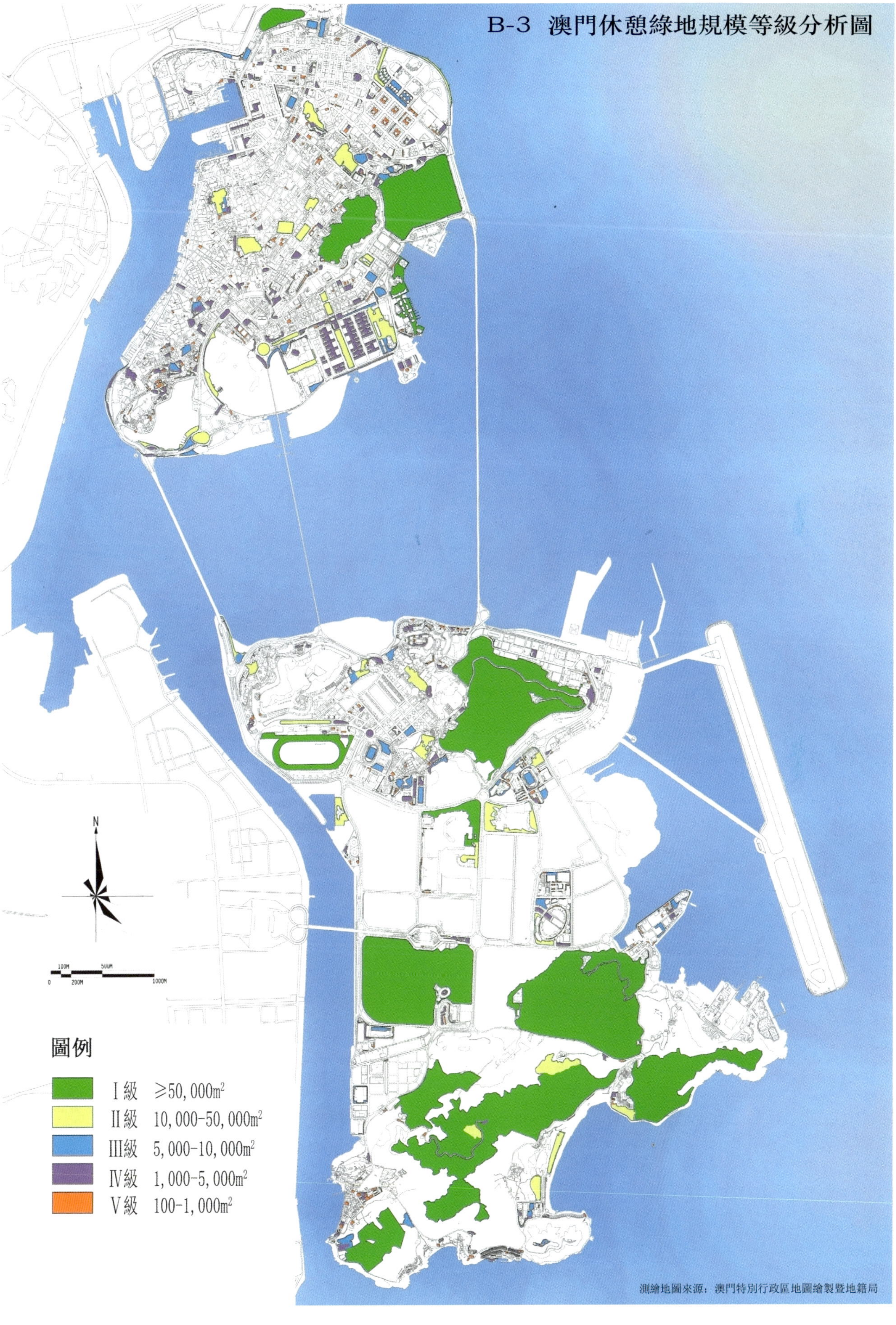

測繪地圖來源：澳門特別行政區地圖繪製暨地籍局

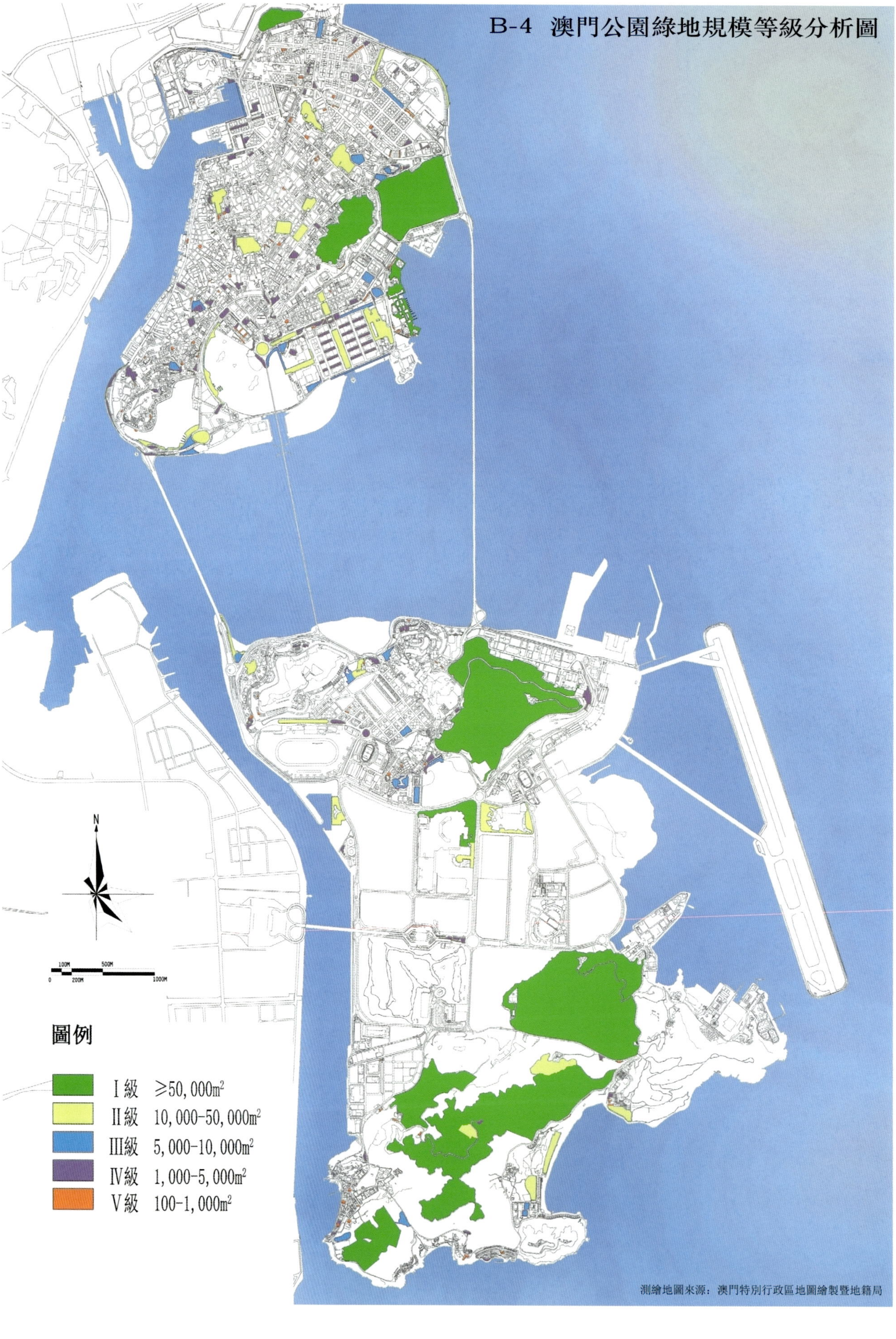
B-4 澳門公園綠地規模等級分析圖
N
100M 500M
0 200M 1000M
圖例
I級 ≥50,000m²
II級 10,000-50,000m²
III級 5,000-10,000m²
IV級 1,000-5,000m²
V級 100-1,000m²
測繪地圖來源：澳門特別行政區地圖繪製暨地籍局

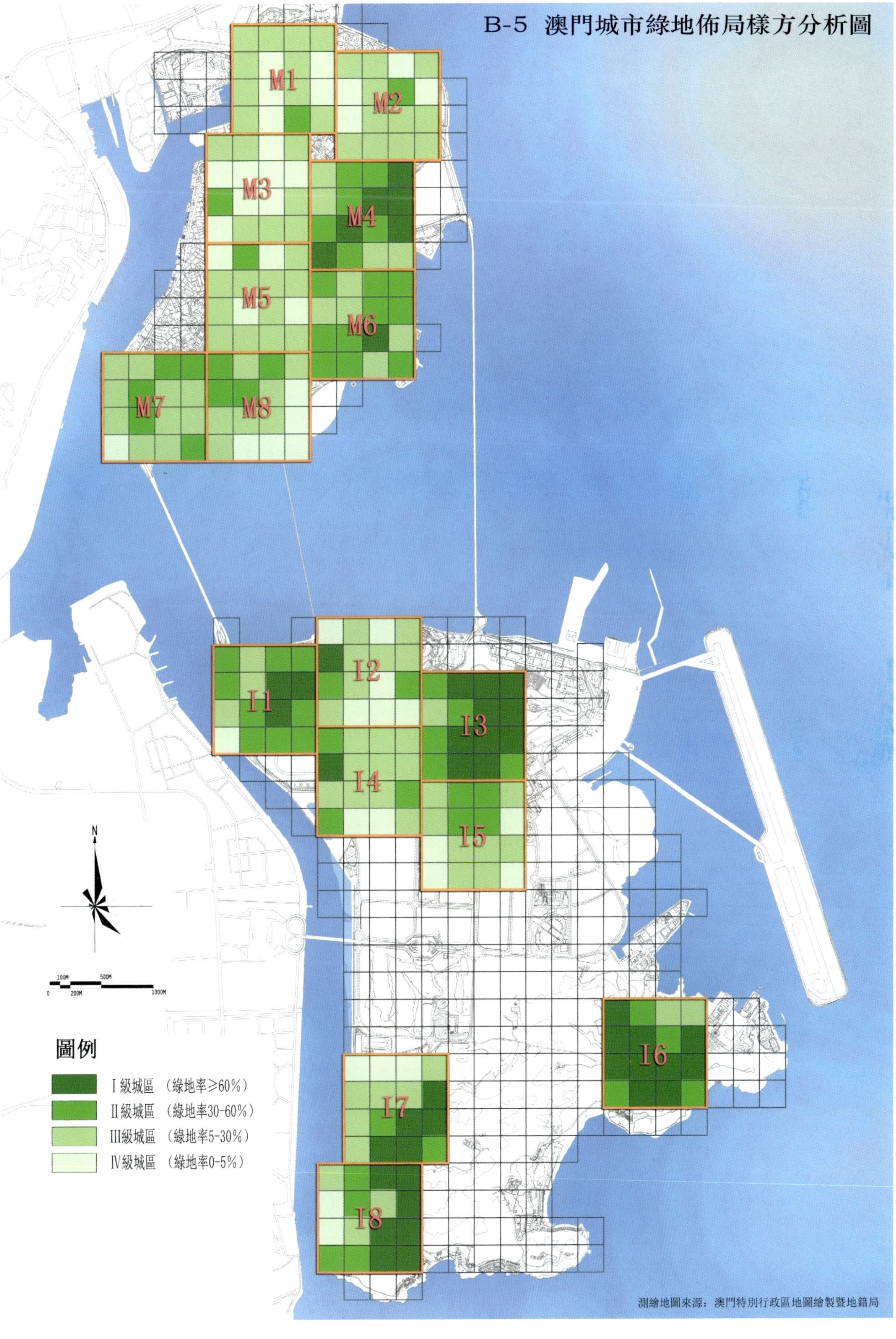
B-5 澳門城市綠地佈局樣方分析圖
M1
M2
M3
M4
M5
M6
M7
M8
I1
I2
I3
I4
I5
I6
I7
I8
N
100M
500M
0
200M
1000M
圖例
I級城區 （綠地率≥60%）
II級城區 （綠地率30-60%）
III級城區 （綠地率5-30%）
IV級城區 （綠地率0-5%）
測繪地圖來源：澳門特別行政區地圖繪製暨地籍局

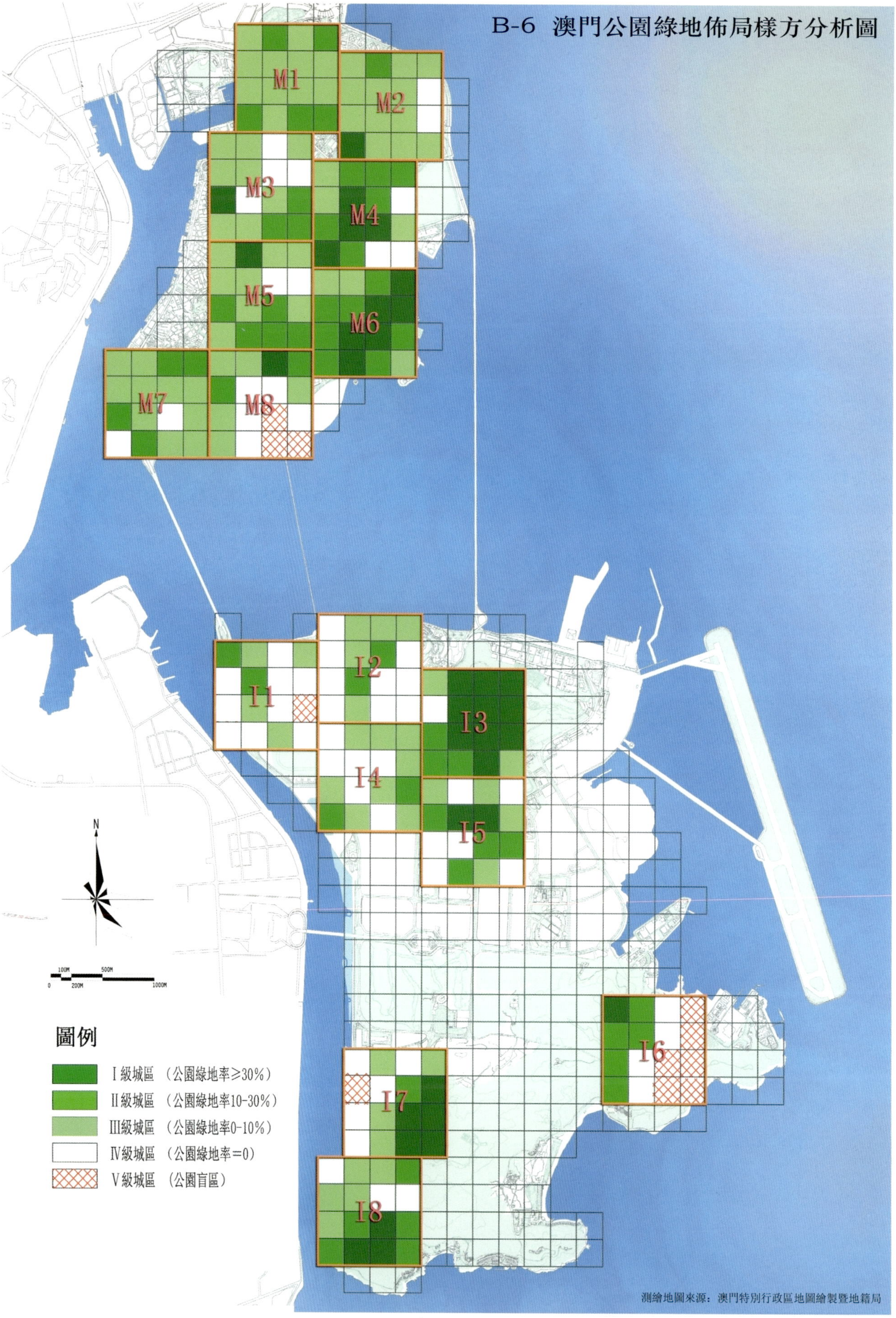
B-6 澳門公園綠地佈局樣方分析圖
M1
M2
M3
M4
M5
M6
M7
M8
I1
I2
I3
I4
I5
I6
I7
I8
N
100M 500M
0 200M 1000M
圖例
I級城區 （公園綠地率≥30%）
II級城區 （公園綠地率10-30%）
III級城區 （公園綠地率0-10%）
IV級城區 （公園綠地率=0）
V級城區 （公園盲區）
測繪地圖來源：澳門特別行政區地圖繪製暨地籍局

B-7 澳門公園綠地服務距離分析圖
N
100M
500M
0
200M
1000M
圖例
公園綠地
100m等距線範圍
200m等距線範圍
測繪地圖來源：澳門特別行政區地圖繪製暨地籍局

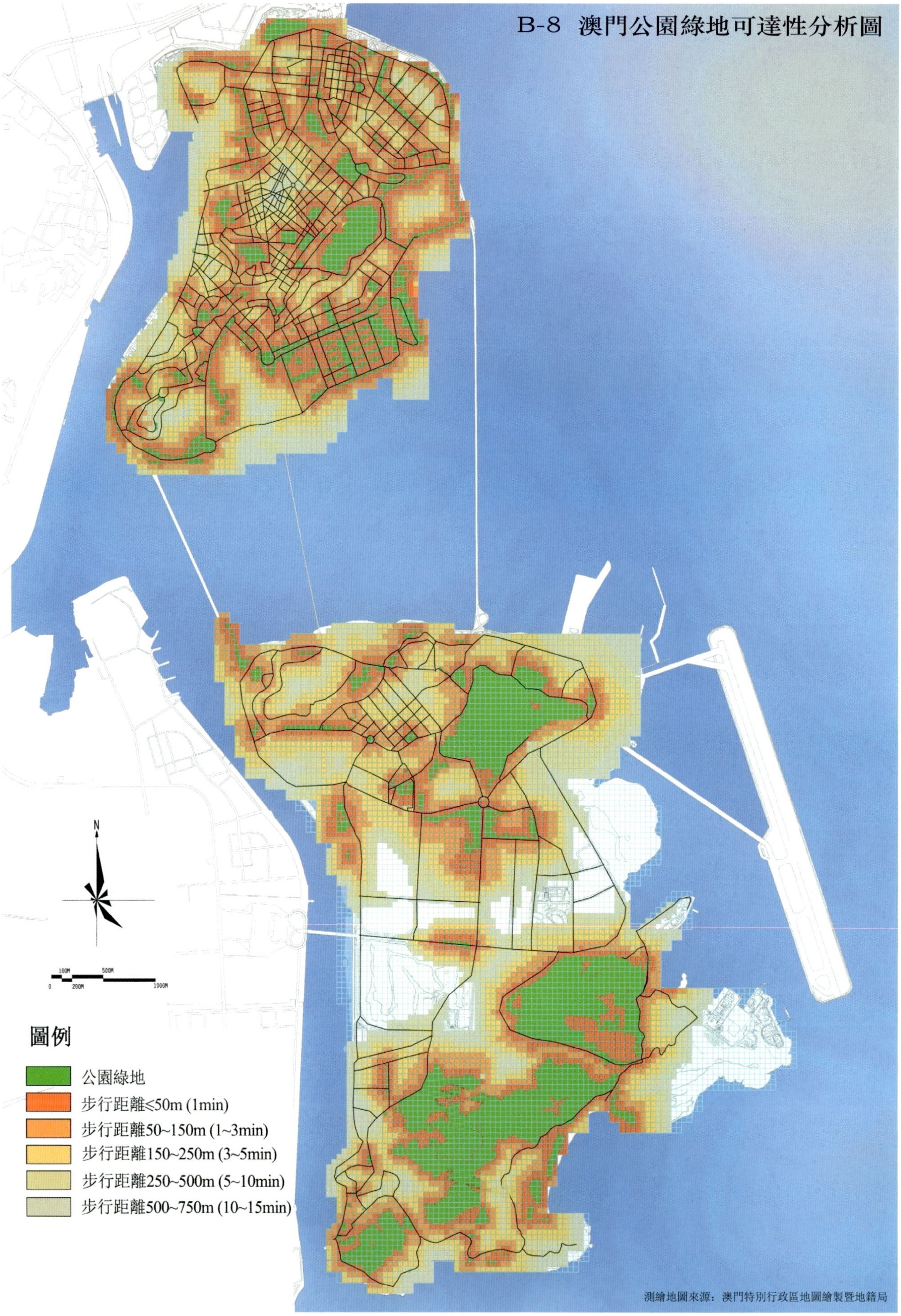
B-8 澳門公園綠地可達性分析圖
N
100M 500M
0 200M 1000M
圖例
公園綠地
步行距離≤50m (1min)
步行距離50~150m (1~3min)
步行距離150~250m (3~5min)
步行距離250~500m (5~10min)
步行距離500~750m (10~15min)
測繪地圖來源：澳門特別行政區地圖繪製暨地籍局

第六章
Chapter six
澳門城市綠地系統規劃指標研究

第六章　澳門城市綠地系統規劃指標研究

6.1 城市人口增量配套綠地規劃指標

6.1.1 指標函數確定

(1) 本項研究用以下代號表示相應的函數名稱(表6-1-1)：

各函數名稱的代號　表6-1-1

面積指標(hm^2)				人口指標	
名稱	代號	名稱	代號	名稱	代號
澳門全境	$S_{總}$	城市綠地	A	澳門全境人口總數(人)	$R_{總}$
各個區域	S	休閒遊憩綠地	B	各個區域人口總數(人)	R
住宅用地	D	公園綠地	C	各個區域人口密度(人/ km^2)	M_R

(2) 設定計算以下三組指標的函數公式(表6-1-2)：

計算綠地率、人均綠地面積、生活用地綠建比三組指標的函數公式　表6-1-2

綠地率指標 $\boldsymbol{G}$(%)	人均綠地面積指標 $\boldsymbol{H}$(m^2)	生活用地綠建比指標 $\boldsymbol{Q}$(%)
城市綠地率 $G=A/S$	人均城市綠地面積 $H=A/R$	城市綠地/住宅用地面積 $Q=A/D$
休憩綠地率 $G_1=B/S$	人均休憩綠地面積 $H_1=B/R$	休憩綠地/住宅用地面積 $Q_1=B/D$
公園綠地率 $G_2=C/S$	人均公園綠地面積 $H_2=C/R$	公園綠地/住宅用地面積 $Q_2=C/D$

(3) 根據人口密度範圍將澳門全境的23個區域劃分爲Ⅰ、Ⅱ、Ⅲ、Ⅳ四類城區(表6-1-3)：

根據人口密度範圍劃分的澳門的四類城區　表6-1-3

城區類別	人口密度($\boldsymbol{M_R}$)範圍
Ⅰ類城區	$M_R \leqslant 1$ 萬人/ km^2
Ⅱ類城區	1 萬人/$km^2 \leqslant M_R \leqslant 5$ 萬人/km^2
Ⅲ類城區	5 萬人/$km^2 \leqslant M_R \leqslant 10$ 萬人/km^2
Ⅳ類城區	$M_R \geqslant 10$ 萬人/km^2

6.1.2 人口預測分析

根據《澳門居住人口預測》以2006年為基準年的人口增長率和2010年的人口普查數得到第Ⅰ組人口規模預測取值；再根據《21世紀澳門規劃綱要研究》以1998年為基準年的人口增長率和2010年的人口普查數得到第Ⅱ組人口規模預測取值；最後根據所得Ⅰ、Ⅱ兩組人口數的平均值，推算出本規劃以2006年為基準年的人口年增長率取值，分析和計算步驟如下(表6-1-4-表6-1-9)：

《澳門居住人口預測》資料[1](人)　　表6-1-4

人口特性	2006年（基準年）	2011年	2016年	2021年	2026年	2031年
居住人口數目	513,000	644,000	705,000	752,000	794,000	829,000
年增長率	–	4.6%	1.8%	1.3%	1.1%	0.9%

第Ⅰ組人口規模預測取值(人)　　表6-1-5

人口特性	2006年（基準年）	2010年	2015年	2020年
居住人口數目	513,000	542,400	587,203	631,028
年增長率	–	1.40%	1.60%	1.45%

說明：上表的計算步驟如下：

① 根據表6-1-4中基準年的居住人口數目513,000，和2010年統計的居住人口數目542,400，得出2006-2010年這四年的人口年增長率為1.40%。

② 由表6-1-4中2011-2016年的年增長率為1.80%，與表6-1-5中求得2006-2010年的年增長率1.40%，取其平均值(1.80%+1.40%)/2=1.60%，即為2010-2015年的年增長率；然後反推出2015年的人口預測數為587,203。

③ 同理，可得2015-2020年的年增長率為1.45%，由1.30%和1.60%的均值求得；從而反推出2020年的人口預測數為631,028。

《21世紀澳門規劃綱要研究》資料[2](人)　　表6-1-6

	1998年	2010年	1998-2010年的平均增長率	2020年	2010-2020年的平均增長率
穩定型	430,500	503,200	1.31%	554,000	0.97%
調整型	**430,500**	**533,400**	**1.80%**	**622,900**	**1.56%**
轉換型	430,500	551,300	2.08%	662,300	1.85%

❶ 資料來源：澳門特別行政區政府提供；《澳門居住人口預測》；澳門特區統計暨普查局等；2008.4(1)。

❷ 資料來源：澳門特別行政區政府提供；《21世紀澳門規劃綱要研究》；清華大學、澳門大學、香港大學等；1999.10(1)。

第Ⅱ組人口規模預測（人）　表6-1-7

人口特性	1998年 （基準年）	2010年	2015年	2020年
居住人口數目	430,500	542,400	586,048	633,208
年增長率	–	1.94%	1.56%	1.56%

說明：上表的計算步驟如下：

① 根據表6-1-6中“調整型”預測方案中提供的1998年的(基準年)居住人口數目430,500，和2010年統計的居住人口數目542,400，得出1998-2010年這12年的平均年增長率1.94%。

② 由表6-1-7提供的2010-2020年的年增長率為1.56%，從而分別反推出2015年、2020年的人口預測數為586,048和633,208。

澳門城市規劃人口規模預測（人）　表6-1-8

–	2010年(基準年)	2015年	2020年
第Ⅰ組人口規模預測	542,400	587,203	631,028
第Ⅱ組人口規模預測	542,400	586,048	633,208
本規劃人口規模取值	**542,400**	**586,626**	**632,118**

說明：上表的計算步驟如下：

① 根據第Ⅰ、Ⅱ兩組2015年的人口規模預測數，本項研究人口規模取兩組的均值，2015年的人口規模取值為(587,203+586,048)/2=586,626。

② 根據第Ⅰ、Ⅱ兩組2020年的人口規模預測數，本項研究人口規模取兩組的均值，2020年的人口規模取值為(631,028+633,208)/2=632,118。

澳門城市規劃人口增長率預測（%）　表6-1-9

–	2006-2010年	2010-2015年	2015-2020年
第Ⅰ組人口年增長率預測	1.40	1.60	1.45
第Ⅱ組人口年增長率預測	1.94	1.56	1.56
本規劃人口年增長率取值	**1.40**	**1.58**	**1.51**

說明：上表的計算步驟如下：

① 以2006年基準年的人口統計數513,000和2010年的人口統計數542,400，推出2006-2010年四年人口的年增長率為1.40%。

② 根據表6-1-8中本規劃2010、2015年的人口規模預測取值，反推得到2010-2015年的人口增長率1.58%。

③ 根據表6-1-9中本規劃2015、2020年的人口規模預測取值，反推得到2015-2020年的人口增長率1.51%。

6.1.3 現狀指標分析

在以上數據分析的基礎上，本項研究根據人口密度範圍，將澳門全境的23個城區分成四大類，分別統計每個城區的綠地率、人均綠地面積和生活用地綠建比；得到三組分析圖表：

① 澳門城區綠地率(G)現狀指標分析(表6-1-10)；

② 澳門城區人均綠地面積(H)現狀指標分析(表6-1-11)；

③ 澳門城區綠建比(Q)現狀指標分析(表6-1-12)；

然後，再分別計算出每類城區現狀指標的最大值、最小值和均值。

澳門城區綠地率(G)現狀指標分析(%) 表6-1-10

城區類別	地理位置	分區	M_R	G	G_1	G_2
Ⅰ類城區	澳門半島	外港及南灣湖新填海區	4,766	34.8	19.8	16.0
	澳門離島	路環區	452	68.4	37.7	31.4
		北安及大潭山區	1,868	47.7	35.6	33.7
		氹仔舊城及馬場區	3,473	28.9	19.1	4.7
	最大值		**4,766**	**68.4**	**37.7**	**33.7**
	最小值		**452**	**28.9**	**19.1**	**4.7**
	均　值		**1,590**	**56.4**	**33.0**	**27.0**
Ⅱ類城區	澳門半島	新口岸區	19,216	23.1	10.7	6.6
		東望洋區(松山區)	19,644	52.0	38.2	37.4
		望廈及水塘區	22,341	50.3	15.1	11.6
		青洲區	24,429	19.6	5.9	3.1
		南西灣及主教山區	29,764	30.8	15.4	7.9
		中區	44,458	10.3	8.5	6.8
	澳門離島	大學及北安灣區	10,535	14.5	5.4	2.5
		海洋及小潭山區	15,844	57.1	3.9	3.3
		氹仔中心區	48,122	17.8	9.7	6.0
	最大值		**48,122**	**57.1**	**38.2**	**37.4**
	最小值		**10,535**	**10.3**	**3.9**	**2.5**
	均　值		**27,258**	**31.6**	**11.6**	**8.5**
Ⅲ類城區	澳門半島	沙梨頭及大三巴區	70,420	14.5	14.0	12.3
		下環區	76,887	5.7	4.8	4.4
		黑沙環新填海區	85,055	11.5	8.1	1.8
		荷蘭園區	87,826	13.2	12.5	11.4
		台山區	95,130	20.6	15.8	14.0
	最大值		**95,130**	**20.6**	**15.8**	**14.0**
	最小值		**70,420**	**5.7**	**4.8**	**1.8**
	均　值		**82,764**	**12.7**	**10.5**	**7.8**
Ⅳ類城區	澳門半島	林茂塘區	107,523	7.8	5.7	5.2
		高士德及雅廉訪區	115,246	4.8	2.4	0.5
		筷子基區	116,399	11.6	10.7	8.6
		新橋區	149,881	1.8	1.2	0.9
		黑沙環及祐漢區	162,785	7.1	5.9	5.7
	最大值		**162,785**	**11.6**	**10.7**	**8.6**
	最小值		**107,523**	**1.8**	**1.2**	**0.5**
	均　值		**137,092**	**6.4**	**5.1**	**4.2**

澳門城區人均綠地面積(*H*)現狀指標分析　表6-1-11

區類別	地理位置	分區	M_R	H	H_1	H_2
Ⅰ類城區	澳門半島	外港及南灣湖新填海區	4,766	73.0	41.5	33.6
	澳門離島	路環區	452	1515.8	834.3	696.0
		北安及大潭山區	1,868	255.5	190.7	180.5
		氹仔舊城及馬場區	3,473	83.1	55.0	13.5
	最大值		**4,766**	**1515.8**	**834.3**	**696.0**
	最小值		**452**	**73.0**	**41.5**	**13.5**
	均　值		**1,590**	**354.9**	**207.5**	**169.8**
Ⅱ類城區	澳門半島	新口岸區	19,216	12.0	5.6	3.4
		東望洋區(松山區)	19,644	26.5	19.5	19.0
		望廈及水塘區	22,341	22.5	6.7	5.2
		青洲區	24,429	8.0	2.4	1.3
		南西灣及主教山區	29,764	10.3	5.2	2.7
		中區	44,458	2.3	1.9	1.5
	澳門離島	大學及北安灣區	10,535	13.8	5.1	2.4
		海洋及小潭山區	15,844	36.0	2.5	2.1
		氹仔中心區	48,122	3.7	2.0	1.2
	最大值		**48,122**	**36.0**	**19.5**	**19.0**
	最小值		**10,535**	**2.3**	**1.9**	**1.3**
	均　值		**27,258**	**11.6**	**4.3**	**3.1**
Ⅲ類城區	澳門半島	沙梨頭及大三巴區	70,420	2.1	2.0	1.7
		下環區	76,887	0.7	0.6	0.6
		黑沙環新填海區	85,055	1.3	1.0	0.2
		荷蘭園區	87,826	1.5	1.4	1.3
		台山區	95,130	2.2	1.7	1.5
	最大值		**95,130**	**2.2**	**2.0**	**1.7**
	最小值		**70,420**	**0.7**	**0.6**	**0.2**
	均　值		**82,764**	**1.5**	**1.3**	**0.9**
Ⅳ類城區	澳門半島	林茂塘區	107,523	0.7	0.5	0.5
		高士德及雅廉訪區	115,246	0.4	0.2	0.0
		筷子基區	116,399	1.0	0.9	0.7
		新橋區	149,881	0.1	0.1	0.1
		黑沙環及祐漢區	162,785	0.4	0.4	0.3
	最大值		**162,785**	**1.0**	**0.9**	**0.7**
	最小值		**107,523**	**0.1**	**0.1**	**0.0**
	均　值		**137,092**	**0.5**	**0.4**	**0.3**

澳門城區綠建比❶(*Q*)現狀指標分析 表6-1-12

城區類別	地理位置	分區	M_R	Q	Q_1	Q_2
I類城區	澳門半島	外港及南灣湖新填海區	4,766	2.37	1.35	1.09
	澳門離島	路環區	452	43.18	23.77	19.83
		北安及大潭山區	1,868	15.06	11.24	10.64
		氹仔舊城及馬場區	3,473	5.77	3.82	0.94
	最大值		**4,766**	**43.18**	**23.77**	**19.83**
	最小值		**452**	**2.37**	**1.35**	**0.94**
	均　值		**1,590**	**13.97**	**8.17**	**6.69**
II類城區	澳門半島	新口岸區	19,216	1.12	0.52	0.32
		東望洋區(松山區)	19,644	3.35	2.46	2.41
		望廈及水塘區	22,341	3.09	0.93	0.71
		青洲區	24,429	2.66	0.79	0.41
		南西灣及主教山區	29,764	0.98	0.49	0.25
		中區	44,458	0.22	0.18	0.15
	澳門離島	大學及北安灣區	10,535	2.11	0.78	0.36
		海洋及小潭山區	15,844	3.99	0.28	0.23
		氹仔中心區	48,122	0.72	0.39	0.24
	最大值		**48,122**	**3.99**	**2.46**	**2.41**
	最小值		**10,535**	**0.22**	**0.18**	**0.15**
	均　值		**27,258**	**1.54**	**0.57**	**0.42**
III類城區	澳門半島	沙梨頭及大三巴區	70,420	0.37	0.36	0.32
		下環區	76,887	0.16	0.14	0.12
		黑沙環新填海區	85,055	0.63	0.45	0.10
		荷蘭園區	87,826	0.27	0.25	0.23
		台山區	95,130	1.28	0.98	0.88
	最大值		**95,130**	**1.28**	**0.98**	**0.88**
	最小值		**70,420**	**0.16**	**0.14**	**0.10**
	均　值		**82,764**	**0.43**	**0.35**	**0.27**
IV類城區	澳門半島	林茂塘區	107,523	0.27	0.20	0.18
		高士德及雅廉訪區	115,246	0.10	0.05	0.01
		筷子基區	116,399	0.48	0.45	0.36
		新橋區	149,881	0.03	0.02	0.02
		黑沙環及祐漢區	162,785	0.21	0.18	0.17
	最大值		**162,785**	**0.48**	**0.45**	**0.36**
	最小值		**107,523**	**0.03**	**0.02**	**0.01**
	均　值		**137,092**	**0.16**	**0.13**	**0.11**

❶ "綠建比"的概念見P280

6.1.4 城市人口增量配套綠地理想規劃指標

根據表6-1-9澳門城市規劃人口增長率預測數，計算出澳門全境及各城區2010-2015年、2015-2020年的人口增長數；再按照2010年現狀的人均綠地面積，計算出2010-2015年、2015-2020年城區所需增加的綠地面積，加上現狀綠地面積，得出規劃綠地總面積(表6-1-13)，進而算出理想狀態下的目標年綠地規劃指標(表6-1-14)。

理想狀態下目標年澳門城市綠地規劃增量分析　表6-1-13

城區類別	S	項目	R	△R	△A	△B	△C	△D	A	B	C	D
Ⅰ類城區	1,278	2010年現狀	20,313	—	—	—	—	—	721.0	421.5	345.0	51.6
		2015年規劃	21,979	1,666	3.8	2.0	1.3	1.0	724.8	423.5	346.3	52.6
		2020年規劃	23,693	1,714	3.9	2.1	1.4	1.0	724.9	423.6	346.4	52.6
Ⅱ類城區	541	2010年現狀	147,549	—	—	—	—	—	170.9	62.8	46.2	111.0
		2015年規劃	159,648	12,099	27.7	14.9	9.7	7.0	198.6	77.7	55.9	118.0
		2020年規劃	172,101	12,453	28.5	15.3	10.0	7.3	199.4	78.1	56.2	118.3
Ⅲ類城區	216	2010年現狀	178,605	—	—	—	—	—	27.3	22.6	16.9	63.7
		2015年規劃	193,251	14,646	33.5	18.0	11.7	8.5	60.8	40.6	28.6	72.2
		2020年規劃	208,324	15,074	34.5	18.5	12.1	8.8	61.8	41.1	29.0	72.5
Ⅳ類城區	178	2010年現狀	189,598	—	—	—	—	—	8.8	7.0	5.8	54.5
		2015年規劃	205,145	15,547	35.6	19.1	12.4	9.1	44.4	26.1	18.2	63.6
		2020年規劃	221,146	16,001	36.6	19.7	12.8	9.3	45.4	26.7	18.6	63.8
澳門全境	2,950	2010年基年	542,400	—	—	—	—	—	1240.3	666.2	435.7	280.8
		2015年規劃	586,626	44,226	101.3	54.4	35.4	25.8	1341.6	720.6	471.1	306.6
		2020年規劃	632,118	45,492	104.2	56.0	36.4	26.5	1344.5	722.2	472.1	307.3

理想狀態下目標年澳門城市綠地系統規劃指標匯總　表6-1-14

城區類別	項目	M_R	G	G_1	G_2	H	H_1	H_2	Q	Q_1	Q_2
Ⅰ類城區	2010年現狀均值	1,590	56.4	33.0	27.0	354.9	207.5	169.8	13.97	8.17	6.69
	2015年規劃建議值	1,720	56.7	33.2	27.1	329.8	192.7	157.6	13.79	8.06	6.59
	2020年規劃建議值	1,855	56.7	33.2	17.2	306.0	178.8	146.2	13.78	8.05	6.59
Ⅱ類城區	2010年現狀均值	27,258	31.6	11.6	8.5	11.6	4.3	3.1	1.54	0.57	0.42
	2015年規劃建議值	29,493	36.7	14.4	10.3	12.4	4.9	3.5	1.68	0.66	0.47
	2020年規劃建議值	31,794	36.8	14.4	10.4	11.6	4.5	3.3	1.69	0.66	0.47
Ⅲ類城區	2010年現狀均值	82,764	12.7	10.5	7.8	1.5	1.3	0.9	0.43	0.35	0.27
	2015年規劃建議值	89,551	28.2	18.8	13.3	3.1	2.1	1.5	0.84	0.56	0.40
	2020年規劃建議值	96,536	28.6	19.1	13.4	3.0	2.0	1.4	0.85	0.57	0.40
Ⅳ類城區	2010年現狀均值	137,092	6.4	5.1	4.2	0.5	0.4	0.3	0.16	0.13	0.11
	2015年規劃建議值	148,333	32.1	18.9	13.2	2.2	1.3	0.9	0.70	0.41	0.29
	2020年規劃建議值	159,903	32.9	19.3	13.4	2.1	1.2	0.8	0.71	0.42	0.29
澳門全境	2010年現狀均值	18,386	42.0	22.6	14.8	22.9	12.3	8.0	4.42	2.37	1.55
	2015年規劃建議值	19,886	45.5	24.4	16.0	22.9	12.3	8.0	4.38	2.35	1.54
	2020年規劃建議值	21,428	45.6	24.5	16.0	21.3	11.4	8.0	4.38	2.35	1.54

表6-1-13、表6-1-14的計算過程如下：

① 根據每年的人口增長率，分別計算出 R_{2015}、R_{2020}，即分別代表 2015 年、2020 年澳門全境及Ⅰ、Ⅱ、Ⅲ、Ⅳ四類城區的預計人口數，則有：

$R_{2015}=R_{2010}\times(1+1.60\%)^5=1.083\times R_{2010}$

$R_{2020}=R_{2015}\times(1+1.51\%)^5=1.078\times R_{2015}$

② 設$\triangle R_{2015}$、$\triangle R_{2020}$分別代表澳門全境及Ⅰ、Ⅱ、Ⅲ、Ⅳ四類城區從 2010 年到 2015 年、2020 年所增加的人口數，則有：

$\triangle R_{2015}$(澳門全境)= R_{2015}(澳門全境) - R_{2010}(澳門全境)

$\triangle R_{2020}$(澳門全境)= R_{2020}(澳門全境) - R_{2015}(澳門全境)

③ 設$\triangle A$、$\triangle B$、$\triangle C$ 分別代表 2010-2015 年、2015-2020 年澳門全境及Ⅰ、Ⅱ、Ⅲ、Ⅳ四類城區新增的城市綠地、休閒遊憩綠地、公園綠地面積；根據每個規劃年段新增人口數和人均現狀城市綠地、休閒遊憩綠地、公園綠地面積，則有：

$\triangle A_{2015}$(澳門全境)=$\triangle R_{2015}$(澳門全境)×H(澳門全境)

$\triangle A_{2015}$(Ⅰ類城區)=$\triangle R_{2015}$(Ⅰ類城區)×H(澳門全境)

$\triangle A_{2015}$(Ⅱ類城區)=$\triangle R_{2015}$(Ⅱ類城區)×H(澳門全境)

$\triangle A_{2015}$(Ⅲ類城區)=$\triangle R_{2015}$(Ⅲ類城區)×H(澳門全境)

$\triangle A_{2015}$(Ⅳ類城區)=$\triangle R_{2015}$(Ⅳ類城區)×H(澳門全境)

……

同理可得到$\triangle A_{2020}$；$\triangle B_{2015}$、$\triangle B_{2020}$；$\triangle C_{2015}$、$\triangle C_{2020}$；則可得Ⅰ、Ⅱ、Ⅲ、Ⅳ四類城區 2015 年、2020 年綠地規劃面積：

$A_{2015}= A_{2010}+ \triangle A_{2015}$　　$B_{2015}= B_{2010} + \triangle B_{2015}$　　$C_{2015}= C_{2010}+ \triangle C_{2015}$

$A_{2020}= A_{2015}+ \triangle A_{2020}$　　$B_{2020} = B_{2015}+ \triangle B_{2020}$　　$C_{2020}= C_{2015}+ \triangle C_{2020}$

最後得到Ⅰ、Ⅱ、Ⅲ、Ⅳ四類城區 2015 年、2020 年的

✧ 城市綠地率、休閒遊憩綠地率、公園綠地率：

$G_{2015}= A_{2015}/ S\times100\%$　　$G_{1-2015}= B_{2015}/ S\times100\%$　　$G_{2-2015}= C_{2015}/ S\times100\%$

$G_{2020}= A_{2020}/ S\times100\%$　　$G_{1-2020}= B_{2020}/ S\times100\%$　　$G_{2-2020} = C_{2020}/ S\times100\%$

✧ 人均城市綠地面積、人均休憩綠地面積、人均公園綠地面積：

$H_{2015}= A_{2015}/ R_{2015}$　　$H_{1-2015}= B_{2015}/ R_{2015}$　　$H_{2-2015}= C_{2015}/ R_{2015}$

$H_{2020}= A_{2020}/ R_{2020}$　　$H_{1-2020}= B_{2020}/ R_{2020}$　　$H_{2-2020}= C_{2020}/ R_{2020}$

✧ 城市綠地/住宅用地、休閒遊憩綠地/住宅用地、公園綠地/住宅用地：

$Q_{2015}= A_{2015}/ D_{2015}$　　$Q_{1-2015}= B_{2015}/D_{2015}$　　$Q_{2-2015}= C_{2015}/ D_{2015}$

$Q_{2020}= A_{2020}/ D_{2020}$　　$Q_{1-2020}= B_{2020}/ D_{2020}$　　$Q_{2-2020}= C_{2020}/ D_{2020}$

6.1.5 城市人口增量配套綠地實際規劃指標

2010—2020年澳門城市人口增長率調整方案　表6-1-15

城區類別	規劃時段	正常增長值		規劃調整預期值方案					
				方案 1		方案 2		方案 3	
				III→ 50% IV→100%		III→ 70% IV→100%		III→100% IV→100%	
		人口增長率(%)	人口增量(人)	人口增量(人)	人口增長率(%)	人口增量(人)	人口增長率(%)	人口增量(人)	人口增長率(%)
I類城區	2010年(基年)	1.40	–	–	1.40	–	1.40	–	1.40
	2010-2015年	1.58	1,666	24,536	7.60	27,465	9.67	31,679	20.68
	2015-2020年	1.51	1,714	49,788	5.64	55,731	6.66	32,585	10.22
II類城區	2010年(基年)	1.40			1.40	–	1.40	–	1.40
	2010-2015年	1.58	12,099	12,099	1.58	12,099	1.58	12,031	1.58
	2015-2020年	1.51	12,453	24,552	1.51	24,552	1.51	12,375	1.51
III類城區	2010年(基年)	1.40	–	–	1.40	–	1.40	–	1.40
	2010-2015年	1.58	14,646	7,323	0.81	4,394	0.49	0	0
	2015-2020年	1.51	15,074	14,860	0.80	8,916	0.49	0	0
IV類城區	2010年(基年)	1.40	–	–	1.40	–	1.40	–	1.40
	2010-2015年	1.58	15,547	0	0	0	0	0	0
	2015-2020年	1.51	16,001	0	0	0	0	0	0
澳門全境	2010年(基年)	1.40	–	–	1.40	–	1.40	–	1.40
	2010-2015年	1.58	44,226	44,226	1.58	44,226	1.58	44,226	1.58
	2015-2020年	1.51	45,492	89,718	1.51	89,718	1.51	45,492	1.51

表6-1-15的分析內容說明如下：

① 方案1：I類城區除自身增長的人口外，設定需加上III類城區50%、IV類城區100%的人口增量；II類城區人口按正常人口年增長率增長；III類城區增長人口數為原有增量的50%；IV類城區無人口增量。

② 方案2：I類城區除自身增長的人口數外，設定需加上III類城區70%、IV類城區100%的人口增量；II類城區人口按正常人口年增長率增長；III類城區增長人口數為原有增量的30%；IV類城區無人口增量。

③ 方案3：I類城區除自身增長的人口數外，設定需加上III、IV類城區100%的人口增量；II類城區人口按正常人口年增長率增長；III、IV類城區無人口增量。

由於III、IV類城區人口密度很大，無法在現有用地的基礎上給該城區新增人口增加相應的匹配用地，因此方案3的人口年增長率較爲合理，在以下計算人口增量配套綠地中運用該方案進行推算。

2010—2020年澳門城市人口增量配套綠地規劃指標平衡　　表6-1-16

城區類型	規劃時段	總面積(hm^2)	人口增量(人)	人口總量(人)	人口增長率(%)	空地面積❶(hm^2)	綠地變量(hm^2)	綠地總量(hm^2)	綠地率(%)	人均綠地面積(m^2)
Ⅰ類城區	2010年(基年)	1,278	—	20,313	—	251.0	—	721.0	56.4	354.9
	2010 - 2015年	1,383	31,679	51,992	20.68	-120.4	12	733.0	53.0	141.0
	2015 - 2020年	1,514	32,585	84,577	10.22	-130.6	7.4	740.4	48.9	87.5
Ⅱ類城區	2010年(基年)	541	—	147,549	—	25.3	—	170.9	31.6	11.6
	2010-2015年	541	12,031	159,580	1.58	-13.3	-21.4	149.5	27.6	9.4
	2015-2020年	541	12,375	171,955	1.51	-12.0	-25.6	123.9	22.9	7.2
Ⅲ類城區	2010年(基年)	216	—	178,605	—	9.5	—	27.3	12.7	1.5
	2010-2015年	216	0	178,605	0	-4.8	+4.8	32.1	14.9	1.8
	2015-2020年	216	0	178,605	0	-4.7	+4.7	36.8	17.0	2.1
Ⅳ類城區	2010年(基年)	138	—	189,598	—	3.6	—	8.8	6.4	0.5
	2010-2015年	138	0	189,598	0	-1.8	+1.8	10.6	7.7	0.6
	2015-2020年	138	0	189,598	0	-1.8	+1.8	12.4	9.0	0.7
澳門全境	2010年(基年)	2,950	—	542,400	—	289.4	—	1240.3	42.0	22.9
	2010-2015年	3,132	44,226	586,626	1.58	-140.3	-2.7	1237.6	39.5	21.1
	2015-2020年	3,312	45,492	632,118	1.51	-149.1	-10.3	1227.3	37.1	19.4

新增人口配套人均城建用地面積指標❷　　表6-1-17

Ⅰ類城區		Ⅱ類城區	
2010-2015 年	2015-2020 年	2010-2015 年	2015-2020 年
38m^2/人	42m^2/人	36m^2/人	38m^2/人

注：其中綠地率均以10%計❸。

表6-1-16的計算過程如下:

Ⅰ類城區(2010-2015年)：

① 人口增量為31,679人，按照人均配套38m^2的城市建設用地計算(表6-1-13)，則增加的城市建設用地為38×31,679＝1,203,802 m^2＝120.4 hm^2；可利用空地(包括原路氹填海區)和綠地來平衡。

② 通過AutoCAD量算出有236.0hm^2填海區未被利用，現作爲Ⅰ類城區來開發，另外Ⅰ類城區原有空地為15 hm^2，因此，利用空地來置換新增城市建設用地的面積為120.4 hm^2。

③ 則需增配套綠地面積為120.4×10%=12.0 hm^2；綠地增量為12.0 hm^2。2015年規劃的綠地總面積為721.0+12.0＝733.0 hm^2。

④ 總面積增量為120.4-15＝105.4 hm^2，2015年規劃總面積為1,278+105.4＝1,383 hm^2。

Ⅰ類城區(2015-2020年)：

① 人口增量為32,585人，按照人均配套42 m^2的城市建設用地計算(表6-1-16)，則增加的城市建設用地為42×32,585＝1,368,570 m^2＝136.9 hm^2；可利用剩餘空地(包括原路氹填海區)和綠地來平衡。

② 剩餘空地為130.6 hm^2，因此，利用空地來置換新增城市建設用地的面積為130.6 hm^2，利用原有綠地來置換的面積為136.9-130.6＝6.3 hm^2。

③ 則需增的配套綠地面積為136.9×10%=13.7 hm^2；綠地增量為13.7-6.3＝7.4 hm^2。2020年規劃的綠地總面積為733.0+7.4＝740.4 hm^2。

④ 總面積增量為130.6hm^2，2020年規劃總面積為1,383+130.6＝1,514 hm^2。

Ⅱ類城區(2010-2015年)：

❶ Ⅰ類城區中，除了原內15hm^2空地外，還包括236.0 hm^2路氹填海區。

❷ 數據參考：澳門特區政府提供；《21世紀澳門規劃綱要研究》；清華大學、澳門大學、香港大學等；1999.10(1)。

❸ 人口最密集的Ⅳ類城區綠地率為6.4%，以達到理想規劃值為10%，因此新增人口綠地率按10%計。

① 人口增量為12,031人，按照人均配套36m²的城市建設用地計算(表6-1-16)，則增加的城市建設用地為36×12,031＝433,116 m²＝43.3 hm²；其中綠地率以10%計，剩餘90%的城市建設用地可利用該城區內空地和綠地來平衡。

② 城區內空地為25.3 hm²，不能完全平衡所需增加的城建用地，因此將空地按對半原則進行開發規劃，即開發利用的空地為13.3 hm²，其餘用地利用原有綠地置換，置換的綠地面積為43.3×90%-13.3＝25.7 hm²。

③ 則需增配套綠地面積為43.3×10%=4.3 hm²；綠地增量為4.3-25.7＝-21.4 hm²。2015年規劃的綠地總面積為170.9-21.4＝149.5 hm²。

II類城區(2015-2020年)：

① 人口增量為12,375人，按照人均配套38m²的城市建設用地計算(表6-1-16)，則增加的城市建設用地為38×12,375＝470,250 m²＝47.0 hm²；其中綠地率以10%計，剩餘90%的城市建設用地可利用該城區內空地和綠地來平衡。

② 城區內可利用的剩餘空地為12.0 hm²，其餘用地則利用原有綠地置換，面積為47.0×90%-12.0＝30.3 hm²。

③ 則需增配套綠地面積為47.0×10%=4.7 hm²；綠地增量為4.7-30.3＝-25.6 hm²。2015年規劃的綠地總面積為149.5-25.6＝123.9hm²。

III類城區：

由於人口無變量，所以無須增加人口的匹配城建用地；III類城區原有空地面積為9.5 hm²，為提高綠地質量，將空地按對半原則進行開發規劃，即

2015年開發利用4.8 hm²，則綠地增量為4.8 hm²，綠地總量為27.3+4.8＝32.1 hm²。

2020年開發利用4.7 hm²，則綠地增量為4.7 hm²，綠地總量為32.1+4.7＝36.8hm²。

IV類城區：

由於人口無變量，所以無須增加人口的匹配城建用地；IV類城區原有空地面積為3.6 hm²，為提高綠地質量，將空地按對半原則進行開發規劃，即

2015年開發利用1.8 hm²，則綠地增量為1.8 hm²，綠地總量為8.8+1.8＝10.6 hm²。

2020年開發利用1.8 hm²，則綠地增量為1.8 hm²，綠地總量為10.6+1.8＝12.4 hm²。

以下為理想狀態下澳門城市綠地規劃指標和考慮實際用地情況下城市綠地規劃指標的對比(表6-1-18)：

2010−2020年澳門城市綠地指標規劃分析　　表6−1−18

城區類別	規劃時段	人口增長率(%)		人口增量(人)		綠地變量(hm²)		綠地率(%)		人均綠地面積(m²)	
		理想	規劃	理想	規劃	理想	規劃	理想	規劃	理想	規劃
I類城區	2010年(基年)	1.40	–	–	–	721.0	–	56.4	56.4	354.9	354.9
	2010-2015年	1.58	20.68	1,666	31,679	3.8	+12.0	56.7	53.0	329.8	141.0
	2015-2020年	1.51	10.22	1,714	32,585	3.9	+7.5	56.7	48.9	306.0	87.5
II類城區	2010年(基年)	1.40	–	–	–	170.9	–	31.6	31.6	11.6	11.6
	2010-2015年	1.58	1.58	12,099	12,031	27.7	-21.3	36.7	27.6	12.4	9.4
	2015-2020年	1.51	1.51	12,453	12,375	28.5	-24.3	36.8	22.9	11.6	7.2
III類城區	2010年(基年)	1.40	–	–	–	27.3	–	12.7	12.7	1.5	1.5
	2010-2015年	1.58	0	14,646	0	33.5	+4.8	28.2	14.9	3.1	1.8
	2015-2020年	1.51	0	15,074	0	34.5	+4.7	28.6	17.0	3.0	2.1
IV類城區	2010年(基年)	1.40	–	–	–	8.8	–	6.4	6.4	0.5	0.5
	2010-2015年	1.58	0	15,547	0	35.6	+1.8	32.1	7.7	2.2	0.6
	2015-2020年	1.51	0	16,001	0	36.6	+1.8	32.9	9.0	2.1	0.7
澳門全境	2010年(基年)	1.40	–	–	–	1240.3	–	42.0	42.0	22.9	22.9
	2010-2015年	1.58	1.58	44,226	44,226	101.3	-2.7	45.5	42.0	22.9	21.1
	2015-2020年	1.51	1.51	45,492	45,492	104.2	-10.3	45.6	41.6	21.3	19.4

澳門城市綠地系統建設指標規劃　表6－1－19

規劃目標年	城市人口(萬人)	土地面積(hm^2)	城市綠化建設主要統計指標			
			城市綠地率(%)	人均城市綠地面積 (m^2/人)	人均休憩綠地面積 (m^2/人)	人均公園綠地面積(m^2/人)
2010 年(現狀)	54.2	2,950	42.0	22.9	12.3	8.0
2015 年	58.7	3,132	39.5	21.1	11.6	7.6
2020 年	63.2	3,312	37.1	19.4	11.1	7.3
規劃遠期控制	**64.8**	**3,312**	**35.2**	**18.0**	**10.8**	**7.0**

上表6-1-18計算內容說明：

(1) 2015、2020 年人均休憩綠地和人均公園綠地面積的求證方法與表 6-1-19 相同。

(2) 綠地系統遠期規劃控制指標的求證過程：

步驟 1： 根據 2010 年的人均城市綠地面積 22.9 m^2/人，人均休憩綠地面積 12.3 m^2/人，人均公園綠地面積 8.0 m^2/人，則有：

$$\begin{cases} 12.3/22.9\times100\%=53.7\% \\ 8.0/12.3\times100\%=65.0\% \end{cases} \Longrightarrow \begin{cases} \text{規劃取人均休憩綠地佔人均城市綠地面積的60\%} \\ \text{規劃取人均公園綠地佔人均休憩綠地面積的65\%} \end{cases}$$

設遠期澳門城市人口達到規劃控制值時，人均城市綠地面積底線為 18.0m^2/人，可得：

$$\begin{cases} \text{人均休憩綠地面積為 } 18.0\times60\%=10.8\ m^2 \\ \text{人均公園綠地面積為 } 10.8\times65\%=7.0\ m^2 \end{cases}$$

步驟 2： 設澳門新增城市人口遠期控制值為$\triangle R$ (人)，

$S_{綠}$(1227.3 hm^2)＝2020 年總綠地面積，

R_{2020}(632,118 人)＝2020 年總人口數。

規劃將新增人口的城市建設用地均安置在 I 類城區，以每人 42m^2 的用地指標估算(其中配套綠地率以 10%計)，則有 90%的新增城建用地將由 I 類城區的原有綠地來置換。相關綠地規劃指標的算式與計算結果如下：

$(S_{綠}-\triangle R\times42\times90\%)/(R_{2020}+\triangle R)=18m^2$

$\Longrightarrow$ 遠期控制新增人口為$\triangle R=16{,}037$人

$\Longrightarrow$ 遠期控制人口總數為 $R=R_{2020}+\triangle R=632{,}118+16{,}037=648{,}155$人

$\Longrightarrow$ 遠期控制綠地面積為 $S=S_{綠}-\triangle R\times42\times90\%=1166.7(hm^2)$

$\Longrightarrow$ 遠期控制綠地率為 $G=S/S_{總}\times100\%=1166.7/3{,}312\times100\%=35.2\%$

由此得出的主要數據如表 6-1-20 所示：

澳門城市綠地系統規劃遠期控制底線指標　表6-1-20

城區類型	規劃時段	總面積 (hm^2)	人口增量 (人)	人口總量 (人)	人口增長率 (%)	空地面積 (hm^2)	綠地變量 (hm^2)	綠地總量 (hm^2)	城市綠地率 (%)	人均綠地面積 (m^2)
澳門全境	2010年(基年)	2,950	–	542,400	–	289.4	–	1240.3	42.0	22.9
	2010-2015年	3,132	44,226	586,626	1.58	-140.3	-2.7	1237.6	39.5	21.1
	2015-2020年	3,312	45,492	632,118	1.51	-149.1	-10.3	1227.3	37.1	19.4
	規劃遠期控制	**3,312**	**16,037**	**648,155**	–	–	**-60.6**	**1166.7**	**35.2**	**18.0**

上述研究表明：未來澳門人口增長到遠期規劃控制的極限指標時，所需保障配套的人均城市綠地面積規劃值應為18.0m^2。確定這一底線指標，符合澳門生態建設的實際情況和城市發展需求，應在澳門城市總體規劃中予以嚴格控制，切不可像內地一些同類城市那樣無休止地擴展人口規模和建設用地，造成城市生態環境惡化。

6.2 城市生活用地中綠建比指標研究

根據澳門的城市用地功能，本項研究將澳門的城市用地分爲四類用途：產業用地、基礎設施用地、生活用地、生態用地。其中，生活用地包括住宅用地[1]、休憩綠地[2]、公共建築[3]和街區道路。重點分析了城市典型樣方和各類城區[4]生活用地中的休憩綠地與住宅用地的比值(簡稱"綠建比")，進而確定澳門城市生活用地綠建比規劃指標(圖6-2-1)。

本專題主要分析城市綠地、休憩綠地、公園綠地的綠建比，研究澳門城市生活用地綠建比的理想值。研究內容涉及澳門各區的人口數量、城市生活用地面積、建築用地面積與綠地面積等數據，在下文的表格中均以字母代號表示(表6-2-1)：

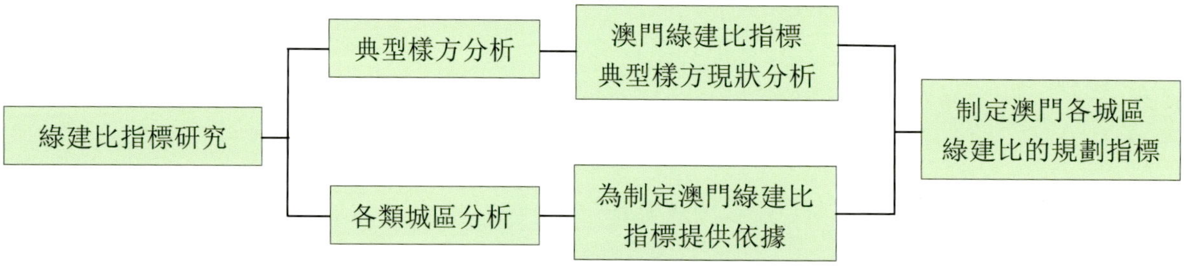

圖6-2-1 城市生活用地綠建比分析過程

澳門城市生活用地綠建比研究涉及的指標數據代碼　表6-2-1

面積 (hm^2)				人口總數(人)或密度(人/ km^2)		綠地率 (%)		人均綠地面積 (m^2)		綠建比	
名稱	代號	名稱	代號	名稱	代號	名稱	代號	名稱	代號	名稱	代號
澳門全境	$S_{總}$	城市綠地	A	澳門全境人口總數	$R_{總}$	城市綠地	G	城市綠地	H	城市綠地	Q
各個區域	S	休憩綠地	B	各個區域人口總數	R	休憩綠地	G_1	休憩綠地	H_1	休憩綠地	Q_1
住宅用地	D	公園綠地	C	各個區域人口密度	M_R	公園綠地	G_2	公園綠地	H_2	公園綠地	Q_2

注：綠地率計算公式：$G=A/S$，$G_1=B/S$，$G_2=C/S$；人均綠地面積計算公式：$H=A/R$，$H_1=B/R$，$H_2=C/R$；
綠建比計算公式：$Q=A/D$，$Q_1=B/D$，$Q_2=C/D$；$M_R=R/S$

[1] 住宅用地，這裏包括酒店用地、商住混合建築用地與住宅的用地。
[2] 休憩用地，這裏指休閒遊憩綠地，下文均稱爲休憩綠地。
[3] 公共建築，這裏指包括學校、醫院、教堂及運動場等大型建築等的用地。
[4] 這裏根據各城區綠建比的大小分成5個城區。

6.2.1 典型樣方分析

圖6-2-2 澳門半島下墊面景觀格局分析圖

圖6-2-3澳門離島下墊面景觀格局分析圖

(1) 研究目標

對澳門城市生活用地內典型樣方[1]的綠建比指標進行分析，研究澳門城市生活用地的綠建比指標現狀。

(2) 技術方法

本項目研究在前述的樣方分析法基礎上，分析澳門城市生活用地內典型樣方的綠建比，具體步驟如下：

① 在AutoCAD軟件中，把《澳門城市下墊面景觀格局分析圖》的建築基底分爲居住建築與公共建築兩類，並分別標出圖中的休閒遊憩綠地與公園綠地；

② 在澳門城市下墊面景觀格局分析圖上標出典型樣方相應的位置(圖6-2-2、圖6-2-3)；

③ 分別分析澳門半島和離島各樣方的城市綠地綠建比、休憩綠地綠建比和公園綠地綠建比；

④ 根據各樣方的住宅用地比重，將澳門半島的典型樣方分成住宅用地密度較高與較低兩類進行分析，並將澳門半島的綠建比與香港、紐約的綠建比進行比對；

⑤ 分析澳門離島居民點典型樣方的綠建比。

(3) 分析結論

A. 澳門半島

a.住宅用地密度較高的4塊典型樣方：

圖6-2-4 澳門半島住宅用地密度較高的4塊典型樣方下墊面景觀格局分析圖

[1] 與“綠地佈局均勻度研究”中所取的樣方一致，詳見P240。

澳門半島住宅用地密度較高的4塊典型樣方"綠建比"分析　表6-2-2

典型樣方	A(hm^2)	B(hm^2)	C(hm^2)	D(hm^2)	Q	Q_1	Q_2
M1	15.2	10.6	7.3	25.9	0.59	0.41	0.28
M2	11.2	9.2	4.5	27.3	0.41	0.34	0.17
M3	10.5	9.2	7.9	46.3	0.23	0.20	0.17
M5	15.3	11.5	9.8	37.5	0.41	0.31	0.26
均值	**13.1**	**10.1**	**7.4**	**34.2**	**0.38**	**0.30**	**0.22**

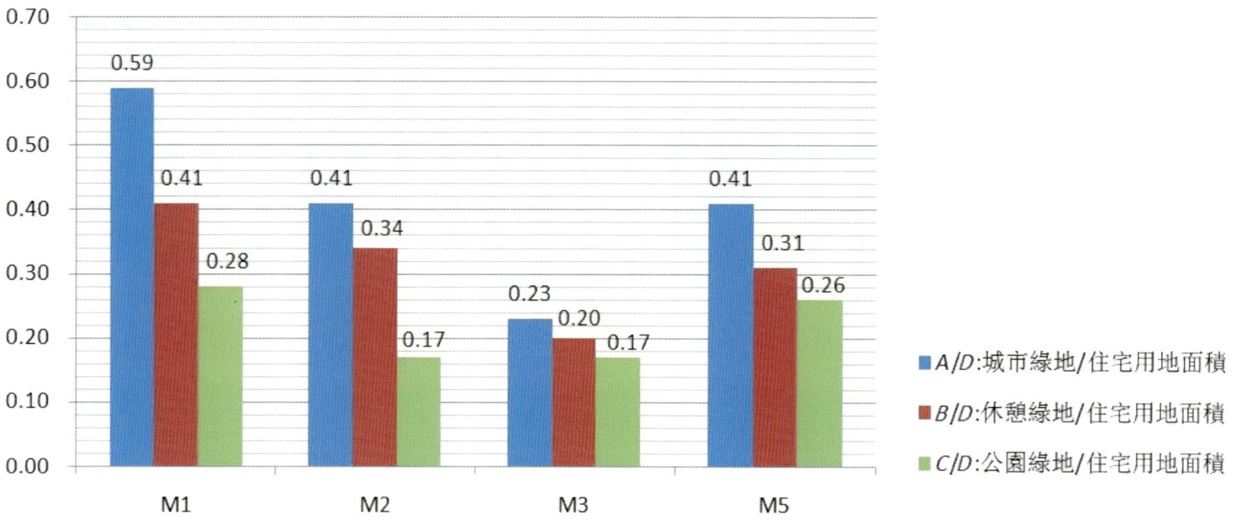

圖6-2-5 澳門半島住宅用地密度較高的4塊典型樣方"綠建比"分析圖

從圖6-2-4、圖6-2-5、表6-2-2可知：

① 半島住宅用地密度較高的4塊典型樣方的城市綠地、休憩綠地、公園綠地的綠建比平均值分別為0.38、0.30、0.22；

② 典型樣方M1、M2、M5的綠建比數值均比較接近，除M3的綠建比低於均值外，各樣方的綠建比都大於均值，說明這三個樣方的綠建比為理想；

③ 典型樣方M3的綠建比較小，區內每1 hm^{2}住宅用地僅有0.23 hm^{2}的城市綠地，0.2hm^{2}的休憩綠地，綠地缺乏。

b. 住宅用地密度較低的4塊典型樣方：

圖6-2-6 澳門半島住宅用地密度較低的4塊典型樣方下墊面景觀格局分析圖

澳門半島住宅用地密度較低的4塊典型樣方“綠建比”分析　表6-2-3

典型樣方	$A(hm^2)$	$B(hm^2)$	$C(hm^2)$	$D(hm^2)$	Q	Q_1	Q_2
M4	32.3	21.3	2.5	17.1	1.89	1.25	0.15
M6	36.6	31.4	22.9	18.7	1.96	1.68	1.23
M7	29.9	12.1	9.1	9.4	3.18	1.29	0.97
M8	18.4	5.7	5.6	7.4	2.49	0.77	0.76
均值	**29.3**	**17.6**	**10.0**	**13.2**	**2.22**	**1.33**	**0.76**

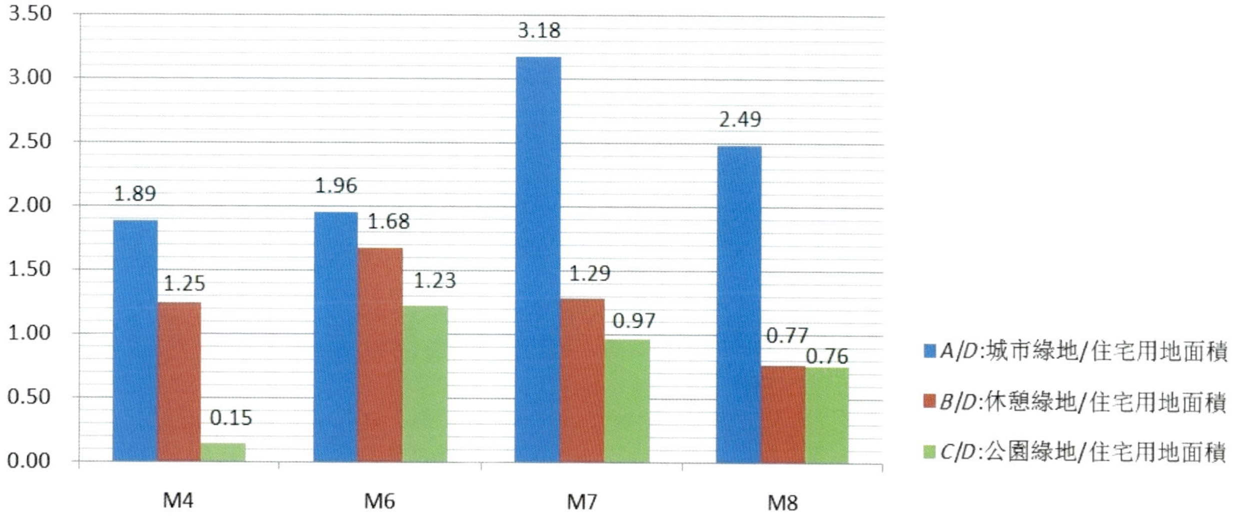

圖6-2-7 澳門半島住宅用地密度較低的4塊典型樣方“綠建比”分析圖

從圖6-2-6、圖6-2-7、表6-2-3可知：

① 半島住宅用地密度較低的4塊典型樣方的城市綠地、休憩綠地和公園綠地的綠建比平均值分別為2.22、1.33、0.76；

② 典型樣方M4、M6、M7的休憩綠地綠建比平均數均接近1.33，但它們的公園綠地綠建比差距較大。M4、M6的城市綠地綠建比較接近，M7的休憩綠地綠建比較大。

③ 典型樣方M8的休憩綠地綠建比和公園綠地綠建比均小於0.8，而城市綠地綠建比較接近平均值。

若將澳門與國際、國內其他高密度城市(如紐約、香港)比較，現有城區內的休憩用地和住宅用地的比值均處於較高水平(表6-2-4)。澳門半島的綠地呈現“大疏大密”的佈局特點，住宅用地所匹配的休憩綠地的佈局比例較爲合理。

澳門半島、香港、紐約的“綠建比”比較分析　表6-2-4

澳門半島						香港	紐約
城市綠地/住宅用地 (Urban Green Space/ Residential Land)		休憩綠地/住宅用地 (Leisure & Recreation Land / Residential Land)		公園綠地/住宅用地 (Park Green Land /Residential Land)		休憩用地/住宅用地 (Leisure & Recreation Land / Residential Land)	休憩用地/住宅用地 (Leisure & Recreation Land / Residential Land
密	疏	密	疏	密	疏		
0.38	2.22	0.30	1.33	0.22	0.76		
0.89		0.59		0.37		0.29	0.76

注：密——居民點分佈密集的 4 塊典型樣方；疏——居民點分佈較疏散的 4 塊典型樣方。

B. 澳門離島

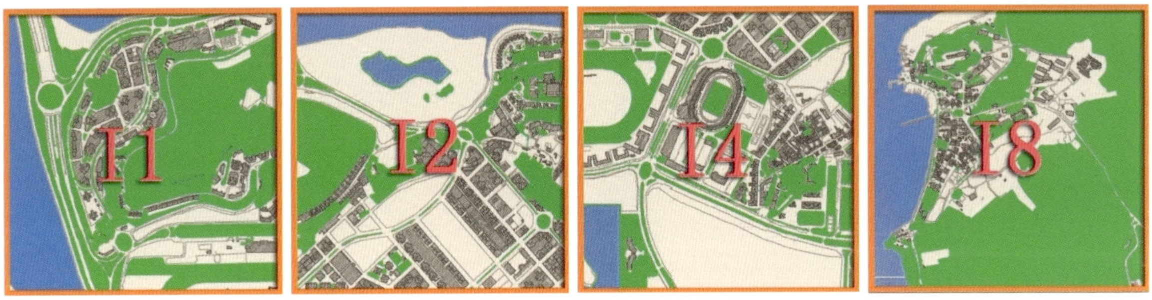

圖6-2-8 澳門離島居民點典型樣方下墊面景觀格局分析圖

澳門離島居民點典型樣方“綠建比”分析　表6-2-5

典型樣方	A(hm^2)	B(hm^2)	C(hm^2)	D(hm^2)	Q	Q_1	Q_2
I1	39.9	8.4	4.3	9.5	4.20	0.88	0.45
I2	19.3	6.7	3.7	17.3	1.12	0.39	0.21
I4	20.0	16.0	6.2	10.1	1.98	1.58	0.61
I8	53.5	20.9	19.5	4.1	13.05	5.10	4.76
均值	**33.2**	**13.0**	**8.4**	**10.2**	**3.25**	**1.27**	**0.82**

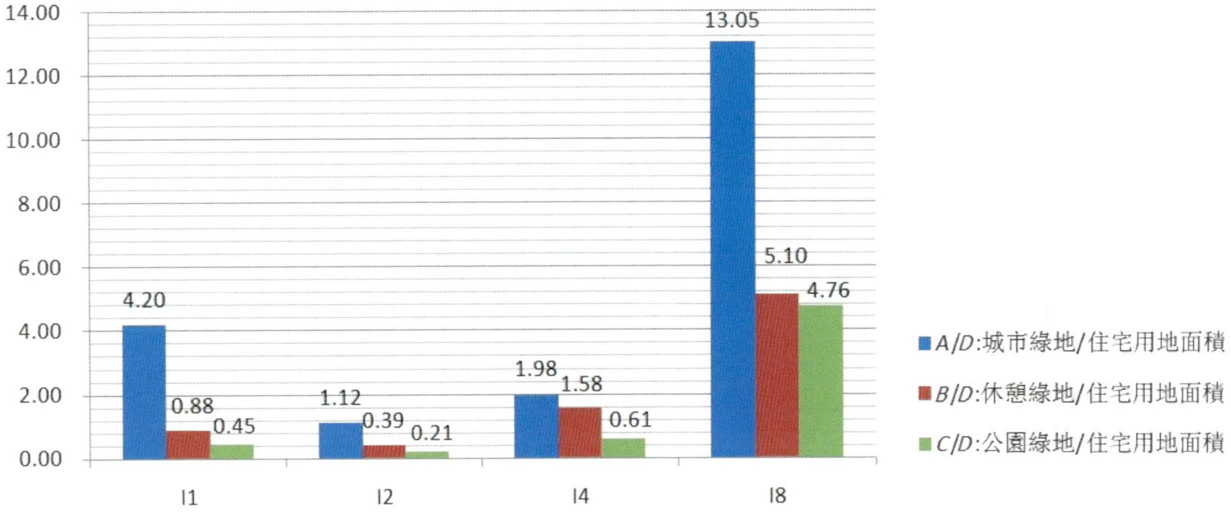

圖6-2-9 澳門離島4塊主要居民點分佈的典型樣方“綠建比”分析圖

從圖6-2-8、圖6-2-9、表6-2-5可知：

① 離島4塊主要居民點分佈的典型樣方的城市綠地、休憩綠地和公園綠地綠建比平均值分別為3.25、1.27、0.82；

② 各典型樣方的綠建比差距較大。其中：I1、I2的休憩綠地面積相對住宅用地面積較小，而I4、I8休憩綠地面積/居住用地面積的比值較大，它說明住宅用地面積所匹配的休憩綠地面積很大，可以滿足更多市民的休閒娛樂活動需求，提供舒適宜人的居住環境。此類地區今後可以考慮適當增加居民點密度，合理進行綠地周邊的住宅用地開發。

6.2.2 城區類別分析

(1) 研究目標

對澳門城市各區的綠建比指標進行分析，制定澳門城市生活用地綠建比的規劃指標。

(2) 技術方法

本項目研究在前述的典型樣方綠建比分析

基礎上，進一步研究了澳門城區的綠建比，具體步驟如下：

① 在AutoCAD軟件中，將澳門城市下墊面景觀格局分析圖與澳門城市分區圖進行疊加，並計算各區的住宅用地與休憩綠地總面積；

② 結合前述的各區人口情況，分析各區的綠建比；

③ 根據各區綠建比的數值分佈情况，把各區分爲五類：a類城區($Q_1 \leqslant 0.1$)、b類城區($0.1 < Q_1 \leqslant 0.4$)、c類城區($0.4 < Q_1 \leqslant 0.8$)、d類城區($0.8 < Q_1 \leqslant 10$)、e類城區($Q_1 > 10$)，並分別對各類城區的綠建比現狀進行分析；

④ 根據每類城區綠建比的現狀指標，提出規劃指標。

(3) 分析結論

參考內地外相關城市綠化法規和技術規範，一般城市新區開發建設需配套25%的休憩綠地及10%的街區道路。由此可得，當休憩用地與住宅用地比值(即綠建比)為0.5時，城市生活用地的使用性質構成較爲理想。因此，本專項研究根據澳門各類城區的綠建比現狀，分別提出了未來城區綠建比的規劃建議值(表6-2-6)。

澳門城市各分區綠建比指標分析　　表6-2-6

城區類型	分區	D/S	G_1	G_1 均值	G_1 方差	G_1 建議值
a 類城區 ($Q_1 \leqslant 0.1$)	新橋區	0.58	0.02	0.04	0.00	0.05-0.1
	高士德及雅廉訪區	0.47	0.05			
b 類城區 ($0.1 < Q_1 \leqslant 0.4$)	下環區	0.35	0.14	0.25	0.01	0.25-0.4
	黑沙環及祐漢區	0.33	0.18			
	中區	0.46	0.18			
	林茂塘區	0.29	0.2			
	荷蘭園區	0.49	0.25			
	海洋及小潭山區	0.14	0.28			
	沙梨頭及大三巴區	0.38	0.36			
	氹仔中心區	0.24	0.39			
c 類城區 ($0.4 < Q_1 \leqslant 0.8$)	黑沙環新填海區	0.18	0.45	0.58	0.03	0.5-0.8
	筷子基區	0.24	0.45			
	南西灣及主教山區	0.31	0.49			
	新口岸區	0.20	0.52			
	大學及北安灣區	0.06	0.78			
	青洲區	0.07	0.79			
d 類城區 ($0.8 < Q_1 \leqslant 10$)	望廈及水塘區	0.16	0.93	1.91	1.52	>1
	台山區	0.16	0.98			
	外港及南灣湖新填海區	0.14	1.35			
	東望洋區(松山區)	0.15	2.46			
	氹仔舊城及馬場區	0.05	3.82			
e 類城區 ($Q_1 > 10$)	北安及大潭山區	0.03	11.24	17.51	78.50	
	路環區	0.01	23.77			

注：
- $D/S \geqslant 0.4$
- $0.1 \leqslant D/S < 0.2$
- $0.3 \leqslant D/S < 0.4$
- $D/S < 0.1$
- $0.2 \leqslant D/S < 0.4$
- $G_1 \geqslant 10$
- $0.1 \leqslant G_1 < 0.4$
- $0.8 \leqslant G_1 < 10$
- $G_1 < 0.1$
- $0.4 \leqslant G_1 < 0.8$

附圖集C——規劃圖

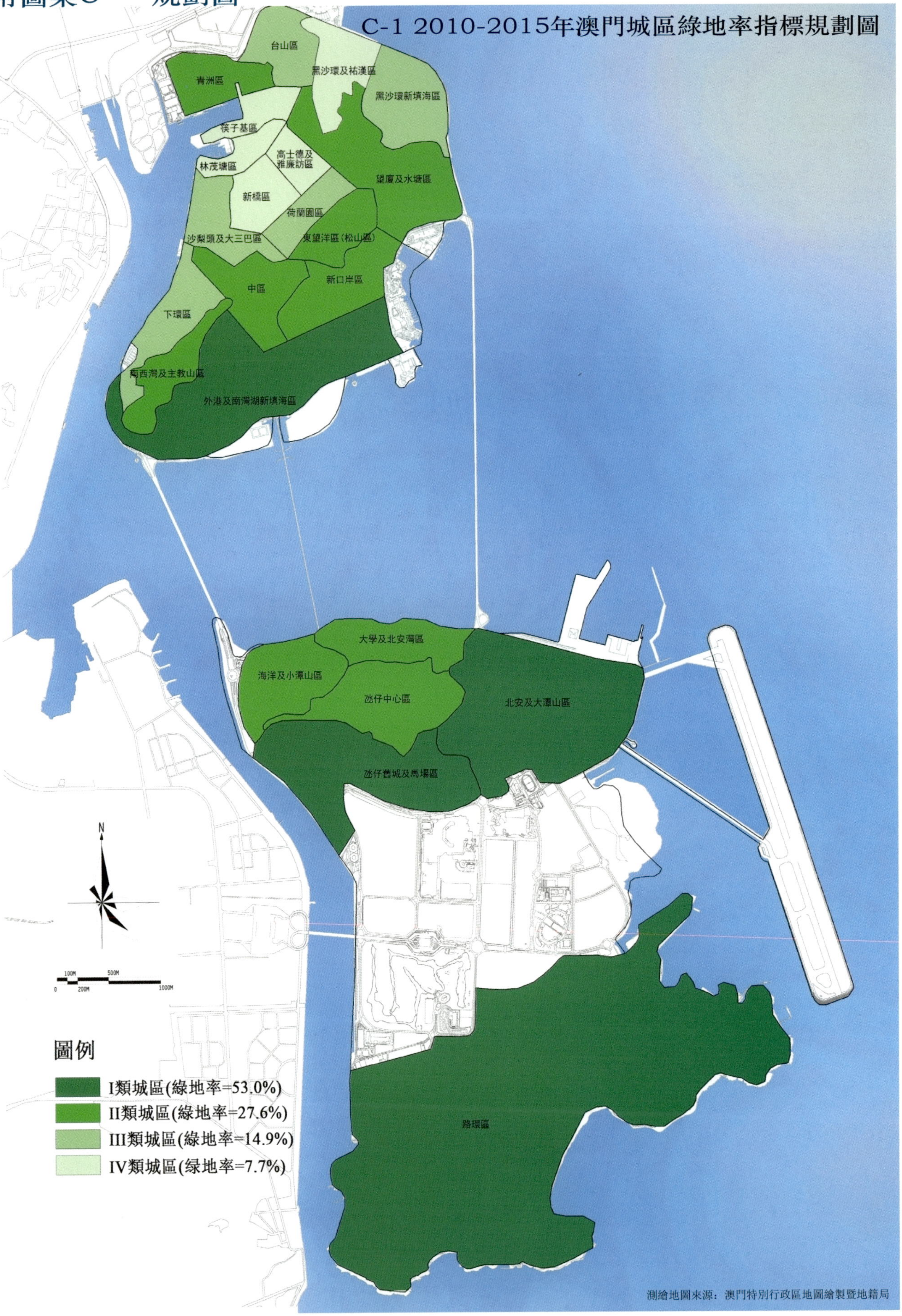
C-1 2010-2015年澳門城區綠地率指標規劃圖
台山區
黑沙環及祐漢區
青洲區
黑沙環新填海區
筷子基區
高士德及雅廉訪區
林茂塘區
望廈及水塘區
新橋區
荷蘭園區
沙梨頭及大三巴區
東望洋區(松山區)
新口岸區
中區
下環區
南西灣及主教山區
外港及南灣湖新填海區
大學及北安灣區
海洋及小潭山區
氹仔中心區
北安及大潭山區
氹仔舊城及馬場區
路環區
N
100M
500M
0
200M
1000M
圖例
I類城區(綠地率=53.0%)
II類城區(綠地率=27.6%)
III類城區(綠地率=14.9%)
IV類城區(綠地率=7.7%)
測繪地圖來源：澳門特別行政區地圖繪製暨地籍局

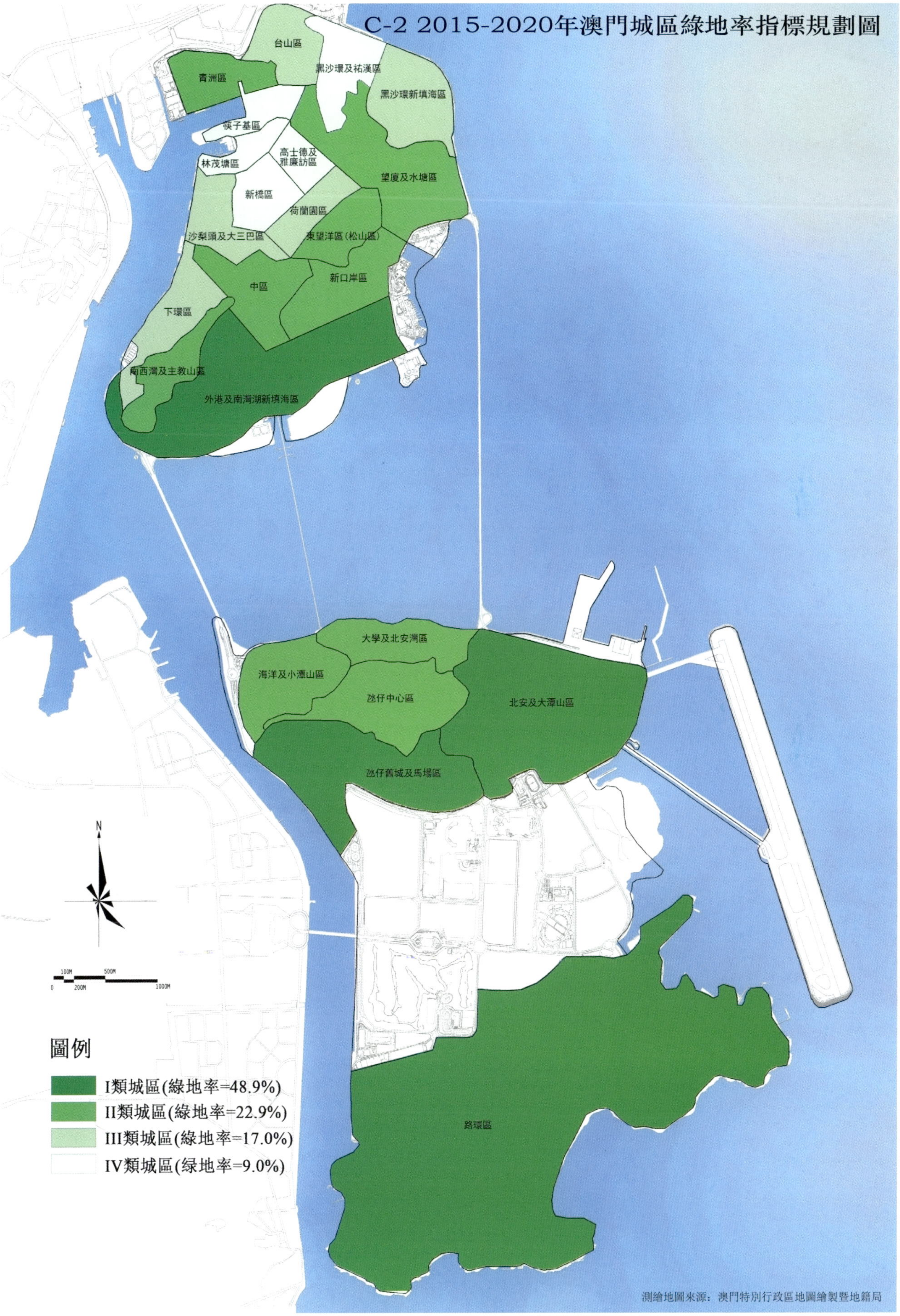
C-2 2015-2020年澳門城區綠地率指標規劃圖
台山區
青洲區
黑沙環及祐漢區
黑沙環新填海區
筷子基區
高士德及雅廉訪區
林茂塘區
望廈及水塘區
新橋區
荷蘭園區
沙梨頭及大三巴區
東望洋區(松山區)
中區
新口岸區
下環區
南西灣及主教山區
外港及南灣湖新填海區
大學及北安灣區
海洋及小潭山區
氹仔中心區
北安及大潭山區
氹仔舊城及馬場區
路環區
N
100M 500M
0 200M 1000M
圖例
I類城區(綠地率=48.9%)
II類城區(綠地率=22.9%)
III類城區(綠地率=17.0%)
IV類城區(绿地率=9.0%)
測繪地圖來源：澳門特別行政區地圖繪製暨地籍局

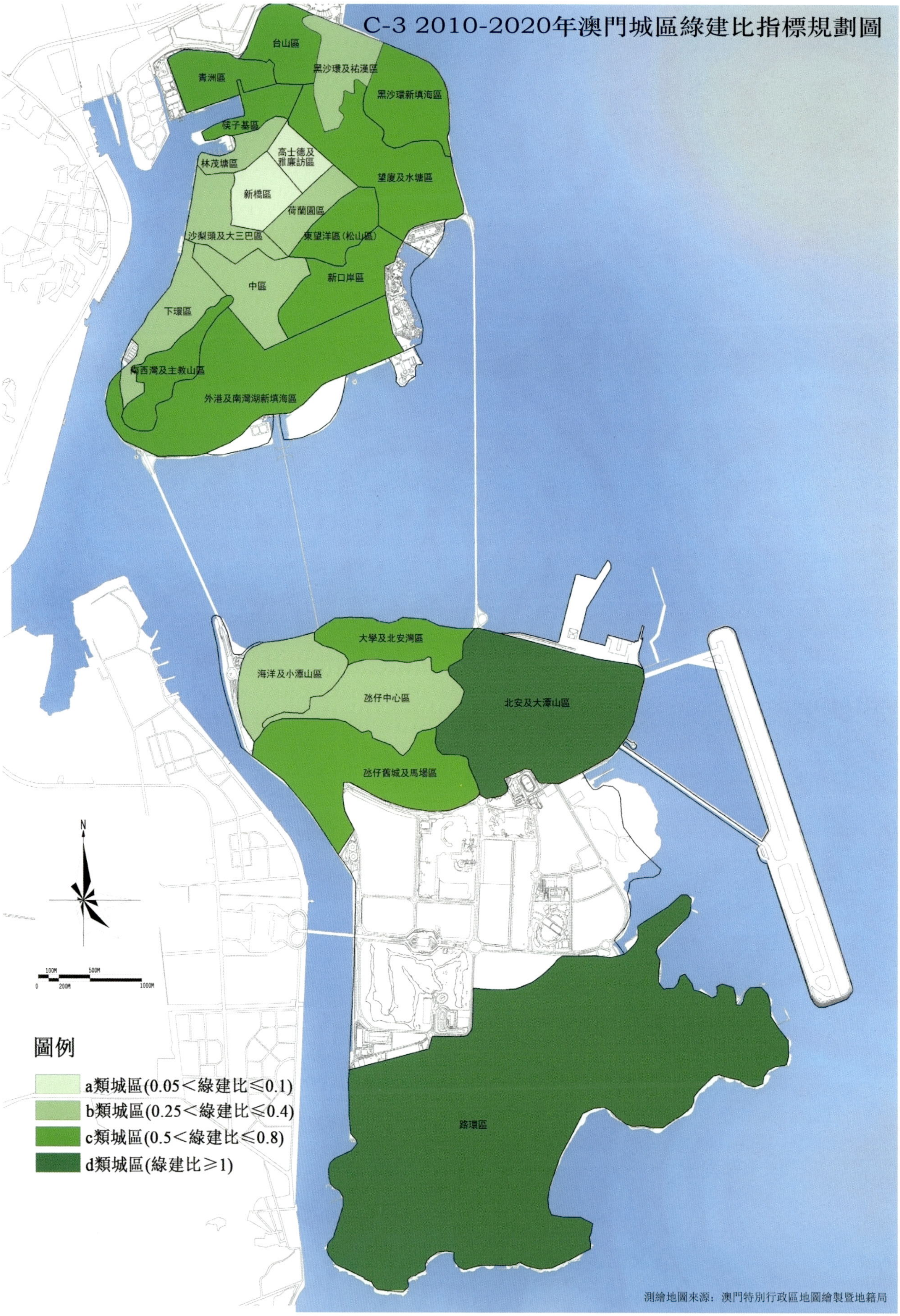
C-3 2010-2020年澳門城區綠建比指標規劃圖
台山區
青洲區
黑沙環及祐漢區
黑沙環新填海區
筷子基區
高士德及雅廉訪區
林茂塘區
望廈及水塘區
新橋區
荷蘭園區
沙梨頭及大三巴區
東望洋區(松山區)
中區
新口岸區
下環區
南西灣及主教山區
外港及南灣湖新填海區
大學及北安灣區
海洋及小潭山區
氹仔中心區
北安及大潭山區
氹仔舊城及馬場區
路環區
N
100M
500M
0
200M
1000M
圖例
a類城區(0.05＜綠建比≤0.1)
b類城區(0.25＜綠建比≤0.4)
c類城區(0.5＜綠建比≤0.8)
d類城區(綠建比≥1)
測繪地圖來源：澳門特別行政區地圖繪製暨地籍局

第七章 Chapter seven

澳門建設國際花園城市規劃願景

第七章　澳門建設國際花園城市規劃願景

7.1 國際花園城市競賽活動的發展概況

國際花園城市評選活動始於1997年，現在的全稱爲"全球最宜居城市與社區國際競賽"。它是一項涉及城市與社區環境管理的國際競賽。目標是通過創建宜居的社區和城市，提升市民的生活質量，構建和諧發展的社會。由於這項評選活動以倡導生態、環保、宜居和可持續發展爲主題，是全球公認的"綠色奧斯卡"大賽，也是世界城市建設與社區管理領域的最高榮譽之一。

國際花園城市競賽主要設三個獎項，即最具含金量的"國際花園城市獎"，"環境可持續項目獎"和"助學金獎"，2007年增設"個人貢獻獎"。其中"國際花園城市獎"按參選城市或社區的常住人口分爲五個評選等級。同一人口等級的參評對象不與等級內其他參評對象進行橫向評比，只按照其所在地的有關文化、政治、經濟、地理與氣候環境因素等評選標準進行評選。該獎項的國際評選委員會由環保與景觀管理專業人士組成，他們將分成若干個三人小組，分別對A、B、C 和 D 類社區進行評估，另外有一個六人小組對E 類社區進行評估。"環境可持續項目獎"旨在表彰創新性項目對可持續發展與提高環保意識方面所作出的貢獻，以及其對當地環境所帶來的巨大的積極影響。該獎項的國際評選委員會由環保與景觀管理專業人士組成。只有參加"國際花園城市"競賽環節的社區才能申請"助學金獎"，獎金高達£10,000。國際花園城市組委會將邀請被提名人個人，該被提名的人士曾作出過與國際花園城市評選標準相關的一項或多項傑出的貢獻，這些貢獻有助於改善市民的生活品質，在其社區或更廣泛的範圍內有著積極的意義。國際花園城市組委會不承諾每年都設置個人貢獻獎。

"全球最宜居城市與社區國際競賽"經過13年來的全球開展，在促進城市與社區人居環境改善與發展領域，取得了令全球折服的成果。該競賽分別在"景觀改善、遺產管理、公衆參與、健康生活方式、環保實踐、未來規劃"等六大方面對全球城市與社區的最佳宜居實踐模式進行全面評估，有效地提升了全球城市環境建設的品質。

2007年11月，"國際公園與康樂管理協會"(IFPRA)在英國倫敦簽署"合作備忘錄"，宣佈正式從2008年起將"國際花園城市與社區"競賽納入聯合國環境署官方聯合舉辦規格，並由聯合國環境署直接發動全球城市與社區參賽。目前，已經有世界各大洲的238個城市與社區獲獎。

7.2 澳門建設國際花園城市的規劃目標

澳門是一座特色鮮明的城市，具有以博彩及旅遊業爲主導的經濟特色、中葡文化交融的人文特色等，促進了澳門的城市發展。根據2008年國務院批准的《珠江三角洲地區改革發展規劃綱要2008-2020年》明確把澳門定位為"世界旅遊休閒中心"。因此,澳門未來的發展當是：在經濟適度多元的發展策略引導下，以博彩旅遊業爲經濟主體、以中西文化交融爲城市特色、以精緻宜人爲發展導向、以持續繁榮爲發展目標、以開放包容爲城市性格的旅遊宜居之地和景觀優美的國際花園城市。

首先，澳門是號稱的"世界三大賭城"之一，博彩業是吸引大批遊客到澳門的重要原因，被稱爲"東方蒙地卡羅"。長期以來，到澳門的遊客有八九成是為"博彩"而來，博彩旅遊與觀光旅遊的比例爲7:3。博彩業迅速帶動了澳門的旅遊業，使澳門成爲一個多姿多彩的旅遊勝地。

其次，400多年中西方文化交匯的歷史，給澳門留下了衆多的名勝古迹、豐富的旅遊資源和獨特的文化風情(圖7-2-1)。澳門的媽閣廟、普濟禪院、蓮峰廟被稱爲“三大廟宇”，大三巴牌坊、大炮台、東望洋山燈塔、西望洋山主教堂等人文景觀也聞名於世。還有碧海、沙灘、綠地等自然資源。這些都是國際遊客避暑、渡假、休閒的好去處。

另外，澳門是自由港，大多進口物品可免稅，價格低廉，是遊客的購物天堂。澳門地處珠江三角洲南緣，距香港僅40海浬，離東南亞各國及日本也都不太遠。1995年正式啓用的國際機場改變了澳門過去以水路、陸路爲主的交通狀況，對外交往和聯繫的能力大大加强。目前，已開通的澳門至內地、台灣、韓國、新加坡、及馬來西亞等歐洲國家的許多航線，使世界各地遊客可不再繞道香港而直接來澳，促進了澳門旅遊業的發展。國際遊客的增加，使得澳門餐飲、娛樂業得到了迅速發展。

爲進一步促進旅遊業的發展，近年來澳門興建了許多新的旅遊景點和文化設施，如澳門博物館、澳門科學館、澳門東亞運動會體育館、十六浦主赌场、澳門漁人碼頭、媽祖文化村等，重修了亞婆井前地、鄭家大屋、盧家大屋以及路環石排灣公園等，還推出了澳門國際音樂節、澳門藝術節、國際煙花匯演、龍舟賽、賽車等文化活動。同時，特區政府積極推動在澳門舉行各類大型國際和地區性會議，增加來澳商務和公務旅客人數。爲了吸引更多的遊客，澳門還經常舉辦“澳門旅遊”等宣傳活動，介紹澳門的歷史、文化和風土人情，使澳門的旅遊業向多元化方向發展。

國際花園城市評選活動，旨在通過創建宜居的城市社區，提升市民的生活品質，構建和諧發展的社會，這一目標，與澳門近年來著力於改善自然和人文景觀，大力發展旅遊娛樂業是相吻合的。

7.3 澳門競爭國際花園城市的基本條件

國際花園城市評選主要考察參賽城市6個方面的建設成果，它們是構成國際花園城市的基本條件。對照澳門的實際情況，分別從以下6個方面分析。

圖7-2-1 綠意盎然的澳門半島老街區景觀

2007–2009年澳門區綠化區統計❶　表7–3–1

項目	單位	2007年	2008年	2009年
總綠化區面積	m^2	5,948,638	6,872,271	7,703,995
澳門半島綠化區面積佔總綠化區面積比例	%	16.2	14.4	12.9
氹仔綠化區面積佔總綠化區面積比例	%	13.2	11.3	16.3
路環綠化區面積佔總綠化區面積比例	%	67.5	71.2	67.7
路氹填海區綠化區面積佔總綠化區面積比例	%	3.2	3.1	3.1
綠化區佔土地面積比例	%	20.4	23.5	26.1

7.3.1 自然與人文景觀改善

經過1999年回歸後10年的建設，澳門的自然環境得到有效保護，人文景觀得到有效修繕。目前，澳門的城市綠地率已達到42%，建成了53個公園(含18個市政公園、26個社區公園、7個郊野公園和2個專類公園)、40個廣場花園、18個歷史名園。為改善澳門的綠化環境，澳門特區政府民政總署於2007年組織開展了“澳門未來都市景觀與綠化環境”的專項研究，並於2008年搜集針對澳門都市景觀和環境建設相關的資料和國內外案例，以此作爲日後推動綠化景觀與環境規劃的依據❷(表7-3-1)。

人文景觀方面，澳門政府先後維修並重新開放了玫瑰堂、東望洋炮台及燈塔、盧家大屋、鄭家大屋等多處景點，並添置啓用了塔石藝文館、澳門科學館等多處新景點。使澳門城市的景觀豐富多彩，呈現多元豐富融合的文化氣息(表7-3-2)。

2009年澳門已評定之建築及修復統計❸　表7–3–2

項目	總數	修復之建築物數目	修復費用(萬圓)
總數	181	45	27,308
已評定之紀念物	52	12	6,613
已評定之紀念物	9	3	2,176
已評定之紀念物	7	1	828
已評定之紀念物	26	6	3,373
已評定之紀念物	10	2	235
已評定為具有建築藝術價值之建築物	44	5	6,397
已評定之建築群(包括各類不同的建築物)	12	13	7,540
已評定之地點	21	0	0
其他	0	3	145.5

❶ 資料來源：澳門特別行政區民政總署及地圖繪製暨地籍局。
❷ 梁敏如.濠城綠意[M].澳門：澳門特別行政區民政總署園林綠化部,2008:102.
❸ 資料來源：澳門特別行政區統計暨普查局。

7.3.2 藝術文化與遺産

獨特的歷史與社會環境，使澳門成爲近代中西文化交流的重要城市。多年來，澳門積累了豐富多樣的文化遺産，保留了獨特的人文風貌。2005年7月"澳門歷史城區"被聯合國教科文組織列入《世界遺産名録》。從此，澳門的文化遺産成爲人類所擁有的共同財富。2009年，澳門特區政府制訂推出《文化遺産保護法》(草案)，並進行公開諮詢，準備將保護文化遺産的工作結合城市建設、政府職能、資金保障、社會監督等以法律法規的形式明確下來(表7-3-3)。

澳門歷史城區建築名錄❶　　表7-3-3

編號	名稱	位置
1	聖奧斯定教堂	崗頂前地
2	聖安多尼教堂 (花王堂)	花王堂前地
3	玫瑰堂	板樟堂前地
4	大三巴牌坊	耶穌會紀念廣場
5	聖若瑟修院大樓及聖堂	三巴仔橫街
6	大堂 (主教座堂)	大堂前地
7	聖老楞佐教堂	風順堂街
8	媽閣廟	媽閣廟前地
9	港務局大樓	媽閣街
10	東望洋炮台(包括聖母雪地殿聖堂及燈塔)	東望洋山頂
11	基督教墳場	白鴿巢前地
12	東方基金會會址	白鴿巢前地
13	大炮台	近大三巴牌坊
14	舊城墻遺址	近大三巴牌坊
15	哪吒廟	近大三巴牌坊
16	亞婆井前地	亞婆井前地
17	鄭家大屋	龍頭左巷
18	崗頂前地	崗頂前地
19	崗頂劇院	崗頂前地
20	何東圖書館大樓	崗頂前地
21	民政總署大樓	議事亭前地
22	議事亭前地	議事亭前地
23	三街會館(關帝廟)	公局新市南街(近營地街市)
24	仁慈堂大樓	議事亭前地
25	大堂巷七號住宅(盧家大屋)	大堂巷

❶ 資料來源：澳門特別行政區政府文化局。

7.3.3 環境保護

由於城市的發展，澳門的生態環境受到嚴重的破壞。過去，澳門政府不斷透過各項政策措施、教育宣導及工程建設，努力改善澳門的環境質量及保護自然資源(表7-3-4、表7-3-5)。澳門現有生態景觀綠地面積4,358,185m^2(含風景林地3,029,574m^2，生態濕地550,233m^2，水源保護地778,378m^2)，垃圾房121個，資源垃圾公共回收點181個。

近幾年來，澳門民政總署對城市綠地及自然生態狀況進行了普查研究，涉及項目包括苔蘚植物多樣性研究、樹木病蟲害普查、行道樹與公園樹木的白蟻調查及防治工作、紅樹林恢復等。2008年，民政總署又對松山生態、地理環境變化、遊人承載量、生物多樣性及土壤性質等多方面進行研究與評估，藉此逐步豐富松山林相，改善松山生態環境。2006年建立了澳門首個完整的"樹木管理維護系統"。2010年環保局發表《噪音法修訂諮詢文本》，擬配合未來澳門環境規劃的目標，打造綠

2007—2009年澳門環境統計主要指標❶　表7-3-4

項目	單位	2007年	2008年	2009年
空氣質量屬良好的比例(澳門半島水坑尾監測站)	日數百分率	62.4	76.8	83.1
生活垃圾	公噸	174,452	179,464	159,723
廢紙回收總質量	kg	106,680	281,170	236,598
焚化中心處理的固體廢料	公噸	288,243	298,491	324,808
行人道樹木總數	株	15,640	15,349	15,658
離島再植林用的樹木總數	株	467,205	470 056	472,706
總綠化區面積	m^2	5,948,638	6,872,271	7,703,995
綠化區佔土地面積比例	%	20.4	23.5	26.1

2007—2009年澳門環境保護與教育活動統計❷　表7-3-5

項目名稱	2007年	2008年	2009年
活動總次數(總數)	445	385	525
活動總次數(民政總署)	413	359	495
活動總次數(環境保護局)	32	26	30
參加總人次(總數)	336,400	319,200	412,500
參加總人次 (民政總署)	271,700	177,000	304,100
參加總人次(環境保護局)	64,700	142,200	108,400
協辦單位數目(總數)	496	250	362
協辦單位數目(民政總署)	301	72	120
協辦單位數目 (環境保護局)	195	178	242
總經費 (千澳門元)	4,934.8	4,106.6	3,775.5
民政總署活動經費 (千澳門元)	3,885.2	3,060.1	2,534.0
環境保護局活動經費 (千澳門元)	1,049.6	1,046.5	1,241.5

❶ 資料來源：澳門特別行政區統計暨普查局。
❷ 資料來源：澳門特別行政區統計暨普查局。

色宜居的環保城市。

由於澳門地理位置特殊，擁有大面積的泥灘及不同類型的濕地，包括5個淡水濕地、鹹淡水濕地(路氹城的紅樹林灘塗濕地)及海水濕地(岩岸濕地及沙灘濕地)。澳門政府為逐步提升澳門綠地的生態功能，劃分生態景觀區並對受破壞的濕地水域進行恢復重建。此外，爲節省水資源，澳門民政總署與自來水公司合作，採用原水或經污水處理的水灌溉植物。

7.3.4 公眾參與

澳門是一個公共福利化的社會。澳門的城市建設、政府職能、資金保障、社會監督均與公衆參與聯繫起來。自1981年起，每年爲期9天的"澳門綠化週"活動，都吸引了許多市民參加。特別是2008年，參與人數達85,000人次。

此外，澳門有20餘個博物館及展覽館，如澳門博物館、藝術博物館、茶文化館、海事博物館、土地暨自然博物館等。澳門政府定期舉行各類型的講座、展覽及音樂會等活動，以便豐富市民的文化生活。據不完全統計，澳門現有各類大小民間社團3,000多個。澳門多種宗教並存，現有宗教團體、組織約210個。爲使綠化工作能深入民心使大家瞭解綠化的效益，每年均舉辦綠化週，定期舉辦專題植物展覽。為推廣全民綠化還曾主辦 "綠化澳門獎勵計劃"，將綠化由室外帶至各家各戶和校園(表7-3-6)。

7.3.5 健康生活方式

澳門的城市陸地面積僅29.5 km^2，與發達國家和地區相比，市民活動空間不足。自然空間在城市用地中的比重偏小，市民的體育活動受限。

爲提高澳門市民的活動空間，澳門政府不遺餘力。爲讓市民享受郊遊之樂，澳門於1984年開闢了第一條郊野步行徑。時至今日，澳門已擁有15條步行徑，其中澳門半島和氹仔島各佔2條，其餘的11條步行徑均位於路環❶。步行徑分佈廣泛，類別功能多樣，除了讓遊人踏青、回歸自然之外，還配備運動休憩設施，為人們提供舒展身心、舉家同樂的地方。

澳門的郊野步行徑可分爲山林徑、湖岸徑和海岸徑三大類(表7-3-7)：

(1) 山林徑：依山而設的步行徑(圖7-3-1)。由於澳門的地形以丘陵爲主，因此澳門的郊野步行徑以山林徑為主。目前，澳門一共有12條山林步行徑，其中80%位於山林聚集的離島。在某些山林步行徑中設有亭子和健身器等運動休憩設施(圖7-3-2)，以便讓遊人休息運動。

(2) 湖岸徑：於人工水庫堤岸上建設的步行徑。為防火及灌溉等需要，澳門於20世紀70年代中期於路環建成了九澳水庫和黑沙水庫。其後，在水庫邊上設步行徑(黑沙水庫健康徑及九澳水庫環湖徑)，使市民近距離欣賞美麗的湖光山色(圖7-3-3)。

(3) 海岸徑：沿海而築的步行徑。開闢於海岸邊上的龍爪角海岸徑(圖7-3-4)，建於綠林與海洋之間，以步行運動及觀賞爲基本功能。遊人置身其中，既可感受山林的自然野趣，也能賞海景聽海濤聲。

1997—2002年澳門自然教育活動統計❷　　表7-3-6

年份 \ 項目	參觀學習		山中健行		郊遊計劃及大自然郊遊活動	
	團體	人數	團體	人數	活動次數	人數
1997年	48	4,664	16	2,912	3	1,315
1998年	91	6,735	30	2,402	16	5,263
1999年	41	4,702	33	2,815	21	5,795
2000年	104	9.164	49	4,188	20	7,515
2001年	92	11,798	53	3,394	32	5,904
2002年	67	6,239	54	3,578	32	9,287

❶ 歐陽偉然，呂志鵬. 澳門步行徑[M]. 澳門：澳門基金會，三聯書店(香港)有限公司，2009.

❷ 資料來源：澳門統計暨普查局

澳門郊野步行徑分佈　　表7-3-7

類型 / 地點	山林徑		湖岸徑		海岸徑	
	名稱	數量	名稱	數量	名稱	數量
澳門半島	1.松山健康徑 2.望廈山健康徑	2	無	0	無	0
氹仔島	1.大潭山環山徑 2.小潭山2000環山徑	2	無	0	無	0
路環島	1.石排灣郊野公園徑 2.石面盆古道 3.東北步行徑 4.路環健康徑 5.路環步行徑 6.九澳高頂家樂徑 7.黑沙龍爪角家樂徑 8.黑沙水庫家樂徑	8	1. 黑沙水庫健康徑 2. 九澳水庫環湖徑	2	龍爪角海岸徑	1

①

③

②

④

① 圖7-3-1 大潭山步行徑

② 圖7-3-2 大潭山步行徑上的配套設施

③ 圖7-3-3 九澳水庫的湖光山色

④ 圖7-3-4 龍爪角海岸徑

⑤ 圖7-3-5 坐凳配合健身器(大潭山環山徑)

⑥ 圖7-3-6 標距柱

⑦ 圖7-3-7 垃圾箱及消防用具(大潭山環山徑)

⑧ 圖7-3-8 植物簡介標牌(黑沙龍爪角家樂徑)

澳門的郊野步行徑設施完善，每隔一段距離，路旁設遊憩坐凳，甚至有時坐凳配合健身設施(圖7-3-5)，供遊人享用。為保證遊人安全，每條步行徑均設有標距柱(圖7-3-6)、指示牌和地圖板，有的郊野步行徑內還配備消防用具。而且，在某些行人活動頻繁的位置(如步行徑的入口、分叉路口、休憩點和觀景點等)均設有垃圾箱(圖7-3-7)，保證了郊野的潔淨。除此之外，步行徑設於自然之中，周邊動植物資源豐富，在某些植物旁設置植物簡介牌(圖7-3-8)，具自然教育的作用。

此外，澳民特區民政總署還在全澳設置了13個自由波地(球場)、4個公共遊泳池、1個水上活動樂園、1個農場、1個澳門綜藝館、1個活動中心及各種不同類型的圖書館約150間。另外，澳門城市運動場活動類型非常多樣化，市內既有運動場地，也有賽狗場、賽馬場和小型賽車場，使澳門市民的生活豐富多彩。

7.3.6 未來發展規劃

在城市發展規劃方面，澳門至今未制定城市規劃法規，使城市規劃工作的約束力較為有限[1]。近年來，澳門政府先後制定了《澳門城市概念性規劃2008建議草案》、《澳門環境保護概念性規劃構想(2010-2020)》等。2010年，澳門環境保護局就未來十年環境保護工作的開展了編製第一個規劃文本，建議以"六大規劃策略"(優化人居環境；鼓勵節約資源；推動綠色出行；保世遺、育生態；落實企業減排及融入區域一體)去推動願景的實現。一方面回應了澳門現時面臨的六大環境挑戰，另一方面以空氣、水、廢棄物、噪聲、生態、能源及環境管理的基礎元素爲出發點，爲澳門構建一個優質宜居的生活與旅遊環境奠定了基礎。不過，到目前爲止，這些規劃方案仍未成爲政策法規並具法律效應。

7.4 澳門創建國際花園城市的綠化指標

LivCom Awards(國際花園城市獎)是目前全球唯一全面宣導環境管理和宜居社區建設的地方社區國際競賽。其目標是鼓勵人們採用最佳的實踐經驗、創新意識和領導方式，為人們提供充滿活力的、具有可持續性環保發展模式的社區，並改善人們的生活品質。擁有不同人口數量與不同文化的城市或社區，其結構形式與職責也各不相同。參選城市或社區並非僅僅在其所屬人口規模組別中與其他社區相比選，而是對照相關的文化、政治、經濟、地理和氣候環境等評選標準，闡明其如何利用適當時機針對這些領域作出成績。

LivCom Awards(國際花園城市獎)按照城市或社區人口規模分為四個或五個等級，根據歷屆參選城市或社區的人口規模，組別分類標準調整了四次，分別為(表7-4-1)：

(1) 1997-2000年

A組(Population up to 10,000)

B組(Population 10,001-50,000)

C組(Population 50,001-300,000)

D組(Population over 300,000)

(2) 2001-2004年

A組(Population up to 20,000)

B組(Population 20,001-75,000)

C組(Population 75,001-200,000)

D組(Population 200,001-1,000,000)

E組(Population over 1,000,000)

(3) 2005-2009年

A組(Population up to 20,000)

B組(Population 20,001-75,000)

C組(Population 75,001-200,000)

D組(Population 200,001-750,000)

E組(Population over 750,000)

(4) 2010年

A組(Population up to 20,000)

B組(Population 20,001-75,000)

C組(Population 75,001-150,000)

D組(Population 150,001-400,000)

E組(Population over 400,000)

據澳門特區政府統計暨普查局2010年第一季度的統計資料，澳門現狀人口為54.24萬人。按照歷屆競賽組別的分類標準，澳門均屬於E組。從以往榮獲"國際花園城市獎"的城市名單中，挑選出人口規模相當和對澳門建設國際花園城市有可比性的同等城市進行比較研究，借鑒同等城市參選的成功經驗，可以為澳門今後參選"國際花園城市獎"提供有益的思路和啓示。

---

[1] 童喬慧.澳門城市環境與文脈研究[M].廣州：廣東人民出版社.2008:34

歷屆獲"國際花園城市獎"城市一覽❶　表7-4-1

時間	組別	金獎	銀獎	銅獎
1997年	A組	Broughshane, Northern Ireland	Virden，Canada	未設
	B組	Stratford，Canada	Niagara on the Lake,Canada	未設
	C組	Westminster，UK	Al Ain,United Arab Emirates	未設
	D組	Christchurch，New Zealand	Leeds, UK	未設
1998年	A組	Broughshane，Northern Ireland	Saltburn by the Sea，UK	未設
	B組	Ptuj，Slovenia	Rockville，USA	未設
	C組	Westminster，UK	Des Moines，USA	未設
	D組	Hamamatsu，Japan	Mecklenburg County，USA	未設
1999年	A組	Castlecove，Republic of Ireland	Town of Goderich，Canada	未設
	B組	Bury St Edmonds，UK	City of Grand Junction，USA	未設
	C組	Rickmond，Canada	Des Moines，USA	未設
	D組	Mecklenburg County，USA	Miyazaki，Japan	未設
	E組	Toronto，Canada	Salvador，Brazil	未設
2000年	A組	Wainfleet，Canada	Broughshane，Northern Ireland	Saltburn by the Sea，UK
	B組	Bury St Edmonds，UK	Elmhurst Park District，USA	Fairhope，USA
	C組	Westminster，UK	Al Ain，United Arab Emirates	Newcastle upon Tyne，UK
	D組	Yokosuka，Japan	Colorado Springs，USA	Perm，Russia
	E組	Shenzhen，PR China	Phoenix，USA	Chicago Park District，USA
2001年	A組	Clonakilty，Co.Cork，Republic of Ireland	Minehead，UK	Clonroche/Newbawn，Republic of Ireland
	B組	Coralville，Iowa，USA	Horsham，UK	Sagae City，Japan
	C組	Malmo，Sweden	Kelowna，Canada	Norrkopings Kommune，Sweden
	D組	Newcastle upon Tyne，UK	Stuttgart，Germany	Baltimore，USA
	E組	Westminster，UK	Los Angeles，USA	Guangzhou，PR China
				Tshwane，South Africa
2002年	A組	Listowel，Republic of Ireland	Asago Town，Japan	Largs，Scotland
	B組	Coffs Harbour，Australia	Royal Tunbridge Wells，UK	Ohrid，Macedonia
	C組	Guelph，Canada	Waterloo，Canada	Saint John，Canada
				Whittlesea，Australia

❶ 資料來源：The International Awards for Liveable Communities[OL]. http://www.livcomawards.com/index.htm.

續表

時間	組別	金獎	銀獎	銅獎
	D組	Newcastle upon Tyne，UK	Karlsruhe，Germany	Niagara，Canada La Coruna，Spain
	E組	Xiamen，PR China	City of Hangzhou，PR China	Chicago，USA
2003年	A組	Soldiers Point，Australia	Killarney，Republic of Ireland	Calbiga，Philippines
			Maze，Japan	
			Chelsea，Canada	Lochristie，Belgium
			Largs，Scotland	
	B組	Enkoping，Sweden	Playford，Australia	Barnstaple，UK
		The Woodlands, USA	Kladno，Czech Republic	Salekhard，Russia
	C組	Port Phillip，Australia	Plzen，Czech Republic	Norwich，UK
		Waterloo，Canada		
	D組	Quanzhou，PR China	Puyang，PR China	Den Haag，The Netherlands
		Seattle, USA	Aberdeen，UK	
	E組	Chicago，USA	Suzhou，PR China	未設
		Tshwane，South Africa		
2004年	A組	Annapolis Royal，Canada	缺官方資料	缺官方資料
	B組	Qian Dao Hu，PR China	缺官方資料	缺官方資料
	C組	Rhein-Hunsruck-Kreis，Germany	缺官方資料	缺官方資料
	D組	Stadt Munster，Germany	缺官方資料	缺官方資料
	E組	Honolulu，USA	缺官方資料	缺官方資料
2005年	A組	Dungannon，Ireland	Whistler，Canada	Derwent Valley，Australia
		Amal，Sweden	Aylsham，England	Tesetice，Czech Republic
			Clonakilty，Ireland	
			Okotoks，Canada	
	B組	空缺	Erandio，Spain	Ptuj，Slovenia
				Kladno，Czech Republic
				Lidkoping，Sweden
	C組	Songjiang，PR China	Pilsen，Czech Republic	Kecskemet，Hungary
			Stavanger，Norway	Miraflores，Peru
			Marrickville，Australia	Pecs，Hungary
		Gateshead，England	City of Westminster，USA	Whittlesea，Australia
				Slupsk，Poland
	D組	Coventry，England	Stockport，England	Bayamon，Puerto Rico
		Changde，PR China	Oslo，Norway	
	E組	Tshwane，South Africa	Ekurhleni，South Africa	Lodz，Poland
		Zhangjiagang，PR China		Prague，Czech Republic

續表

時間	組別	金獎	銀獎	銅獎
2006 年	A 組	Dungannon，Northern Ireland	Ucluelet，Canada	Aylsham，England
			Muskiz，Spain	Tyri，Estonia
			Clonakilty，Ireland	St Walburg，Canada
	B 組	Brasschaat，Belgium	Tonglu，PR China	Baden，Austria
			Mandurah，Australia	
			Meilinyicun Community，PR China	
	C 組	Gateshead，England	Whittlesea，Australia	空缺
		Stavanger，Norway	Randwick City Council，Australia	
			Willoughby，Australia	
	D 組	Waitakere，New Zealand	Tirana，Albania	空缺
	E 組	Dongguan，PR China	空缺	Ekurhuleni，South Africa
				Abuja，Nigeria
				Delhi，India
2007 年	A 組	Clonakilty，Ireland	St Walburg，Canada	Ville de Rosemere，Canada
				Echo，USA
			Lytham，UK	Nieuwpoort，Belgium
	B 組	Kladno，Czech Republic	Utena，Lithuania	空缺
			Newark，UK	
		St Cloud，USA	Hoover，USA	
		Chrudim，Czech Republic	Fayetteville，USA	
	C 組	Ipswich，Australia	Kakamigahra，Japan	Portsmouth，USA
		Rickmond，Canada	Norwich, UK	Pecs，Hungary
		Oshawa，Canada		Gran Canaria，Spain
	D 組	Malmo，Sweden	Toledo, USA	空缺
		Lyon，France	Manukau，New Zealand	
			Edogawa，Japan	
			Wentjiang，PR China	
	E 組	Wujin District，Changzhou，PR China	空缺	Arriyadh City，Saudi Arabia
				City of Johannesburg，South Africa
				Abuja，Nigeria
2008 年	A 組	Greystones，Ireland	Guanda Community，PR China	Linlithgow，Scotland
			Nieuwpoort，Belgium	Trafalgar，Australia
			Ogema，Canada	
	B 組	New Plymouth，New Zealand	Kladno，Czeck Republic	Newark on Trent，

續表

時間	組別	金獎	銀獎	銅獎
			Montreux， Switzerland	England
		Chrudim， Czech Republic	Zhujiajiao ， China	Eger ， Hungary
	C 組	Broadland， England	空缺	Pecs ， Hungary
				Mikolow， Poland
	D 組	Changxing， PR China	空缺	空缺
	E 組	Municipality of York ， Canada	JiangYin， PR China	City of Johannesburg ， South Africa
2009 年	A 組	Gibsons， Canada	Bolatice， Czech Republic	Ricany ， Czech Republic
				Jaromer，Czech Republic
		Southwell， England	Tulln An Der Donau ， Austria	Carlyle ， Canada
	B 組	Newark ， England	Annapolis ， USA	Jihlava ， Czech Republic
		Chrudim， Czech Republic	Tabor ， Czech Republic	Mlada Boleslav ， Czech Republic
				Ostrow Wielkopolski ， Poland
		Canada Bay， Australia		St Cloud, USA
	C 組	Melville， Australia	Kakamigahara， Japan	Cergy-Pontoise ， France
				Mikolow, Poland
		Broadland， England	Kladno ， Czech Republic	Norwich ， England
				Rockhampton， Australia
	D 組	空缺	Shilong ， PR China	Songpagu ， South Korea
	E 組	空缺	Dalian ， PR China	Dubai ， UAE
				Riyadh， SA

在中國大陸，自2000年深圳市率先參加“國際花園城市獎”競賽以來，廣州、廈門、杭州、蘇州、泉州等十多個城市陸續奪得“國際花園城市”桂冠(表7-4-3)，在城市人居環境建設方面跨進國際名城行列。在社區建設方面，各地城市的表現更為突出，已有北京、上海、廣州、深圳、杭州、青島等20多個社區躋身全球國際花園社區，為世界城市人居環境的改善事業作出了巨大貢獻，成為聯合國環境規劃署與國際公園協會全球推廣的典範。

與澳門同等人口規模城市(D組)獲“國際花園城市獎”一覽　表7-4-2

時間	金獎	銀獎	銅獎
1997 年	Christchurch，New Zealand	Leeds, UK	未設
1998 年	Hamamatsu，Japan	Mecklenburg County，USA	未設
1999 年	Mecklenburg County，USA	Miyazaki，Japan	未設
2000 年	Yokosuka，Japan	Colorado Springs，USA	Perm，Russia
2001 年	Newcastle upon Tyne，UK	Stuttgart，Germany	Baltimore，USA

續表

時間	金奬	銀奬	銅奬
2002 年	Newcastle upon Tyne ， UK	Karlsruhe， Germany	Niagara ， Canada La Coruna ， Spain
2003 年	Quanzhou， PR China	Puyang ， PR China	Den Haag ， The Netherlands
	Seattle, USA	Aberdeen ， UK	
2004 年	Stadt Munster， Germany	缺官方資料	缺官方資料
2005 年	Coventry， England	Stockport， England	Bayamon ， Puerto Rico
	Changde， PR China	Oslo ， Norway	
2006 年	Waitakere， New Zealand	Tirana， Albania	空缺
2007 年	Malmo ， Sweden	Toledo, USA	空缺
	Lyon， France	Manukau ， New Zealand	
		Edogawa， Japan	
		Wentjiang， PR China	
2008 年	Changxing ， PR China	空缺	空缺
2009 年	空缺	Shilong ， PR China	Songpagu ， South Korea

我國獲“國際花園城市奬”的城市綠化建設指標❶ 表7-4-3

時間	城市	組別	奬項	主要綠化建設指標		
				城市綠地率（%）	人均綠地面積（%）	人均公共綠地面積（m^2/人）
2000 年	深圳	E 組	金	38.00	11.61	14.00
2001 年	廣州	E 組	銅	27.25	14.29	7.39
2002 年	廈門	E 組	金	33.60	13.80	9.70
	杭州	E 組	銀	33.30	11.25	7.82
2003 年	泉州	D 組	金	31.27	19.74	8.65
	濮陽		銀	35.50	14.70	10.20
	蘇州	E 組	銀	32.00	19.50	7.00
2004 年	杭州千島湖	B 組	金	43.79	—	11 30
2005 年	上海松江	C 組	金	43.90	24.65	24.00
	湖南常德	D 組	金	34.00	14.32	8.35
	江蘇張家港	E 組	金	34.79	15.73	10.66
2006 年	杭州桐廬	B 組	銀	37.86	11.98	8.89
	東莞	E 組	金	39.90	17.82	15.02
2007 年	成都溫江	D 組	銀	42.25	21.64	21.60
	常州武進區	E 組	金	40.83	12.09	18.28
2008 年	浙江長興	D 組	金	37.80	15.85	11.30
	江蘇江陰	E 組	銀	38.80	20.70	15.05
2009 年	東莞石龍	D 組	銀	39.40	13.63	20.00
	大連	E 組	銀	42.55	20.68	11.60
平均指標值				37.20	16.22	12 67
澳門現狀指標				42.00	22.90	12 30

❶ 資料來源：中國宏觀數據挖掘分析系統[OL].http://number.cnki.net/cyfd/index.aspx.

合理制定各類城市綠地的規劃建設指標，是城市綠地系統規劃的重要工作內容。確定先進的城市綠地系統規劃建設指標，使城市居民所需的綠色生存空間得以保障，是城市綠化事業向高標準發展的引導標誌。有關研究表明，科學地衡量城市綠地系統規劃建設水準的高低，須有多項綜合指標體現其可持續發展能力。

從表7-4-3中的數據可知，中國歷屆參加"國際花園城市獎"競賽城市榮獲的獎項多為金、銀獎，主要的綠化指標值較高，綠地率平均達到37.20%，人均綠地面積平均為16.22m^2/人，人均公共綠地面積平均為12.67m^2/人。據澳門城市綠地分類統計表(2010年)，澳門的現狀城市綠地率為42.0%，人均綠地面積為22.9m^2/人，人均休憩綠地面積[1]為12.3m^2/人。經對比，澳門的綠地率和人均綠地面積均高於2010年之前內地獲獎城市的指標平均值，而人均公共綠地面積則比指標均值略低。因此，澳門具備參選"國際花園城市獎"的潛力和基本條件。

就中國內地城市的一般情況而言，20世紀50年代衡量城市綠化水準的指標主要有樹木株數、公園個數和面積、年遊人量；20世紀70年代後期提出了以人均公共綠地面積和城市綠化覆蓋率作為城市綠化水準的衡量指標；20世紀90年代後我國城市綠地系統規劃指標體系主要包括：人均公共綠地面積(m^2)、城市綠地率(%)、城市綠化覆蓋率(%)、人均綠地面積(m^2)、城市中心區綠地率(%)、城市中心區人均公共綠地面積(m^2)等。1993年11月建設部頒發了《城市綠化規劃建設指標的規定》，提出了按人均城市用地面積的不同標準確定城市綠化規劃指標，並規定了具體計算方法和規劃要求(表7-4-4)。

長期以來，我國城市的綠化建設指標一直偏低。1992年後，隨著創建園林城市的活動在全國普遍開展，出現了參照國家園林城市評選標準確定城市綠地系統規劃指標定位的趨勢(表7-4-5、表7-4-6、表7-4-7)。

此外，創建國家園林城市還需滿足以下綠化建設指標：

① 城市街道綠化普及率達95%以上，市區幹道綠化帶大於道路總用地面積的25%；

② 新建居住社區綠化面積佔總用地面積的

中國內地城市綠化規劃建設指標　表7-4-4

人均建設用地(m^2/人)	人均公共綠地(m^2/人)		城市綠化覆蓋率(%)		城市綠地率(%)	
	2000年	2010年	2000年	2010年	2000年	2010年
<75	>5	>6	>30	>35	>25	>30
75－105	>5	>7	>30	>35	>25	>30
>105	>7	>8	>30	>35	>25	>30

注：本表內容為國家建設部城建司[1993]784號文件發佈。

中國內地評選國家園林城市基本指標（2005年）　表7-4-5

綠化建設指標	城市地理區位	100萬以上人口城市	50萬-100萬人口城市	50萬以下人口城市
人均公共綠地(m^2/人)	秦嶺淮河以南	7.5	8	9
	秦嶺淮河以北	7	7.5	8.5
綠地率(%)	秦嶺淮河以南	31	33	35
	秦嶺淮河以北	29	31	34
綠化覆蓋率(%)	秦嶺淮河以南	36	38	40
	秦嶺淮河以北	34	36	38

注：本表指標為建設部2005年3月25日發佈。

[1] 澳門的休閒遊憩綠地定義與內地城市的公共綠地定義相當，故取其對應於內地城市的人均公共綠地面積指標。

中國獲"國際花園城市獎"金獎城市的綠化建設指標　表7-4-6

時間	城市	組別	獎項	主要綠化建設指標		
				城市綠地率(%)	人均綠地面積(m^2/人)	人均公共綠地面積(m^2/人)
2000年	深圳	E組	金	38.00	11.25	14.00
2002年	廈門	E組	金	33.60	14.70	9.70
2003年	泉州	D組	金	31.27	19.50	8.65
2004年	杭州千島湖	B組	金	43.79	11.98	11.30
2005年	上海松江	C組	金	43.90	21.64	24.00
	湖南常德	D組	金	34.00	20.70	8.35
	江蘇張家港	E組	金	34.79	13.63	10.66
2006年	東莞	E組	金	39.90	20.68	15.02
2007年	常州武進區	E組	金	40.83	11.25	18.28
2008年	浙江長興	D組	金	37.80	14.70	11.30
平均指標值				37.79	16.76	13.13
澳門現狀指標				42.00	22.90	12.30

中國獲"國際花園城市獎"銀獎城市的綠化建設指標　表7-4-7

時間	城市	組別	獎項	主要綠化建設指標		
				城市綠地率(%)	人均綠地面積(m^2/人)	人均公共綠地面積(m^2/人)
2002年	杭州	E組	銀	33.30	11.25	7.82
2003年	濮陽	D組	銀	35.50	14.70	10.20
	蘇州	E組	銀	32.00	19.50	7.00
2006年	杭州桐廬	B組	銀	37.86	11.98	8.89
2007年	成都溫江	D組	銀	42.25	21.64	21.60
2008年	江蘇江陰	E組	銀	38.80	20.70	15.05
2009年	東莞石龍	D組	銀	39.40	13.63	20.00
	大連	E組	銀	42.55	20.68	11.60
平均指標值				37.20	16.76	12.67
澳門現狀指標				42.00	22.90	12.30

30%以上，闢有休憩活動的園林綠地；

③ 改造舊居住區綠化面積也不應少於總用地面積的25%；

④ 全市生產綠地總面積不低於城市建成區面積的2%，城市各項綠化美化工程所用苗木自給率達到80%以上；

⑤ 全民義務植樹成活率和保存率均不低於85%。

由於澳門所處的自然地理與歷史人文條件與內地城市不同，綠地系統的規劃指標要求也應有所差異。其影響因素主要包括：城市性質、城市規模、自然條件、歷史文化、經濟發展水準、城市用地分佈現狀、園林綠地基礎及生態環境品質等。本項目研究力求通過對澳門城市性質、園林綠化發展現狀與國際花園城市建設目標之間條件分析，提出澳門各類城市綠地的具體規劃建設指標，尋求科學合理地配置城市綠地的方式，滿足城市在生態環境、居民生活、產業發展等方面的需要。

具體工作步驟如下：

① 明確澳門城市綠地系統規劃建設的發展目標，是為營造國際花園城市配套建設完善的生態基礎設施。

② 參考中國內地多年來國家園林城市的評選指標和已獲得國際花園城市金、銀獎榮譽的城市相關綠化建設指標，對照澳門的實際情況進行比較，找出問題和差距，研究改進方向和具體措施。

③ 在上述科學分析的基礎上，研究提出澳門城市綠地系統規劃建設的主要指標，指導今後編製與城市總體規劃相配套綠地系統規劃工作。

經對比，澳門現狀的城市綠地率和人均綠地面積指標，明顯高於中國內地榮獲“國際花園城市”競賽金、銀獎城市的綠化指標平均值。其中，綠地率約高出4.5%，人均綠地面積約高出6.43m^2/人，但人均公共綠地面積則低0.6m^2/人。由此可見，澳門近些年來城市綠化和園林建設取得了顯著成就，綠地總量和人均面積水平均已基本接近實現國際花園城市的競賽獲獎水平。不過，由於澳門的城市人口密度非常高，半島城區的人均休憩綠地面積仍較少，今後需進一步予以重視提高。尤其是要通過合理的“規劃建綠”、“見縫插綠”和“立體增綠”措施，進一步加強城市公園、花園、街道綠化和建築物天台綠化等方面的建設，努力豐富城市園林的景觀內涵，提升澳門競選國際花園城市的形象水平(圖7-4-1)。

澳門是世界上罕見的超高人口密度的城市地區，面積雖小，園林綠化卻很有特色。除少量的填海造地外，澳門在現行的體制框架下沒有其他擴展城市生活用地的途徑。因此，在未來的發展進程中，城市綠化統計指標的逐步減少將是不可避免的趨勢。但是，只要特區政府及其職能部門能正確地引導城市建設與園林綠化同步發展，把握好城市綠色空間與人口增長相耦合的遠期規劃控制底線指標，進一步提高城市綠地的生態服務水平和景觀質量，就一定能夠把澳門建設成為東亞地區精緻型、特色化的國際花園城市，迎來國際旅遊產業全面提升的新時代。

願澳門的未來更綠、更美、更精彩！

極具澳門特色的氹仔島十字花園

參考文獻·附表·附錄

參考文獻

[1] 梁華(梁之華)，李小濤，郭漢佳. 澳門淡水濕地生態環境[M]. 澳門：澳門特別行政區民政總署，2008：45.

[2] 芭芭拉•塞加利著. 世界名園叢書——西班牙與葡萄牙園林[M]. 張育楠，張海澄譯. 北京：中國建築工業出版社，2003.

[3] 陳婷. 澳門盧廉若公園的造園特色[J]. 現代園林，2009(3)：1-4.

[4] 陳昕，郭志坤. 澳門全記錄[M]. 上海：上海人民出版社，1999：43.

[5] 城市綠地分類標準(CJJ/T 85—2002)[S]. 北京：中國建築工業出版社，2002.

[6] 戴熠，金為民. 我國現行城市綠地分類解析[J]. 上海交通大學學報(農業科學版)，2007，25(3)：228-231.

[7] 董珂. 澳門地區環境保護概述[J]. 城市規劃，1999，23(5)：27-30.

[8] 何佳怡. 澳門城市花園的營造特色研究[D]. 廣州華南農業大學，2010.

[9] 何湘. 城市綠地分類探討[J]. 中國園林，1993，9(2)：35-41.

[10] 黃啓臣. 澳門通史[M]. 廣州：廣東教育出版社，1999：35.

[11] 黃德鴻. 澳門掌故[M]. 北京：中國文聯出版公司，1999.

[12] 黃就順. 澳門人的綠化生活[J]. 綠化與生活，2004(1)：41.

[13] 紀宗安. 澳門園林文化巡禮[J]. 中國園林，2001(2)：85-88.

[14] 傑弗裡•C. 岡恩(澳)著. 澳門史：1557-1999[M]. 秦傳安譯. 北京：中央編譯出版社，2009.

[15] 金國平. 西方澳門史料選萃(15-16世紀)[M]. 廣州：廣東人民出版社，2005.

[16] 李楚翎. 澳門的文化角色[D]. 天津：天津師範大學，2007.

[17] 李敏. 城市綠地系統規劃(A+U高校建築學與城市規劃專業教材) [M]. 北京：中國建築工業出版社，2008.

[18] 梁敏如，包志毅. 澳門綠地類型概況[J]. 中國園林，2006(1)：71-76.

[19] 梁敏如. 澳門城市綠地與園林植物研究[D]. 杭州：浙江大學，2006.

[20] 梁敏如. 濠城綠意[M]. 澳門：澳門特別行政區民政總署園林綠化部，2008.

[21] 梁日凡. 城市綜合花園與社區公園規劃規範研究[D]. 廣州：華南農業大學，2008.

[22] 林發欽. 澳門歷史建築的故事[M]. 澳門：澳門培道歷史學會，2005.

[23] 林鴻輝，潘永華，代色平等. 澳門公園植物資源分析[J]. 廣東園林，2008(4)：5-8.

[24] 劉芳. 澳門的公園[J]. 江海僑聲，1999(15)：13.

[25] 劉俊，蒲蔚然.對於新編《城市綠地分類標準》(CJJ/T 85—2002)的幾點意見[J]. 中國園林，2003(2)：70-71.

[26] 劉庭風. 嶺南園林——香港/澳門/海南/廣西園林[M]. 上海：同濟大學出版社，2003.

[27] 劉雪. 感受澳門的生態環境[J]. 當代亞太，2000(4)：64.

[28] 劉托. 澳門；歷史城區[M]. 北京：中國水利水電出版社，2006：22.

[29] 劉曉輝，許振文. 深圳市綠地景觀格局的分析研究[J]. 長春師範學院學報(自然科學版)，2006, 25(2).

[30] 劉燕. 園林花卉學[M]. 北京：中國林業出版社，2003.

[31] 陸琦. 澳門盧家花園[J]. 廣東園林，130(127)：73-75.

[32] 呂志鵬，黃健威. 澳門天主教堂[M]. 澳門：三聯書店與澳門基金會，2009.

[33] 呂志鵬，歐陽偉然. 澳門公園與花園[M]. 澳門：三聯書店與澳門基金會，2009.

[34] 呂志鵬，歐陽偉然. 澳門步行經[M]. 澳門：三聯書店與澳門基金會，2009.

[35] 馬林兵，曹小曙.基於GIS的城市公共綠地景觀可達性評價方法[J]. 中山大學學報，2006,45(6)：111-115.

[36] (瑞典)龍思泰著. 早期澳門史[M]. 吳義雄等譯. 北京：東方出版社，1997：28.

[37] 馬若龍，黃如楷.澳門建築從16世紀到現在[J]. 建築學報，1999(2)：4-5.

[38] 施打時，白加路. 離島綠化區大發展[M]. 澳門：澳門特別行政區民政總署，2002.

[39] 宋亞賓. 中西合璧的花園城市澳門[J]. 廣東大經貿，1999(4)：92-93.

[40] 宋祝平. 雙面澳門[J]. 炎黃縱橫 神州遊履，2007(2)：50-51.

[41] 湯影梅. 關於我國園林綠地分類的探討[J]. 中國園林，1987(2)：9-13.

[42] 童喬慧. 澳門城市環境與文脈研究[M]. 廣州：廣東人民出版社，2008.

[43] 童喬慧. 澳門城市特色景觀——市政廳廣場解讀[J]. 新建築，2004(6)：49-51.

[44] 童喬慧. 色彩與鋪裝——澳門城市景觀中的海韻[J]. 規劃師，2004(3)：55-57.

[45] 王寅城，魏秀堂. 澳門風物[M]. 珠海：珠海出版社，1998：7.

[46] 王昱之，杜世宏，石培基. 深圳市景觀格局空間梯度分異的研究[J]. 遙感應用，2009(06)：43-48.

[47] 魏清泉，韓延星. 高密度城市綠地規劃模式研究——以廣州市為例[J]. 熱帶地理，2004(02)：177-181.

[48] 吳志良等. 澳門東西交匯第一門[M]. 北京：中國友誼出版公司，1998.

[49] 吳堯，劉先覺. 澳門城市建築的發展[J]. 建築藝術，2004(4)：66-68.

[50] 吳堯. 澳門建築遺產之移植特徵[J]. 合肥工業大學學報，2009，32(6)：911-915.

[51] 吳堯. 淺析澳門建築遺產中的文化特徵[J]. . 合肥工業大學學報(自然科學版)，2008，31(8)：1322-1325.

[52] 吳志良，楊允中. 澳門百科全書[M]. 北京：中國大百科全書出版社，1999.

[53] 蕭嘉. 澳門的著名園林[J]. 園林，1999(6)：11.

[54] 邢福武，秦新生，嚴岳鴻. 澳門的植物區系[J]. 植物研究，2003，23(4)：472-477.

[55] 許昭德. 澳門公園漫談[J]. 中國園林，1986(3)：24-25.

[56] 張運春，彭少麟，張橋英. 澳門松山市政公園物種多樣性特徵[J]. 生態環境，2008，17(5)：1970-1973.

[57] 張初夏. 在城市高密度地區構建公園立體系統[J]. 中國園林. 2009(11)，89-92.

[58] 趙雲偉. 澳門歷史文化環境保護初探[J]. 城市規劃，1999，23(5)：18-30.

[59] 甄堅偉. 澳門環境與可持續發展[J]. 熱帶地理，2002，22(2)：134-137.

[60] 鄭一帆. 澳門環境綠化印象[J]. 廣東園林，1994(2)：35-37.

[61] 鄭淑穎，管東生. 廣州城市綠地斑塊的破碎化分析[J]. 中山大學學報(自然科學版)，2000，39(2).

[62] 莊雪影. 園林樹木學(華南本)[M]. 第2版. 廣州：華南理工大學出版社，2006.

[63] Francisco C.C.A.J. Macau Gardens & Landscape Art. Hong Kong：Asia 2000，2000.

[64] Going Green—Get out and about to Enjoy the Many Park and Gardens of Macau，Macau Outdoors[OL]. www.luxurytravelmag.com.au：40.

[65] 澳門特別行政區民政總署[OL]. http://gb.iacm.gov.mo/c/default/info.aspx.

[66] 澳門特別行政區環保局[OL]. www.ambiente.gov.mo.

[67] 澳門特別行政區統計暨普查局[OL]. www.dsec.gov.mo.

[68] 澳門特別行政區政府可持續發展策略研究中心. 澳門城市概念性規劃綱要(2008)[OL]. www.ceeds.gov.mo/.

[69] 澳門特別行政區政府旅遊局[OL]. www.macautourism.gov.mo.

[70] 澳門特別行政區政府文化局[OL]. www.icm.gov.mo/cn/.

[71] 澳門文物網[OL]. www.macauheritage.net.

[72] 澳門城市指南[OL]. www.cityguide.gov.mo.

[73] 澳門旅遊通勝[OL]. www.macautouristguide.com.

[74] The International Awards for Liveable Communities[OL]. www.livcomawards.com/index.htm.

[75] 澳門自然網[OL]. http://nature.iacm.gov.mo/2/2_1.aspx?lang=c#.

[76] 澳門城市綠化[OL]. http://nature.iacm.gov.mo/4/4_detail.aspx?page=4.1&id=96197324-1087-483c-8b13-f7f248b78e8a.

[77] 澳門特別行政區潘永華介紹了澳門城市綠化情況[OL]. http://ylj.zunyi.gov.cn/cms/cms/website/yuanlin/jsp/page.jsp?channelId=7397&infoId=2009495910.

[78] 松山市政公園[OL]. http://nature.iacm.gov.mo/2/2_1.aspx?lang=c.

[79] 民署制定綠化方針[OL]. http://www.todaymacau.com/news/2009_8_04_2.html.

附表：澳門城市綠地分類統計表(2010)

MG1 休閒遊憩綠地

MG111 市政公園 (個數：17　面積：376,731m^2)

半島

綠地編碼	綠地名稱	面積(m^2)	位置	圖幅編碼	備注(建設年代)
MG111-M-01	松山市政公園	103,056	地厘古工程師馬路	088 107 108	1886年
MG111-M-02	紀念孫中山市政公園	52,660	何賢紳士大馬路	006 007 026 027	1990年
MG111-M-03	藝園	31,572	宋玉生廣場	127 128	1999年啓用(2008年重开)
MG111-M-04	望廈山市政公園	24,644	友誼橋大馬路	047 048 067 068	1997年
MG111-M-05	宋玉生公園	23,254	宋玉生廣場	128 148	1996年
MG111-M-06	黑沙環公園	22,644	馬場東大馬路與勞動節大馬路	029 048 049	2003年
MG111-M-07	白鴿巢公園	19,661	白鴿巢前地	085 086	1885年
MG111-M-08	二龍喉公園	19,655	士多鳥拜斯大馬路	088	1959年啓用(1997年重开)
MG111-M-09	何賢公園	12,792	宋玉生廣場	107 108 127 128	1993年啓用(2007年重开)
MG111-M-10	螺絲山公園	9,579	新雅馬路與亞馬喇馬路之間	068	1890年啓用(1986年重开)
—	合計	319,517	—	—	—

離島

綠地編碼	綠地名稱	面積(m^2)	位置	圖幅編碼	備注(建設年代)
MG111-I-01	黑沙海灘公園(休憩區)	21,927	黑沙海灘	432 452	—
MG111-I-02	黑沙公園	18,822	黑沙海灘	451 452	早於1989年
MG111-I-03	花城公園	5,927	氹仔埃武拉街和奧林匹克馬路之間	289	1998年
MG111-I-04	竹灣燒烤公園	2,784	竹灣馬路	470	1980年
MG111-I-05	九澳高頂燒烤公園	2,676	九澳高頂馬路	413	1996年
MG111-I-06	湖畔公園	2,616	氹仔鷄頸馬路	270	1982年
MG111-I-07	路環山頂公園	2,462	路環高頂馬路	431	1988年啓用(1998年重开)
—	合計	57,214	—	—	—

MG112 社區公園 (個數: 26 面積: 152,043 m^2)

半島

綠地編碼	綠地名稱	面積(m^2)	位置	圖幅編碼	備注(建設年代)
MG112-M-01	水塘公園 (水塘休憩區)	50,454	友誼橋大馬路	069 070 089 090	2002年
MG112-M-02	黑沙環海濱公園	13,753	友誼橋大馬路	029 030 050	1998年
MG112-M-03	沙梨頭北街休憩區	9,345	沙梨頭北街	046	—
MG112-M-04	青洲河邊馬路休憩區 (近南粵批發中心)	7,748	鴨涌河馬路	025 026	—
MG112-M-05	永寧廣場	4,609	馬場北大馬路	028	—
MG112-M-06	媽閣休憩區	4,471	西灣湖景大馬路	143 144	—
MG112-M-07	筷子基南灣休憩區	3,030	林茂海邊大馬路 (近遊艇會)	066	—
MG112-M-08	慕拉士前地(南澳花園)	2,635	黑沙環海邊馬路	048 068 069	—
MG112-M-09	筷子基中街遊樂場	2,460	和樂大馬路	046	—
MG112-M-10	新城市臨時休憩區	2,364	亞馬喇土腰	027	—
MG112-M-11	青洲河邊馬路 臨時休憩區	2,231	青洲河邊馬路	045	—
MG112-M-12	如意廣場	1,897	馬場北大馬路	028	—
MG112-M-13	燒灰爐公園	1,639	民國大馬路	145	19世紀啓用 (1998年重开)
MG112-M-14	黑沙環三角花園	1,583	拱形馬路	047	20世紀啓用 (2005年重开)
MG112-M-15	祐漢新村第四街遊樂場	1,524	祐漢新村第四街	048	—
MG112-M-16	黑沙環中街休憩區	1,494	勞動節街	029 049	—
MG112-M-17	竹室正街休憩區	1,267	西望洋斜巷	145	—
MG112-M-18	罅些喇海軍上將巷	1,208	罅些喇海軍上將巷	066	—
MG112-M-19	大明閣遊樂場	934	青洲新巷	027 047	—
MG112-M-20	黑沙環第四街兒童遊 樂場	720	黑沙環第二街	048	—
MG112-M-21	市政台山街市市政綜合 大樓花園	681	花地瑪教會街	047	—
MG112-M-22	黑沙環臨時休憩區	607	黑沙環中街	048	—
—	合計	116,654	—	—	—

離島

綠地編碼	綠地名稱	面積(m²)	位置	圖幅編碼	備注(建設年代)
MG112-I-01	海洋大馬路休憩區	15,441	海洋大馬路	226 246	—
MG112-I-02	海濱公園	10,642	海洋花園	246 266	1999年
MG112-I-03	解放軍軍營旁休憩區(嘉模康體活動中心)	7,466	望德聖母灣大馬路	309	—
MG112-I-04	荔枝碗公園	1,840	荔枝碗馬路	428 228	1989年
—	合計	35,389	—	—	—

MG113 專類公園 (個數: 2 面積: 9,819 m²)

离岛

綠地編碼	綠地名稱	面積(m²)	位置	圖幅編碼	備注(建設年代)
MG113-I-01	金像農場	9,056	竹灣馬路	469	2005年
MG113-I-02	路環兒童公園	763	十月初五馬路	468	1960-1980年
—	合計	9,819	—	—	—

MG121 廣場花園 (個數: 40 面積: 224,326m²)

半島

綠地編碼	綠地名稱	面積(m²)	位置	圖幅編碼	備注(建設年代)
MG121-M-01	西灣湖廣場	36,090	西灣湖大馬路	164 165	—
MG121-M-02	文化中心廣場	30,403	冼星海大馬路	128 129	2002年
MG121-M-03	亞馬喇前地	27,185	友誼大馬路	126 146 147	—
MG121-M-04	南灣湖旁廣場	22,508	南灣湖旁	125 126 145 146 166	—
MG121-M-05	城市日前地	15,516	城市日大馬路	147	—
MG121-M-06	塔石廣場	11,881	荷蘭園大馬路與士多鳥拜斯大馬路之間	087 107	—
MG121-M-07	關閘廣場	8,559	關閘馬路	007 008 027 028	—
MG121-M-08	金蓮花廣場	8,062	友誼大馬路	108 109	—
MG121-M-09	蒙地卡羅前地	7,297	友誼大馬路	108 109 128 129	—
MG121-M-10	澳門旅遊塔會展娛樂中心	6,056	西灣湖大馬路	165 185	—
MG121-M-11	聖若瑟修道院前地	6,015	三巴仔橫街	125	—

續表

綠地編碼	綠地名稱	面積(m^2)	位置	圖幅編碼	備注(建設年代)
MG121-M-12	媽閣廟前地	4,400	西灣湖大馬路	144	—
MG121-M-13	祐漢街市公園	4,099	市場街	028 048	1994年啓用 (2006年重开)
MG121-M-14	友誼廣場	2,797	蘇亞利斯博士大馬路	126	—
MG121-M-15	大堂前地	2,780	大堂巷	106	—
MG121-M-16	立法會前地	2,657	湖畔南街	165 166	—
MG121-M-17	柯邦迪前地 (司打口休憩區)	2,432	河邊新街	105	—
MG121-M-18	議事亭前地	2,071	新馬路	106	—
MG121-M-19	崗頂前地	1,060	東方斜巷	125	—
MG121-M-20	白鴿巢前地	1,057	白鴿巢前地	085 086	—
MG121-M-21	殷豐素王前地	986	佛山街	127	—
MG121-M-22	聖母堂前地	779	瘋堂斜巷	107	—
MG121-M-23	康公廟前地	712	十月初五街	105	—
MG121-M-24	亞婆井前地	635	媽閣街	145	—
MG121-M-25	十月一號前地	512	廣州街	127	—
MG121-M-26	板樟堂前地	486	米糙巷	106	—
MG121-M-27	亞堅奴前地	279	三巴仔横街	125	—
MG121-M-28	花王堂前地	60	花王堂斜巷	085	—
	合計	207,374	—	—	—

離島

綠地編碼	綠地名稱	面積(m^2)	位置	圖幅編碼	備注(建設年代)
MG121-I-01	告利雅施利華街旁	5,047	告利雅施利華街	289 309	—
MG121-I-02	運動場圓形地	4,192	奥林匹克大馬路	288	—
MG121-I-03	海灣前地	1,583	氹仔東北馬路	250	—
MG121-I-04	譚公廟前地	1,110	鄉村馬路	468	—
MG121-I-05	巴波沙總督前地	1,103	告利雅施利華街	289 290	—
MG121-I-06	嘉妹前地	982	地堡街	289	—
MG121-I-07	天后廟前地	937	民國馬路	468	—
MG121-I-08	意度亞瑪忌士花園	747	十月初五馬路	448	1997年
MG121-I-09	嘉模前地	432	嘉模前地	289 290	—
MG121-I-10	米也馬嘉禮前地	375	律政師街	289	—
MG121-I-11	打纜前地	312	打纜街	448	—
MG121-I-12	山治美蘭打前地	132	律政師街	289	—
—	合計	16,952	—	—	—

MG122 街區花園 (個數: 87　面積: 161,959 m^2)

半島

綠地編碼	綠地名稱	面積(m^2)	位置	圖幅編碼
MG122-M-01	孫逸仙大馬路旁	9,690	孫逸仙大馬路	148 149
MG122-M-02	西灣湖景大馬路側休憩區	9,443	西灣湖旁	143 144
MG122-M-03	巴黎街	5,778	巴黎街	128
MG122-M-04	布魯塞爾街	5,772	布魯塞爾街	128
MG122-M-05	羅馬街	5,757	羅馬街	128
MG122-M-06	倫敦街	5,745	倫敦街	128 148
MG122-M-07	馬德里街	5,683	馬德里街	148 149
MG122-M-08	綠楊花園休憩區	4,356	海灣南街	066
MG122-M-09	宏建宏開休憩區	4,251	沙梨頭北街	046
MG122-M-10	柏嘉街	4,167	柏嘉街	148
MG122-M-11	波爾圖街	4,165	波爾圖街	148
MG122-M-12	蘭花前地	4,163	飛喇士街	046 066
MG122-M-13	科英佈拉街	2,882	科英佈拉街	128 148
MG122-M-14	聖德倫街	2,877	聖德倫街	127 128
MG122-M-15	飛南第街	2,874	飛南第街	127 128
MG122-M-16	海景花園	2,582	友誼大馬路	128
MG122-M-17	勞動節巷	2,500	馬查度博士大馬路	069
MG122-M-18	先進廣場休憩區	1,977	馬交石巷	069 070
MG122-M-19	澳門商業大馬路旁	1,578	澳門商業大馬路	126
MG122-M-20	羅飛勒前地	1,423	西灣街	145
MG122-M-21	營地大街休憩區	1,162	營地大街	106
MG122-M-22	南灣中巷	1092	南灣中巷	126
MG122-M-23	台山街市平台花園	988	花地瑪教會街	047
MG122-M-24	馬場北大馬路	973	馬場北大馬路	028 029
MG122-M-25	市政狗房花園	960	美副將大馬路	047
MG122-M-26	菜園涌邊街明愛側休憩區	856	菜園涌邊街	027
MG122-M-27	黑沙環新巷臨時休憩區	731	黑沙環新巷	048
MG122-M-28	黑沙環馬路臨時休憩區	709	漁翁街	069
MG122-M-29	炮兵巷與瘋堂中斜巷交界	701	炮兵巷與瘋堂中斜巷交界	106
MG122-M-30	菜園路	655	菜園路	028
MG122-M-31	電廠巷休憩區(亨達花園)	635	漁翁街	069
MG122-M-32	南灣南巷	598	南灣南巷	126
MG122-M-33	高樓斜巷臨時休憩區	596	高樓斜巷	125
MG122-M-34	施拿地馬路休憩區	493	施拿地馬路	065
MG122-M-35	渡船街與亞利鴉架街交界休憩區	470	渡船街與亞利鴉架街交界處	087
MG122-M-36	瘋堂斜巷	463	瘋堂斜巷	106 107

續表

綠地編碼	綠地名稱	面積(m^2)	位置	圖幅編碼
MG122-M-37	馬場海邊馬路休憩區	420	馬場海邊馬路	048
MG122-M-38	媽閣上街旁	418	媽閣上街	164
MG122-M-39	大街(營地大街)	379	營地大街	105
MG122-M-40	馬場東大馬路	362	馬場東大馬路	029
MG122-M-41	菜園巷休憩區	329	菜園巷	047 048
MG122-M-42	昆明街遊憩區	323	昆明街	108
MG122-M-43	仁慈堂右巷	280	仁慈堂右巷	106
MG122-M-44	燒灰爐街	278	燒灰爐街	145
MG122-M-45	媽閣斜巷	255	媽閣斜巷	144
MG122-M-46	快艇頭里臨時休憩區	254	快艇頭里	085
MG122-M-47	台山街市遊樂場	227	拱形馬路	047
MG122-M-48	馬里臨時休憩區	209	馬里	086
MG122-M-49	樹木巷	201	媽閣上街	144
MG122-M-50	黑沙環馬路	201	黑沙環馬路	048
MG122-M-51	白朗古將軍大馬路休憩區	191	白郎古將軍大馬路(近驗車中心)	026
MG122-M-52	天神巷	187	天神巷	106
MG122-M-53	陳樂巷	155	陳樂巷	125
MG122-M-54	青洲巷休憩區	154	青洲巷	045
MG122-M-59	燕主教街臨時休憩區	145	燕主教街	105
MG122-M-55	官印局街	123	官印局街	125
MG122-M-56	史山斜巷	117	史山斜巷	106
MG122-M-57	何林圍休憩區	110	何林圍	085
MG122-M-58	大興街臨時休憩區	109	大興街	086
MG122-M-60	白郎古將軍大馬路 (筷子基一段)	106	白郎古將軍大馬路(筷子基一段)	047
MG122-M-61	船廠街	106	船廠街	067
MG122-M-62	龍安圍	106	龍安圍	106
MG122-M-63	爛鬼樓臨時休憩區	104	爛鬼樓巷	105
MG122-M-64	鵝眉横休憩區	103	意那韶白的士打巷	125
MG122-M-65	蠔里臨時休憩區	100	蠔里	105
MG122-M-66	哪吒廟斜巷與連安巷交界	100	哪吒廟斜巷與連安巷交界	106
—	合計	105,897	—	—

離島

綠地編碼	綠地名稱	面積(m^2)	位置	圖幅編碼
MG122-I-01	四面佛休憩區	21,335	柯維納馬路	267 268
MG122-I-02	蓮花路	7,298	蓮花路	350 370
MG122-I-03	海蘭花苑	5,585	賈梅士大馬路	451 452 471 472

續表

綠地編碼	綠地名稱	面積(m^2)	位置	圖幅編碼
MG122-I-04	紅柯路	5,096	紅柯路	409
MG122-I-05	聚龍花園	3,392	氹仔東北馬路	249
MG122-I-06	竹灣豪園	2,900	竹灣馬路	471
MG122-I-07	海洋花園	2,638	七潭公馬路	247
MG122-I-08	十月初五休憩區	1,364	十月初五馬路	468
MG122-I-09	花卉展覽場地	1,317	嘉模前地	289
MG122-I-10	氹仔排角路休憩區	1,276	排角路	308
MG122-I-11	澳門奧林匹克遊泳館前休憩區	903	排角路	288
MG122-I-12	恩尼斯花園	672	恩尼斯總統前地	448
MG122-I-13	聖公會學校旁休憩區	586	徐日昇寅公馬路	250
MG122-I-14	樟樹街與龍柏路交界	407	樟樹街與龍柏路交界	409
MG122-I-15	七潭公路	402	七潭公路	266
MG122-I-16	玫瑰山莊	336	七潭公路	266
MG122-I-17	海逸庭園	194	氹仔東北馬路	249
MG122-I-18	賊仔圍	194	賊仔圍	448
MG122-I-19	鄉村馬路	132	鄉村馬路	489
MG122-I-20	花草圍	21	戴紳禮街	448
MG122-I-21	屠場前地	14	屠場前地	448
—	合計	56,062	—	—

MG123 觀景台 (個數: 12　面積: 14,919 m^2)

半島

綠地編碼	綠地名稱	面積(m^2)	位置	圖幅編碼
MG123-M-01	馬交石炮台公園	5,293	馬交石炮台馬路	069
MG123-M-02	瑪利亞二世皇后眺望台(海角遊雲)	1,890	馬交石炮台馬路	069
MG123-M-03	西望洋聖母眺望台	1,156	鮑公馬路	145
MG123-M-04	聖母炮台	1,135	民國大馬路	145
MG123-M-05	主教山眺望台	1,013	鮑公馬路	144　145
MG123-M-06	海之聖母眺望台	782	海邊馬路	108
MG123-M-07	西望洋眺望台	624	西望洋馬路	164
MG123-M-08	杜南眺望台	452	民國大馬路	164
—	合計	12,345	—	—

離島

綠地編碼	綠地名稱	面積(m^2)	位置	圖幅編碼
MG123-I-01	九澳高頂眺望台	737	九澳高頂馬路	413
MG123-I-02	黑沙眺望台	721	黑沙馬路	432
MG123-I-03	黑沙阿婆秧眺望台	592	黑沙馬路	417
MG123-I-04	竹灣眺望台	524	法令司士街	470
—	合計	2,574	—	—

MG124 酒店花園 (個數：19 面積：311,187 m^2)

半島

綠地編碼	綠地名稱	面積(m^2)	位置	圖幅編碼
MG124-M-01	漁人碼頭	60,560	孫逸仙大馬路	109 129
MG124-M-02	澳門金麗華酒店	17,233	友誼大馬路	108 128 129
MG124-M-03	永利酒店	10,900	友誼大馬路	127 147
MG124-M-04	澳門美高梅金殿	6,612	孫逸仙大馬路	147
MG124-M-05	葡京酒店	4,857	友誼大馬路	126 127
MG124-M-06	濠璟酒店	2,050	高可甯紳士街	145
MG124-M-07	聖地牙哥酒店	1,388	民國大馬路	164
MG124-M-08	十六浦	694	巴素打爾古街	105
—	合計	104,294	—	—

離島

綠地編碼	綠地名稱	面積(m^2)	位置	圖幅編碼
MG124-I-01	威尼斯人酒店	66,026	路氹連貫公路	309 310 311 330
MG124-I-02	新濠天地	48,553	路氹連貫公路	311 312 331 332
MG124-I-03	皇庭海景酒店	22,009	蓮花海濱大馬路	308 328
MG124-I-04	澳門寰鼎(威斯汀)渡假酒店	21,305	石灣黑沙	413 433
MG124-I-05	麗景灣酒店	16,127	史伯泰海軍將軍馬路	248 249 268
MG124-I-06	四季酒店	14,970	路氹連貫公路	330
MG124-I-07	金皇冠中國大酒店	9,091	偉龍馬路	273
MG124-I-08	新世紀酒店	6,310	菜園路	249
MG124-I-09	黑沙青年旅社	1,101	黑沙龍爪角海濱路	472
MG124-I-10	君怡酒店賽馬會娛樂場	802	沙維斯街	268
MG124-I-11	竹灣青年旅社	599	竹灣馬路	470
—	合計	206,893	—	—

MG125 歷史名園 (個數：18　面積：79,916 m^2)

半島

綠地編碼	綠地名稱	面積(m^2)	位置	圖幅編碼	備注(建設年代)
MG125-M-01	大炮台周圍花園	27,800	大三巴斜巷	086 106	—
MG125-M-02	盧廉若公園	10,857	羅利老馬路	087	1973年
MG125-M-03	加思欄花園 (南灣花園)	6,293	南灣大馬路	106 126 127	1861年
MG125-M-04	區華利前地	4,780	南灣大馬路	126	—
MG125-M-05	華士古達嘉馬花園	4,516	東望洋街	107	1898年啓用 (1997年、2004年重开)
MG125-M-06	大三巴前地	3,192	大三巴巷	086 106	—
MG125-M-07	得勝花園	1,910	得勝馬路	087	19世紀末
MG125-M-08	西望洋花園	1,805	西望洋馬路	144	20世紀初
MG125-M-09	鄭家大屋	1,610	龍頭左巷	124 125 144	—
MG125-M-11	加思欄炮台花園 (聖方濟各炮台及圍牆)	1,542	南灣大馬路	126 127	約19世紀
MG125-M-12	民政總署內庭花園	320	新馬路	105 106 125 126	1939-1940年
—	合計	64,625	—	—	—

離島

綠地編碼	綠地名稱	面積(m^2)	位置	圖幅編碼	備注(建設年代)
MG125-I-01	龍環葡韻	5,700	海邊馬路	290	1999年
MG125-I-02	氹仔市政公園	3,513	嘉模前地	290	1955年
MG125-I-03	史劉蓮德博士眺望台(十字花園)	2,181	嘉模前地	289 290	1955年
MG125-I-04	炮台花園	1,650	盧伯德圓形地	266 286	—
MG125-I-05	碼頭花園	1,323	盧廉若馬路	266 286	1955年
MG125-I-06	紀念碑公園	924	盧伯德圓形地	266	1991年
—	合計	15,291	—	—	—

MG126 宗教庭園 (個數: 18 面積: 78,264 m^2)

半島

綠地編碼	綠地名稱	面積(m^2)	位置	圖幅編碼
MG126-M-01	普濟禪院(觀音堂)	18,538	美副將大馬路	068
MG126-M-02	西望洋聖堂	5,300	鮑公馬路	145
MG126-M-03	聖若瑟修道院及聖堂	4,549	風順堂上街	125
MG126-M-04	聖老楞佐堂	4,367	風順堂街	125
MG126-M-05	媽閣廟	4,222	媽閣上街	144
MG126-M-06	白鴿巢後山眾聖園	2,635	沙梨頭斜巷	085
MG126-M-07	聖奧斯定堂	2,168	崗頂前地	125
MG126-M-08	蓮峰廟	1,352	黑沙環馬路	047
MG126-M-09	望廈聖方濟各小堂	1,069	俾利喇街	067
MG126-M-10	白鴿巢後山土地廟	1,006	麻子街	086
MG126-M-11	觀音仔廟	989	美副將大馬路	067
MG126-M-12	澳門基督教聖堂	453	白鴿巢前地	086
MG126-M-13	花地瑪聖母堂	199	李寶椿街	027
	合計	46,847		

離島

綠地編碼	綠地名稱	面積(m^2)	位置	圖幅編碼
MG126-I-01	媽祖文化村	15,105	路環高頂馬路	430 431
MG126-I-02	菩提園	7,904	盧廉若馬路	248 268
MG126-I-03	天后廟	6,528	巴坡沙總督街	289 309
MG126-I-04	媽祖雕像廣場	1,604	路環高頂馬路	431
MG126-I-05	觀音岩	276	大學徑	249
—	合計	31,417	—	—

MG127 墓園 (個數：11　面積：286,933m²)

半島

綠地編碼	綠地名稱	面積(m²)	位置	圖幅編碼
MG127-M-01	澳門聖味基(舊西洋)墳場	16,859	西墳馬路	087
MG127-M-02	澳門望廈聖母(新西洋)墳場	16,820	亞馬喇馬路	068
MG127-M-03	澳門伊斯蘭清真寺及墳場	5,112	摩囉園路	069
MG127-M-04	馬禮遜教堂及基督教墳場	2,434	白鴿巢前地	086
MG127-M-05	白頭墳場	1,210	白頭馬路	107
—	合計	42,435	—	—

離島

綠地編碼	綠地名稱	面積(m²)	位置	圖幅編碼
MG127-I-01	路環信義墓園	116,202	路環登峰路	449 468 469
MG127-I-02	路環市政墳場	62,150	鄉村馬路	468 469 488 489
MG127-I-03	儒釋道教澳門聯合會(孝思墓園)	43,561	仔雞頸馬路	251 252 271 272
MG127-I-04	炮竹墳場	15,780	高勵雅馬路	250 270
MG127-I-05	路環各業墳場	5,416	路環鄉村馬路	468
MG127-I-06	嘉模市政墳場	1,389	美副將馬路	270
—	合計	244,498	—	—

MG13 郊野公園 (個數：7　面積：2,659,563m²)

離島

綠地編碼	綠地名稱	面積(m²)	位置	圖幅編碼	備注(建設年代)
MG13-I-01	九澳水庫郊野公園	750,478	九澳堤壩馬路	371 372 373 374 391 392 393 394 413 414	2003年
MG13-I-02	大潭山郊野公園	627,061	雞頸馬路	250 251 252 270 271 272 290 291 292	1999年啓用 (2001年重開)
MG13-I-03	路環郊野公園	595,873	路環高頂馬路	410 411 412 429 430 431 449 450 451 469 470 471	路環健康徑公園(1992年) 路環步行徑公園(1984年)
MG13-I-04	黑沙水庫郊野公園	342,322	黑沙馬路	411 412 413 431 432	2002年
MG13-I-05	石排灣郊野公園	198,060	石排灣馬路	409 410 429 530	1984年
MG13-I-06	黑沙龍爪角海岸徑	97,617	海沙龍爪角海濱馬路	471 472	—
MG13-I-07	九澳高頂步行徑郊野公園	48,152	九澳高頂馬路	412	—
—	合計	2,659,563	—	—	—

MG141 宅旁綠地 (個數：73 面積：151,837 m^2)

半島

綠地編碼	綠地名稱	面積(m^2)	位置	圖幅編碼
MG141-M-01	布魯塞爾街旁	6,949	布魯塞爾街	128
MG141-M-02	巴黎街旁	6,916	巴黎街	128
MG141-M-03	柏林街旁	6,726	柏林街	128
MG141-M-04	倫敦街旁	6,679	倫敦街	128 148
MG141-M-05	保利達花園	6,459	東北大馬路	049
MG141-M-06	廣福安花園	4,762	勞動節街	029 049
MG141-M-07	廣福祥花園	4,457	勞動節街	049
MG141-M-08	帝景苑	3,785	孫逸仙大馬路	148
MG141-M-09	羅馬街旁	3,066	羅馬街	128 148
MG141-M-10	聖德倫街旁	3,059	聖德倫街	127 128
MG141-M-11	飛南第街旁	3,047	飛南第街	128 148
MG141-M-12	竹仔室斜巷	2,959	竹仔室斜巷	144
MG141-M-13	仙德麗街旁	2,920	仙德麗街	127 128
MG141-M-14	青洲木屋區	2,542	何賢紳士大馬路	026
MG141-M-15	海濱花園	2,190	黑沙環新街	049
MG141-M-16	東華新村	1,931	黑沙環新街	049 069
MG141-M-17	建華大廈	1,930	黑沙環新街	048 049
MG141-M-18	廣華新村	1,914	勞動節大馬路	049
MG141-M-19	峰景大廈	1,894	高可甯紳士街	145
MG141-M-20	裕富大廈	1,856	勞動節大馬路	049
MG141-M-21	金海沙花園	1,833	勞動節大馬路	049
MG141-M-22	虔信街	1,751	虔信街	068
MG141-M-23	亞婆井圍	1,693	亞婆井圍	144 145
MG141-M-24	海景花園	1,499	孫逸仙大馬路	148
MG141-M-25	南華新村	1,169	黑沙環新街	069
MG141-M-26	西望洋聖母眺望台旁	1,162	西望洋聖母眺望台旁	144 145
MG141-M-27	高可甯紳士街內	974	高可甯紳士街	144
MG141-M-28	西望洋山旁	830	鮑公馬路	144
MG141-M-29	大興大廈旁	683	民國大馬路	164
MG141-M-30	東方花園	683	俾利喇街	067
MG141-M-31	萬德新村	538	民國大馬路	144 164
MG141-M-32	湖景豪庭	464	澳門商業大馬路	126
MG141-M-33	信潔花園	439	罅些喇海軍上將巷	066
MG141-M-34	景福苑	423	西望洋馬路	144

續表

綠地編碼	綠地名稱	面積(m^2)	位置	圖幅編碼
MG141-M-35	鮑公馬路旁	407	鮑公馬路	144
MG141-M-36	三層樓上街	370	三層樓上街	125
MG141-M-37	西望洋馬路旁	366	西望洋馬路	164
MG141-M-38	花園一(第三座景暉閣)	354	若憲馬路	107
MG141-M-39	美珊枝街	289	美珊枝街	106
MG141-M-40	幸福樓	277	爹利仙拿姑娘街	067
MG141-M-41	雅廉苑	264	雅廉訪大馬路	068 088
MG141-M-42	麗豪大廈	176	連勝街	086
MG141-M-43	得勝花園大廈	174	得勝馬路	087
MG141-M-44	金龍前地臨時休憩區	96	金龍前地	106
MG141-M-45	媽閣斜巷	91	媽閣斜巷	144
MG141-M-46	鵝眉街臨時休憩區	80	鵝眉街	125
MG141-M-47	手肘里臨時休憩區	52	手肘里	105
MG141-M-48	老人圍臨時休憩區	52	老人圍	105
MG141-M-49	大炮台下街休憩區	48	大炮台下街	106
MG141-M-50	翎毛巷臨時休憩區	44	翎毛巷	085
MG141-M-51	黑沙環蓮峰巷綠化區	42	環蓮峰巷	048
MG141-M-52	亞婆井街	40	亞婆井街	145
MG141-M-53	福海花園	35	新雅馬路	068
MG141-M-54	港務局巷	34	港務局巷	144
MG141-M-55	海軍上將巷	34	罅些喇海軍上將巷	066
MG141-M-56	草席圍臨時休憩區	33	草席圍	124
MG141-M-57	玫瑰里	30	玫瑰里	105
—	合計	93,570	—	—

離島

綠地編碼	綠地名稱	面積(m^2)	位置	圖幅編碼
MG141-I-01	卓家村	28,749	孫逸仙博士大馬路	249 269 270
MG141-I-02	竹灣豪園	8,953	竹灣馬路	470 471
MG141-I-03	海蘭花苑	4,930	賈梅士大馬路	451 452 471 472
MG141-I-04	聚龍花園	3,426	氹仔東北大馬路	249
MG141-I-05	海灣前地	3,325	海灣前地	250
MG141-I-06	海洋花園	3,188	海洋花園大馬路	246 247 266 267
MG141-I-07	聚龍明珠	1,734	氹仔東北大馬路	249 250
MG141-I-08	錦程閣	1,087	巴波沙總督街	309
MG141-I-09	竹灣馬路	969	竹灣馬路	470
MG141-I-10	黑沙龍爪角海濱路	611	黑沙龍爪角海濱路	472 473

續表

綠地編碼	綠地名稱	面積(m^2)	位置	圖幅編碼
MG141-I-11	郵政局別墅	599	竹灣海灣	470
MG141-I-12	中福花園	268	大學徑	249
MG141-I-13	海逸庭園	162	氹仔東北大馬路	249
MG141-I-14	鄉村馬路旁	126	鄉村馬路旁	489
MG141-I-15	竹灣水上活動中心旁	77	法令司士古街	470
MG141-I-16	玫瑰山莊	63	七潭公路	266
—	合計	58,267	—	—

MG142 綠化庭院（個數：150　　面積：659,506 m^2）

半島

綠地編碼	綠地名稱	面積(m^2)	位置	圖幅編碼
MG142-M-01	澳門文化中心	9,319	孫逸仙大馬路	129 149
MG142-M-02	中國外交部駐澳門特區特派員公署	8,405	羅理基博士大馬路	108
MG142-M-03	澳門科學館	8,385	孫逸仙大馬路	149
MG142-M-04	仁伯爵綜合醫院	6,253	加思欄馬路	107 127
MG142-M-05	旅遊學校	6,073	望廈山	047 067 068
MG142-M-06	澳門發電廠	5,641	慕拉士大馬路	068 069
MG142-M-07	澳門理工學院	4,782	羅理基博士大馬路	108
MG142-M-08	東方基金會會址	4,739	白鴿巢前地	086
MG142-M-09	污水處理廠	4,508	勞動節大馬路	050 070
MG142-M-10	禮賓府	4,435	西望洋馬路	144 145
MG142-M-11	澳門特別行政區政府總部	3,834	南灣大馬路	125
MG142-M-12	中葡職業技術學校	3,724	勞動節大馬路	048 049
MG142-M-13	澳門自來水廠	3,505	漁翁街	069
MG142-M-14	主教山兒童中心	3,503	鮑公馬路	144
MG142-M-15	澳門治安警察局指揮部輔助暨服務處(摩羅園)	3,391	摩羅園路	068 069 088 089
MG142-M-16	澳門教科文中心	3,188	宋玉山廣場	128
MG142-M-17	聖羅撒女子中學中文部	2,901	南灣大馬路	106 107 126 127
MG142-M-18	鏡湖醫院	2,788	鏡湖馬路	086
MG142-M-19	嘉諾撒聖心女子中學	2,339	連勝馬路	067
MG142-M-20	鮑思高粵華小學	2,122	鮑思高街	068
MG142-M-21	葡萄牙駐澳門總領事館	2,052	白馬行	106
MG142-M-22	澳門天主教美滿家庭協會婚姻家庭輔導中心和曙光中心	2,024	青洲大馬路	026 046
MG142-M-23	濠江中學	1,728	亞馬喇馬路	068
MG142-M-24	中國人民解放軍駐澳門部隊營地	1,723	羅理基博士大馬路	108
MG142-M-25	巴波沙中葡小學	1,700	台山新城市第一街	026 027
MG142-M-26	駿青活動中心	1,592	馬場北大馬路	028 029

續表

綠地編碼	綠地名稱	面積(m^2)	位置	圖幅編碼
MG142-M-27	第三警司處	1,357	城市日大馬路	147 148
MG142-M-28	海星中學	1,062	官印局街	125
MG142-M-29	望廈圖書館	998	馬交石斜坡	048 068
MG142-M-30	兒童遊樂園	950	媽閣上街	164
MG142-M-31	花地瑪聖母女子學校	946	李寶椿街	027
MG142-M-32	魯彌士主教幼稚園	944	士多鳥拜斯大馬路	088
MG142-M-33	大豐銀行	931	東北大馬路	049
MG142-M-34	崗頂明愛老人中心	904	洗衣匠圍	125
MG142-M-35	中山冰廠	899	青洲河邊馬路	045 046
MG142-M-36	聖珊澤馬路旁	873	聖珊澤馬路	144
MG142-M-37	金黃歲月耆英社	854	李寶椿街	027
MG142-M-38	利瑪竇中學	847	西灣街	145
MG142-M-39	聯合國大學國際軟體技術研究所	832	海邊馬路	107 108
MG142-M-40	利瑪竇中學	818	大三巴巷	106
MG142-M-41	庇道學校	780	美副將大馬路	067
MG142-M-42	中學回歸教育	764	士多鳥拜斯大馬路	087
MG142-M-43	嶺南中學	748	白頭馬路	107
MG142-M-44	聖若瑟教區中學	711	大堂斜巷	106
MG142-M-45	創意產業促進會 (原是環境委員會會址)	656	美珊枝街3號	087 107
MG142-M-46	聖若瑟教區中學第五校	651	李寶椿街	027
MG142-M-47	終審法院	637	四月二十五日街	166
MG142-M-48	中央人民政府駐澳門特別行政區聯絡辦公司	635	友誼大馬路	128
MG142-M-49	澳門自來水有限公司	589	青洲大馬路	026 046
MG142-M-50	治安警察局	588	羅理基博士大馬路	127
MG142-M-51	聖若瑟教區中學(第一校)	586	馬忌士街	087 107
MG142-M-52	澳門國際銀行	577	東北大馬路	049 069
MG142-M-53	小學回歸教育	575	士多鳥拜斯大馬路	087
MG142-M-54	伯大尼安老院	564	沙梨頭北街	046
MG142-M-55	市政台山街市	542	花地瑪教會街	047
MG142-M-56	北區中葡小學	520	沙梨頭北街	046
MG142-M-57	利瑪竇中學(小學部)	490	燒灰爐街	145
MG142-M-58	聖保祿學校	434	馬交石斜坡	068
MG142-M-59	文第士街	415	文第士街	088
MG142-M-60	澳門旅遊塔會展娛樂中心	414	西灣湖景大馬路	165
MG142-M-61	粵華中學	391	得勝馬路	107
MG142-M-62	聖德蘭學校	386	青洲大馬路	026 046
MG142-M-63	仁愛傳教托兒所	386	青洲大馬路	046
MG142-M-64	澳門葡文學校	386	商業學校街	126

續表

綠地編碼	綠地名稱	面積(m²)	位置	圖幅編碼
MG142-M-65	市政狗房內庭花園	376	美副將大馬路	047
MG142-M-66	大三巴斜巷	371	大三巴斜巷	106
MG142-M-67	望廈青年之家和望廈老人中心	368	馬交石斜坡	068
MG142-M-68	蓮峰小學	360	黑沙環馬路	047
MG142-M-69	羅理基博士大馬路旁	354	羅理基博士大馬路	108
MG142-M-70	學校巷庇護十二托兒所舊址(已暫辦)	312	學校巷	145
MG142-M-71	慈幼中學	292	高樓街	125
MG142-M-72	第二警司處	288	黑沙環馬路	047
MG142-M-73	澳門金融管理局	288	得勝斜路	107
MG142-M-74	望廈老人中心	267	馬交石斜坡	068
MG142-M-75	瑪大肋納諾撒學校	265	沙梨頭南街	046
MG142-M-76	南方大廈	264	友誼大馬路	128
MG142-M-77	何東圖書館	255	東方斜巷	125
MG142-M-78	澳門鏡湖護理學院	255	新勝街	086
MG142-M-79	澳門基金會	238	衣灣斜巷	145
MG142-M-80	母親會	227	民國大馬路	144　145
MG142-M-81	明愛托兒所	220	台山新城市第一街	027
MG142-M-82	鏡平學校	210	美副將大馬路	068
MG142-M-83	澳門綜藝館	189	羅理基博士大馬路	108
MG142-M-84	青洲屠房	36	青洲河邊馬路	045
MG142-M-85	澳門交通警司處	169	士多紐拜斯大馬路	087　088
MG142-M-86	澳門歐洲資訊中心	141	友誼大馬路	128
MG142-M-87	母親會頤康中心	129	新雅馬路	068
MG142-M-88	戒毒綜合服務中心	112	加思欄馬路	127
MG142-M-89	茨林圍	96	茨林圍	086
MG142-M-90	航海學校	91	河邊新街	144
MG142-M-91	兵營斜巷	89	兵營斜巷	126　127
MG142-M-92	下環街市市政綜合大樓	86	下環街	125
MG142-M-93	港務局	79	媽閣斜坡	144
MG142-M-94	明愛中心家庭服務部	67	東方斜巷	125
MG142-M-95	新葡京酒店	62	葡京路	126
MG142-M-96	中國銀行澳門分行	55	葡京路	126
MG142-M-97	市政台山街市綜合大樓	38	台山中街	047
MG142-M-98	聖羅撒女子學校	30	東望洋新街	107
MG142-M-99	印務局	27	官印局街	125
MG142-M-100	教育暨青年局	26	南灣大馬路	126
MG142-M-101	聖羅撒英文學校	23	羅理基博士大馬路	127
—	合計	138,049	—	—

離島 續表

綠地編碼	綠地名稱	面積(m²)	位置	圖幅編碼
MG142-I-01	澳門科技大學	414,507	偉龍馬路	291 292 311 312
MG142-I-02	益隆鞭炮廠	21,784	賊仔巷	289 290
MG142-I-03	蓮花海濱大馬路旁	9,165	蓮花海濱大馬路	388 389
MG142-I-04	日東紡美昌玻紡織廠	6,591	聯生海邊路	408 428
MG142-I-05	威尼斯人酒店	6,351	新城大馬路	309 310 329 349 350
MG142-I-06	澳門國際機場	5,550	澳門國際機場	253 273
MG142-I-07	電訊傳訊中心	4,868	黑沙病房路	472
MG142-I-08	解放軍駐澳門部隊	4,752	望德聖母灣大馬路	309
MG142-I-09	西堤馬路旁	4,739	西堤馬路	388
MG142-I-10	瑪大肋納安老院	4,096	竹灣馬路	448 449
MG142-I-11	有禮加油站	3,032	望德聖母灣街	289 309
MG142-I-12	水塔花園	2,919	司徒澤雄神父馬路	290
MG142-I-13	澳門大學	2,806	徐日昇寅公馬路	249 250
MG142-I-14	愛達利大廈	2,800	永福街	251 252
MG142-I-15	明愛學校	2,343	打纜街	448
MG142-I-16	聖母聖心學校	1,972	打纜街	448
MG142-I-17	聖公會小學	1,945	徐日昇寅公馬路	250
MG142-I-18	濠江中學	1,850	成都街	289
MG142-I-19	氹仔坊眾學校	1,800	沙維斯街	268
MG142-I-20	垃圾焚化廠	1,651	信安馬路	272 273
MG142-I-21	澳門國際機場海關站	1,577	機場大馬路	292
MG142-I-22	聖類斯公撒格之家	1,396	天津街	249 250
MG142-I-23	皇庭海景酒店	1,385	蓮花海濱大馬路	328
MG142-I-24	中聯鋼鐵企業有限公司	1,252	石排灣馬路	428
MG142-I-25	路環污水處理廠	1,087	西堤馬路	388 408
MG142-I-26	信安馬路旁工廠	965	信安馬路	251
MG142-I-27	氹仔學車場	947	蓮花路	371
MG142 I 28	離島區社工中心	849	望德聖母灣大馬路	289 308 309
MG142-I-29	澳門保安部隊高等學校	763	石街	448
MG142-I-30	澳門三育中學	693	望德聖母灣大馬路	288
MG142-I-31	氹仔中葡小學	669	地堡街	309
MG142-I-32	路氹邊檢大樓	658	蓮花路	349 369
MG142-I-33	地球物理暨氣象局	595	天文台斜路	272 273
MG142-I-34	路環中葡小學	442	十月初五馬路	468
MG142-I-35	米尼奧街學校	428	米尼奧街	268
MG142-I-36	鄉村馬路	419	鄉村馬路	468
MG142-I-37	珍珠圍旁綠地	383	珍珠圍	270
MG142-I-38	大興銀行	334	廣東大馬路	268

續表

綠地編碼	綠地名稱	面積(m^2)	位置	圖幅編碼
MG142-I-39	聖方濟各街附近	213	竹灣馬路	448 449
MG142-I-40	濾水站路旁	200	濾水站路	412
MG142-I-41	聖善學校	168	嘉路士米耶馬路	289
MG142-I-42	好利安藥廠	132	美副將馬路	270
MG142-I-43	精神病院	110	天文台斜路	249
MG142-I-44	澳門青年挑戰福音戒毒中心	95	九澳堤壩馬路	373
MG142-I-45	橋樑前地	87	橋樑前地	309
MG142-I-46	竹灣水上活動中心	39	竹灣海灣	470
MG142-I-47	澳門冬泳會	26	竹灣海灣	470
MG142-I-48	路環衛生站	12	戴紳禮街	448
MG142-I-49	竹灣海灘輔助站	12	竹灣海灣	470
—	合計	521,457	—	—

MG151 高爾夫綠地（個數：2　面積：1,241,692 m^2）

離島

綠地編碼	綠地名稱	面積(m^2)	位置	圖幅編碼
MG151-I-01	凱撒高爾夫球場	693,534	蓮花路	348 349 368 369 370 388 389 390
MG151-I-02	澳門寰鼎(威斯汀)渡假酒店高爾夫球場	548,158	路環黑沙	392 393 394 395 314 414 415 416 433 434 435
—	合計	1,241,692	—	—

MG152 運動場綠地（個數：14　面積：251,314 m^2）

半島

綠地編碼	綠地名稱	面積(m^2)	位置	圖幅編碼
MG152-M-01	澳門綜合體育場及逸園跑狗場	10,757	白朗古將軍大馬路	047
MG152-M-02	學校巷運動場	6,929	學校巷	125 145
MG152-M-03	鮑思高體育綜合體	1,732	鮑思高街	068
MG152-M-04	望廈球場	601	慕拉士大馬路	048
—	合計	20,019	—	—

離島

綠地編碼	綠地名稱	面積(m^2)	位置	圖幅編碼
MG152-I-01	澳門賽馬會	120,081	柯維納馬路	286 287 288
MG152-I-02	澳門東亞運動會體育館	39,877	蓮花路	352 372
MG152-I-03	澳門運動場	20,991	運動場道	288 289
MG152-I-04	澳門科技大學運動場	19,655	偉龍馬路	291 292 311 312
MG152-I-05	澳門國際射擊中心、網球學校及保齡球中心	11,894	體育館大馬路	332 352
MG152-I-06	路環小型賽車場	9,154	石排灣馬路	390
MG152-I-07	解放軍駐澳門部隊運動場	4,857	望德聖母灣大馬路	309
MG152-I-08	澳門射擊場	4,540	鄉村馬路	468
MG152-I-09	竹灣泳池	246	竹灣海灣	369 470
—	合計	231,295	—	—

MG2 道路交通綠地

MG211 道路綠化帶 (個數: 158 面積: 347,658 m^2)

半島

綠地編碼	綠地名稱	面積(m^2)	位置	圖幅編碼
MG211-M-01	西灣湖景大馬路	12,826	西灣湖景大馬路	143 144 163 164 165
MG211-M-02	友誼大馬路	9,583	友誼大馬路	070 089 090 108 109 127 128
MG211-M-03	孫逸仙大馬路	5,609	孫逸仙大馬路	109 129 147 148 149 165 166 167
MG211-M-04	南灣湖大馬路與何鴻燊博士大馬路之間	4,492	南灣湖大馬路與何鴻燊博士大馬路之間	125 145
MG211-M-05	友誼橋大馬路	4,157	友誼橋大馬路	028 029 030 050 070
MG211-M-06	宋玉生廣場	3,917	宋玉生廣場	128 148
MG211-M-07	何鴻燊博士大馬路	3,691	何鴻燊博士大馬路	125 145 165
MG211-M-08	民國大馬路	3,477	民國大馬路	145 164
MG211-M-09	何鴻燊博士大馬路與南灣湖景大馬路之間	3,315	何鴻燊博士大馬路與南灣湖景大馬路之間	125 145
MG211-M-10	林茂海邊大馬路	3,137	林茂海邊大馬路	065 066
MG211-M-11	東北大馬路	3,017	東北大馬路	048 049 069
MG211-M-12	勞動節大馬路	2,387	勞動節大馬路	049 050 070
MG211-M-13	南灣湖大馬路	2,031	南灣湖大馬路	126
MG211-M-14	高士德大馬路	1,970	高士德大馬路	067 087
MG211-M-15	俾利喇街	1,906	俾利喇街	067 068 087
MG211-M-16	城市日大馬路	1,628	城市日大馬路	127 147 148

續表

綠地編碼	綠地名稱	面積(m^2)	位置	圖幅編碼
MG211-M-17	青洲河邊馬路	1,625	青洲河邊馬路	025
MG211-M-18	羅理基博士大馬路	1,547	羅理基博士大馬路	108 127
MG211-M-19	沙梨頭南街	1,546	沙梨頭南街	046 066
MG211-M-20	馬場東大馬路	1,518	馬場東大馬路	028 029 048
MG211-M-21	雅廉訪大馬路	1,432	雅廉訪大馬路	067 068 088
MG211-M-22	蘇亞利斯博士大馬路	1,372	蘇亞利斯博士大馬路	126
MG211-M-23	工業園新街	1,366	工業園新街	045
MG211-M-24	西灣湖街	1,226	西灣湖街	145 165
MG211-M-25	孫逸仙大馬路旁	1,192	孫逸仙大馬路旁	165
MG211-M-26	馬濟時總督大馬路	1,129	馬濟時總督大馬路	128 148
MG211-M-27	倫斯泰特大馬路	1,090	倫斯泰特大馬路	127 147 148
MG211-M-28	提督馬路	1,071	提督馬路	047 066 067
MG211-M-29	工業園街	1,027	工業園街	025
MG211-M-30	何賢紳士大馬路	995	何賢紳士大馬路	026 027
MG211-M-31	比厘喇馬忌士街	976	比厘喇馬忌士街	105
MG211-M-32	亞馬喇前地	890	亞馬喇前地	126
MG211-M-33	仙德麗街	734	仙德麗街	127 128
MG211-M-34	湖畔南街	717	湖畔南街	165
MG211-M-35	白朗古將軍大馬路	715	白朗古將軍大馬路	026
MG211-M-36	士多鳥拜斯大馬路	700	士多鳥拜斯大馬路	087 088 107
MG211-M-37	船澳街	641	船澳街	066
MG211-M-38	關閘廣場	639	關閘廣場	008 028
MG211-M-39	高利亞海軍上將大馬路	606	高利亞海軍上將大馬路	048
MG211-M-40	殷皇子大馬路	594	殷皇子大馬路	126
MG211-M-41	約翰四世大馬路	581	約翰四世大馬路	126
MG211-M-42	水坑尾街	550	水坑尾街	106 126
MG211-M-43	河邊新街	535	河邊新街	105 124 144
MG211-M-44	漁翁街	497	漁翁街	069 070
MG211-M-45	高美士街	485	高美士街	108 128
MG211-M-46	賈羅佈大馬路	447	賈羅佈大馬路	127
MG211-M-47	巴波沙總督街	434	排角路	309
MG211-M-48	和樂大馬路	418	和樂大馬路	046
MG211-M-49	關閘廣場南	383	關閘廣場南	028
MG211-M-50	青洲新巷	339	青洲新巷	047
MG211-M-51	澳門商業大馬路	294	澳門商業大馬路	126
MG211-M-52	東方明珠街	280	東方明珠街	049
MG211-M-53	家辣堂街	268	家辣堂街	126

續表

綠地編碼	綠地名稱	面積(m^2)	位置	圖幅編碼
MG211-M-54	看台街	267	看台街	028
MG211-M-55	水塘巷	257	水塘巷	109
MG211-M-56	勞動節街	254	勞動節街	048 049
MG211-M-57	台山新城市第二街	245	台山新城市第二街	027
MG211-M-58	鮑公馬路	215	鮑公馬路	144 164
MG211-M-59	美副將大馬路(行道樹)	211	美副將大馬路	047 067 068 088
MG211-M-60	廣州街	187	廣州街	127
MG211-M-61	祐漢新村第八街	165	祐漢新村第八街	028
MG211-M-62	勞動節大馬路(行道樹)	163	勞動節大馬路	048 049 069 070
MG211-M-63	長壽大馬路	162	長壽大馬路	028
MG211-M-64	黑沙環新街(行道樹)	154	黑沙環新街	048 049 069
MG211-M-65	關閘廣場與巴波沙大馬路交界	146	關閘廣場與巴波沙大馬路交界	027
MG211-M-66	東望洋新街	144	東望洋新街	107 127
MG211-M-67	沙梨頭北巷	133	沙梨頭北巷	046
MG211-M-68	巴波沙巷	130	巴波沙巷	027
MG211-M-69	黑沙環海邊馬路(行道樹)	120	黑沙環海邊馬路	048 049 069
MG211-M-70	黑沙環中街	118	黑沙環中街	029 049
MG211-M-71	青洲上街(行道樹)	110	青洲上街	045
MG211-M-72	工業園大馬路(行道樹)	98	工業園大馬路	044 045
MG211-M-73	區華利前地旁	97	區華利前地旁	126
MG211-M-74	黑沙環馬路	93	黑沙環馬路	048
MG211-M-75	西望洋巷	92	西望洋巷	144
MG211-M-76	涌河新街	74	涌河新街	048 049
MG211-M-77	高可寧紳士街	69	高可寧紳士街	144 145
MG211-M-78	沙梨頭海邊街	69	沙梨頭海邊街	065 066
MG211-M-79	夜呣斜巷	64	夜呣斜巷	125
MG211-M-80	市場街	49	市場街	028 048
MG211-M-81	福慶街	48	福慶街	086
MG211-M-82	媽閣斜坡	46	媽閣斜坡	144
MG211-M-83	新勝街(行道樹)	41	新勝街	086
MG211-M-84	西墳馬路(行道樹)	41	西墳馬路	087
MG211-M-85	慕拉士大馬路	41	慕拉士大馬路	048 068 069
MG211-M-86	馬交石街(行道樹)	40	馬交石街	069
MG211-M-87	新雅馬路	40	新雅馬路	068
MG211-M-88	馬交石斜坡	38	馬交石斜坡	068
MG211-M-89	渡船街	38	渡船街	086
MG211-M-90	區神父街	37	區神父街	068
MG211-M-91	馬場東大馬路(行道樹)	31	馬場東大馬路	028

續表

綠地編碼	綠地名稱	面積(m^2)	位置	圖幅編碼
MG211-M-92	鏡湖馬路(行道樹)	29	鏡湖馬路	086
MG211-M-93	馬場大馬路(行道樹)	29	馬場大馬路	028
MG211-M-94	金蓮花廣場旁(行道樹)	29	金蓮花廣場旁	108 128
MG211-M-95	東望洋街(行道樹)	27	東望洋街	107
MG211-M-96	牧場巷	22	牧場巷	027
MG211-M-97	馬揸度博士大馬路(行道樹)	22	馬揸度博士大馬路	069 070
MG211-M-98	媽閣斜坡(行道樹)	18	媽閣斜坡	144
MG211-M-99	馬場海邊馬路	18	馬場海邊馬路	048
MG211-M-100	馬六甲街	16	馬六甲街	108
MG211-M-101	菜園涌北街	14	菜園涌北街	027
MG211-M-102	若憲馬路(行道樹)	14	若憲馬路	107
MG211-M-103	馬大臣街(行道樹)	14	馬大臣街	107
MG211-M-104	青洲新馬路(行道樹)	13	青洲新馬路	025
—	合計	102,594	—	—

離島

綠地編碼	綠地名稱	面積(m^2)	位置	圖幅編碼
MG211-I-01	東亞運大馬路	65,527	東亞運大馬路	245 246 266 286 287 288 307 308
MG211-I-02	蓮花海濱大馬路	19,729	蓮花海濱大馬路	308 328 348 368 388 389 390
MG211-I-03	路氹連貫公路	18,425	路氹連貫公路	311 330 331 350 370 390
MG211-I-04	機場大馬路	17,008	機場大馬路	292 312 313 333 353
MG211-I-05	望德聖母灣大馬路	16,347	望德聖母灣大馬路	288 308 309 310 311 312
MG211-I-06	偉龍馬路	14,026	偉龍馬路	253 272 273 291 292 311
MG211-I-07	體育館大馬路	10,472	體育館大馬路	312 332 351 352
MG211-I-08	海洋花園大馬路	7,560	海洋花園大馬路	246 247 266
MG211-I-09	新城大馬路	7,105	新城大馬路	309 329 349
MG211-I-10	蓮花路	6,553	蓮花路	350 351 371 372 373
MG211-I-11	石排灣馬路	5,158	石排灣馬路	389 390 409 429
MG211-I-12	路氹城大馬路	5,071	路氹城大馬路	348 349 350
MG211-I-13	海洋大馬路	5,001	海洋大馬路	246
MG211-I-14	北安大馬路	4,261	北安大馬路	251 252
MG211-I-15	射擊路	4,141	射擊路	332 333
MG211-I-16	史伯泰海軍將軍馬路	3,446	史伯泰海軍將軍路	247 248 249
MG211-I-17	體育館大馬路西	3,173	體育館大馬路西	331 351 371

續表

綠地編碼	綠地名稱	面積(m²)	位置	圖幅編碼
MG211-I-18	高勵雅馬路	2,885	高勵雅馬路	250 270
MG211-I-19	奧林匹克大馬路	2,496	奧林匹克大馬路	288 289 290
MG211-I-20	樟樹路(包括榕樹路)	2,414	樟樹路	389 408 409
MG211-I-21	柯維納馬路	2,319	柯維納馬路	266 268 286 287 288
MG211-I-22	溜冰路	2,290	溜冰路	332 352 372
MG211-I-23	路氹連貫公路東	2,033	路氹連貫公路東	331
MG211-I-24	新黑沙馬路	1,946	新黑沙馬路	452 472
MG211-I-25	廣東大馬路	1,754	廣東大馬路	249 267 268 269
MG211-I-26	望德聖母灣街	1,711	望德聖母灣街	289 309
MG211-I-27	網球路	1,427	網球路	333 352 353
MG211-I-28	路環小型賽車場	1,407	路環小型賽車場	390
MG211-I-29	孫逸仙博士大馬路	1,395	孫逸仙博士大馬路	249 269 270
MG211-I-30	氹仔運動場道	1,225	運動場道	288
MG211-I-31	聯生海濱大馬路	1,016	聯生海濱大馬路	388 389 390 408
MG211-I-32	基馬拉斯大馬路	849	基馬拉斯大馬路	269 288
MG211-I-33	黑沙馬路	707	黑沙馬路	451 471
MG211-I-34	盧廉若馬路	512	盧廉若馬路	266 286
MG211-I-35	西堤馬路	486	西堤馬路	388 408
MG211-I-36	順發街	415	順發街	252 272
MG211-I-37	荔枝碗馬路	409	荔枝碗馬路	428
MG211-I-38	雞頸馬路	339	雞頸馬路	270
MG211-I-39	七潭公路	323	七潭公路	266
MG211-I-40	嘉樂庇總督馬路	291	嘉樂庇總督馬路	290
MG211-I-41	巴波沙總督街	281	巴波沙總督街	309
MG211-I-42	美副將馬路	267	美副將馬路	270
MG211-I-43	十月初五馬路	203	十月初五馬路	448 468
MG211-I-44	鄉村馬路	169	鄉村馬路	469
MG211-I-45	賈梅士大馬路	138	賈梅士大馬路	452
MG211-I-46	體育路	91	體育路	288 289
MG211-I-47	告利雅施利華街	58	告利雅施利華街	309
MG211-I-48	戴紳禮街	48	戴紳禮街	448
MG211-I-49	竹灣海灣旁(行道樹)	36	竹灣海灣旁	470
MG211-I-50	體育里(行道樹)	34	體育里	288 289
MG211-I-51	民國馬路	32	民國馬路	468
MG211-I-52	徐日昇寅公馬路	23	徐日昇寅公馬路	250 270
MG211-I-53	嘉模斜巷	18	嘉模斜巷	289
MG211-I-54	船人街	14	船人街	448
—	合計	245,064	—	—

MG212 交通島綠地（個數：119　面積：141,204 m²）

半島

綠地編碼	綠地名稱	面積(m²)	位置	圖幅編碼
MG212-M-01	孫逸仙大馬路與澳門科學館入口交界	13,590	孫逸仙大馬路與澳門科學館入口交界	149
MG212-M-02	友誼圓形地	4,702	友誼圓形地	030　050
MG212-M-03	媽閣上街與民國大馬路交界	3,272	媽閣上街與民國大馬路交界	163　164
MG212-M-04	觀光塔街	2,324	觀光塔街	166
MG212-M-05	民國大馬路與何鴻燊博士大馬路交界	2,305	民國大馬路與何鴻燊博士大馬路交界	145
MG212-M-06	羅理基博士大馬路	1,755	羅理基博士大馬路	088 089 108
MG212-M-07	亞馬喇前地	1,732	亞馬喇前地	126
MG212-M-08	澳門商業大馬路與何鴻燊博士大馬路交界	1,092	澳門商業大馬路與何鴻燊博士大馬路交界	125　126
MG212-M-09	四月二十五日前地	694	四月二十五日前地	166
MG212-M-10	白朗古將軍大馬路與工廠街交界	655	白朗古將軍大馬路與工廠街交界	026　027
MG212-M-11	嘉路米耶圓形地(三盞燈圓形地)	587	嘉路米耶圓形地	067
MG212-M-12	加思欄馬路	467	加思欄馬路	107
MG212-M-13	青洲河邊馬路與青州上街交界	444	青洲河邊馬路	045
MG212-M-14	仙德麗街	444	仙德麗街	127
MG212-M-15	湖畔西街與湖畔南街交界	410	湖畔西街與湖畔南街交界	165
MG212-M-16	澳門商業大馬路	391	澳門商業大馬路	126
MG212-M-17	黑沙環新街與馬掮度博士大馬路交界	336	黑沙環新街與馬掮度博士大馬路交界	069
MG212-M-18	漁翁街與馬掮度博士大馬路交界	328	漁翁街與馬掮度博士大馬路交界	070
MG212-M-19	關閘廣場	327	關閘廣場	008
MG212-M-20	殷皇子大馬路	315	殷皇子大馬路	126
MG212-M-21	青洲河邊馬路	286	青洲河邊馬路	026
MG212-M-22	卑第巷與何鴻燊博士大馬路交界	282	卑第巷與何鴻燊博士大馬路交界	125
MG212-M-23	馬統領街	257	馬統領街	126
MG212-M-24	黑沙環馬路	245	黑沙環馬路	048
MG212-M-25	西灣湖巷與何鴻燊博士大馬路交界	238	西灣湖巷與何鴻燊博士大馬路交界	145
MG212-M-26	黑沙環馬路與馬場海邊馬路交界	232	黑沙環馬路與馬場海邊馬路交界	047
MG212-M-27	西灣湖街與何鴻燊博士大馬路交界	215	西灣湖街與何鴻燊博士大馬路交界	145　165
MG212-M-28	何賢紳士大馬路	197	何賢紳士大馬路	026
MG212-M-29	十月一日前地	175	十月一日前地	127
MG212-M-30	友誼大馬路	148	友誼大馬路	128
MG212-M-31	馬場東大馬路與勞動節大馬路交界	144	馬場東大馬路與勞動節大馬路交界	048
MG212-M-32	沙梨頭北街與青洲大馬路交界	143	沙梨頭北街與青洲大馬路交界	046

續表

綠地編碼	綠地名稱	面積(m²)	位置	圖幅編碼
MG212-M-33	孫逸仙大馬路與漁人碼頭入口交界	143	孫逸仙大馬路與漁人碼頭入口交界	129
MG212-M-34	媽閣上街	141	媽閣上街	144
MG212-M-35	孫逸仙大馬路與湖畔南街交界	114	孫逸仙大馬路與湖畔南街交界	165
MG212-M-36	賈伯樂提督圓形地	114	新勝街	086
MG212-M-37	河邊新街與比厘喇馬忌士街交界	111	河邊新街與比厘喇馬忌士街交界	105 125
MG212-M-38	沙梨頭海邊街	97	沙梨頭海邊街	065
MG212-M-39	湖畔西街與何鴻燊博士大馬路交界	83	湖畔西街與何鴻燊博士大馬路交界	165
MG212-M-40	鮑思高圓形地	66	鮑思高圓形地	088
MG212-M-41	水坑尾街	65	水坑尾街	106
MG212-M-42	風順堂街	58	風順堂街	125
MG212-M-43	西灣湖廣場旁	50	西灣湖大馬路與觀光塔前地交界	165
MG212-M-44	爹美刁施拿地大馬路	50	爹美刁施拿地大馬路	085
MG212-M-45	慕拉士大馬路與漁翁街交界	48	慕拉士大馬路與漁翁街交界	069
MG212-M-46	廈門街	45	廈門街	128
MG212-M-47	南灣里與南灣大馬路交界	44	南灣里與南灣大馬路交界	125
MG212-M-48	官印局街	42	官印局街	125
MG212-M-49	西灣湖街與湖畔南街交界	41	西灣湖街與湖畔南街交界	165
MG212-M-50	媽閣斜坡	34	媽閣斜坡	144
MG212-M-51	四月二十五日街	33	四月二十五日街	166
MG212-M-52	士多鳥拜斯大馬路	29	士多鳥拜斯大馬路	088
MG212-M-53	擺華巷	27	擺華巷	125
MG212-M-54	比厘喇馬忌士街	23	比厘喇馬忌士街	124
MG212-M-55	廣州街	18	廣州街	127
MG212-M-56	西望洋巷	17	西望洋巷	144
MG212-M-57	黑沙環馬路與拱形馬路交界	17	黑沙環馬路與拱形馬路交界	047
MG212-M-58	南灣湖景大馬路與湖畔南街交界	15	南灣湖景大馬路與湖畔南街交界	166
MG212-M-59	學校巷	14	學校巷	145
MG212-M-60	火頭船街	10	火頭船街	105
—	合計	40,281	—	—

離島

綠地編碼	綠地名稱	面積(m²)	位置	圖幅編碼
MG212-I-01	蓮花圓形地	12,093	蓮花路	350 351 370 371
MG212-I-02	海濱圓形地	6,797	西堤馬路	348
MG212-I-03	東亞運圓形地	6,348	東亞運大馬路	246 266
MG212-I-04	路氹連貫公路圓形地	5,876	路氹連貫公路	310 311
MG212-I-05	東亞運街	5,166	東亞運街	286

續表

綠地編碼	綠地名稱	面積(m^2)	位置	圖幅編碼
MG212-I-06	機場圓形地及旁三角島	4,903	偉龍馬路	292
MG212-I-07	蓮花海濱大馬路交通島	4,773	蓮花海濱大馬路	388
MG212-I-08	路氹電廠圓形地	4,606	蓮花路	353　373
MG212-I-09	西堤圓形地	4,442	西堤馬路	328　348
MG212-I-10	航空圓形地	4,356	射擊路	333
MG212-I-11	蘇利安圓形地側三角島	4,012	史伯泰將軍馬路	247
MG212-I-12	石場門口的三角島	3,126	石排灣馬路	390
MG212-I-13	盧伯德圓形地	2,917	柯維納馬路	266　286
MG212-I-14	體育館大馬路圓形地	2,861	體育館大馬路	332
MG212-I-15	聯生圓形地	2,340	石排灣馬路	428
MG212-I-16	北安圓形地	2,098	順景街	252　253
MG212-I-17	孫逸仙博士圓形地	1,968	孫逸仙大馬路	269
MG212-I-18	科技大學圓形地	1,964	澳門科技大學	312
MG212-I-19	奧林匹克遊泳館圓形地	1,889	蓮花海濱大馬路	288　308
MG212-I-20	和諧圓形地	1,702	石排灣馬路	390
MG212-I-21	石排灣馬路與荔枝碗馬路交界	1,552	石排灣馬路與荔枝碗馬路交界	428
MG212-I-22	盧廉若馬路與史伯泰海軍將軍馬路交界處	1,514	盧廉若馬路與史伯泰海軍將軍馬路交界處	248
MG212-I-23	亞利雅架圓形地	1,381	嘉樂庇總督馬路	270　290
MG212-I-24	海洋大馬路圓形地	1,286	海洋大馬路	246　247
MG212-I-25	路氹城圓形地	1,258	路氹城大馬路	349
MG212-I-26	宋玉生博士圓形地	1,104	史伯泰將軍馬路	249
MG212-I-27	石排灣圓形地	1,017	石排灣馬路	390
MG212-I-28	順景街	956	順景街	252　253
MG212-I-29	偉龍馬路	689	偉龍馬路	291　292　311
MG212-I-30	柯維納馬路	686	柯維納馬路	267　268
MG212-I-31	賈梅士大馬路與新黑沙馬路交界	669	賈梅士大馬路與新黑沙馬路交界	452
MG212-I-32	東亞運大馬路	632	東亞運大馬路	246　266
MG212-I-33	徐日昇寅公馬路	488	徐日昇寅公馬路	250　270
MG212-I-34	聯生海濱路與西提馬路交界	415	聯生海濱路與西提馬路交界	408
MG212-I-35	信安馬路與高勵雅馬路交界處綠地	311	信安馬路與高勵雅馬路交界處綠地	250
MG212-I-36	望德聖母灣大馬路	243	望德聖母灣大馬路	308
MG212-I-37	史伯泰將軍馬路	215	史伯泰將軍馬路	349
MG212-I-38	石排灣馬路與九澳高頂馬路交界	211	石排灣馬路與九澳高頂馬路交界	390
MG212-I-39	告利雅施利華街與地堡街交界	207	告利雅施利華街與地堡街交界	309
MG212-I-40	徐日昇寅公圓形地	189	徐日昇寅公馬路	250

續表

綠地編碼	綠地名稱	面積(m^2)	位置	圖幅編碼
MG212-I-41	九澳高頂馬路與濾水站路交界	175	九澳高頂馬路與濾水站路交界	413
MG212-I-42	路氹連貫公路	155	路氹連貫公路	310 311
MG212-I-43	九澳高頂圓形地	153	九澳高頂馬路	414
MG212-I-44	竹灣豪園	150	竹灣豪園	471
MG212-I-45	黑沙馬路	118	黑沙馬路	471
MG212-I-46	射擊路	102	射擊路	322 332
MG212-I-47	大學徑	93	大學徑	249
MG212-I-48	嘉樂庇總督馬路	92	嘉樂庇總督馬路	290
MG212-I-49	聯生海濱路	87	聯生海濱路	408
MG212-I-50	體育里	83	體育里	288 289
MG212-I-51	路氹連貫公路	79	路氹連貫公路	390
MG212-I-52	船人街	74	船人街	448
MG212-I-53	盧廉若馬路	72	盧廉若馬路	248
MG212-I-54	路氹城大馬路	69	路氹城大馬路	350
MG212-I-55	澳門國際機場	67	澳門國際機場	273
MG212-I-56	氹仔運動場道	40	運動場道	288
MG212-I-57	孫逸仙大馬路	29	孫逸仙大馬路	249
MG212-I-58	嘉模巷	13	嘉模巷	289
MG212-I-59	奧林匹克大馬路	12	奧林匹克大馬路	289
—	合計	100,923	—	—

MG221 綠化停車場 (個數: 22 面積: 24,450 m^2)

半島

綠地編碼	綠地名稱	面積(m^2)	位置	圖幅編碼
MG221-M-01	馬德里街旁停車場	6,141	馬德里街	148 149
MG221-M-02	大炮台前地	803	大三巴斜巷	086
MG221-M-03	工業園街停車場	431	工業園街	025
MG221-M-04	西望洋巷	427	西望洋巷	144
MG221-M-05	順景廣場	365	馬場東大馬路	028
MG221-M-06	黑沙環中街停車場	309	黑沙環中街	049
MG221-M-07	民國大馬路停車場	294	民國大馬路	164
MG221-M-08	青洲上街停車場	270	青洲上街	045
MG221-M-09	新勝街停車場	215	新勝街	086 087
—	合計	9,255	—	—

離島

綠地編碼	綠地名稱	面積(m^2)	位置	圖幅編碼
MG221-I-01	澳門國際機場停車場	6,075	澳門國際機場	253 272 273 292 293
MG221-I-02	運動場道停車場	2,527	運動場道	288
MG221-I-03	路環小型賽車場停車場	2,009	路環小型賽車場	390
MG221-I-04	望德聖母灣街	793	望德聖母灣街	309
MG221-I-05	學院路停車場	763	學院路	288 308
MG221-I-06	偉龍馬路附近停車場	556	偉龍馬路附近	291
MG221-I-07	機場大馬路附近停車場	525	機場大馬路附近	292
MG221-I-08	偉龍馬路附近停車場	455	偉龍馬路附近	311
MG221-I-09	海洋花園停車場	413	海洋花園大馬路	246 266
MG221-I-10	澳門奧林匹克遊泳館停車場	412	運動場道	288 308
MG221-I-11	路氹邊檢大樓	294	蓮花路	369 370
MG221-I-12	機場大馬路附近停車場	270	機場大馬路附近	292 312
MG221-I-13	美副將馬路	103	美副將馬路	270
—	合計	15,195	—	—

MG222 交通設施綠地 (個數: 32　面積: 824,517 m^2)

半島

綠地編碼	綠地名稱	面積(m^2)	位置	圖幅編碼
MG222-M-01	西灣湖景大馬路與西灣大橋交界	15,363	西灣湖景大馬路	164 165 184 185
MG222-M-02	勞動節大馬路至友誼橋大馬路天橋	10,484	勞動節大馬路至友誼橋大馬路天橋	050 070
MG222-M-03	孫逸仙大馬路天橋(蒙地卡羅前地)	10,203	孫逸仙大馬路天橋(蒙地卡羅前地)	108 109
MG222-M-04	何賢紳士大馬路至沙梨頭北街天橋	8,538	何賢紳士大馬路至沙梨頭北街天橋底	026 046
MG222-M-05	海邊馬路至水塘馬路天橋	7,589	海邊馬路至水塘馬路天橋	088 089
MG222-M-06	海港前地至羅理基博士大馬路天橋	6,934	海港前地至羅理基博士大馬路天橋	089 090 109
MG222-M-07	何賢紳士大馬路至關閘廣場天橋	3,455	何賢紳士大馬路至關閘廣場天橋底	007 026 027
MG222-M-08	南灣大馬路至羅理基博士大馬路天橋(包括葡京路)	3,449	南灣大馬路至羅理基博士大馬路天橋	126 127
MG222-M-09	湖畔前地	3,381	孫逸仙大馬路	165 166
MG222-M-10	高士德大馬路天橋	3,370	高士德大馬路天橋	087 088

續表

綠地編碼	綠地名稱	面積(m^2)	位置	圖幅編碼
MG222-M-11	羅理基博士大馬路松山隧道口	3,071	羅理基博士大馬路松山隧道口	108
MG222-M-12	關閘廣場至馬場北大馬路天橋	2,885	關閘廣場至馬場北大馬路天橋底	028
MG222-M-13	孫逸仙大馬路	2,858	孫逸仙大馬路	165 166
MG222-M-14	勞動節大街停車場	2,694	勞動節大街	049 050
MG222-M-15	港澳碼頭	2,668	海港前地	090 109 110
MG222-M-16	羅理基博士大馬路天橋(宋玉生廣場)	2,549	羅理基博士大馬路天橋(宋玉生廣場)	107 107 127
MG222-M-17	亞馬喇前地隧道	1,377	亞馬喇前地隧道	126 127 146 147
MG222-M-18	友誼大橋至友誼大馬路	1,262	友誼大橋至友誼大馬路	090
MG222-M-19	終審法院前地	473	四月二十五日街	166
MG222-M-20	水塘馬路至羅理基博士大馬路天橋	380	水塘馬路至羅理基博士大馬路天橋	089
MG222-M-21	柏景停車場	96	得勝馬路	087 088
MG222-M-22	友誼大馬路與宋玉生廣場交界天橋	90	亞馬喇前地隧道	128
—	合計	93,169	—	—

離島

綠地編碼	綠地名稱	面積(m^2)	位置	圖幅編碼
MG222-I-01	澳門國際機場	718,288	機場大馬路	255 256 275 276 295 296 316 317 336 337 356 357 377 378 397
MG222-I-02	澳門國際機場天橋底	2,558	偉龍馬路	273
MG222-I-03	運動場道停車場	2,527	運動場道	288
MG222-I-04	友誼大橋與高勵雅馬路交界	2,047	高勵雅馬路	250 251
MG222-I-05	路環小型賽車場停車場	2,009	路環小型賽車場	390
MG222-I-06	蓮花大橋底	1,335	蓮花路	348 349 369
MG222-I-07	望德聖母灣街	793	望德聖母灣街	309
MG221-I-08	學院路停車場	763	學院路	288 308
MG221-I-09	新城大馬路停車場	655	新城大馬路	309 310
MG222-I-10	竹灣水上活動中心停車場	373	竹灣海灣	470
—	合計	731,348	—	—

MG3 苗圃生產綠地

(個數：3　面積：45,588 m^2)

半島

綠地編碼	綠地名稱	面積(m^2)	位置	圖幅編碼
MG3-M-01	鴨涌河苗圃	16,827	何賢紳士大馬路	026
MG3-M-02	白鴿巢養植場	1,884	白鴿巢前地	086
—	合計	18,711	—	—

離島

綠地編碼	綠地名稱	面積(m^2)	位置	圖幅編碼
MG3-I-01	沙崗苗圃	26,877	雞頸馬路	270
—	合計	26,877	—	—

MG4 生態景觀綠地

MG41 風景林地 (個數：14　面積：3,029,574m^2)

半島

綠地編碼	綠地名稱	面積(m^2)	位置	圖幅編碼
MG41-M-01	東望洋山(松山)	100,488	東望洋山	089 107 108 127
MG41-M-02	青洲山	44,769	青洲山	025 045
MG41-M-03	媽閣山	42,591	媽閣山	144 145 164
MG41-M-04	望廈山	23,945	望廈山	047 048 067 068
MG41-M-05	西望洋山	22,997	西望洋山	144 145
MG41-M-06	馬交石山	8,034	馬交石山	069
—	合計	242,824	—	—

離島

綠地編碼	綠地名稱	面積(m^2)	位置	圖幅編碼
MG41-I-01	疊石塘山	1,780,982	疊石塘山	391 392 393 410 411 412 413 414 428 429 230 431 432 433 448 449 450 451 468 469 470 471 472 473 488 489 490
MG41-I-02	九澳山	414,675	九澳山	374 375 394 395 396 414 415 416
MG41-I-03	小潭山	315,116	小潭山	246 247 248 266 267 268

續表

綠地編碼	綠地名稱	面積(m²)	位置	圖幅編碼
MG41-I-04	大潭山	198,653	大潭山	250 251 270 271 272 273 290 291 292 310 311
MG41-I-05	龍環葡韻鷺鳥林	48,347	嘉樂庇總督馬路	290 310 311
MG41-I-06	澳門大學周邊山體	27,558	澳門大學周邊山體	249 250
MG41-I-07	路還健康徑景點	750	石排灣馬路旁	429
MG41-I-08	路還步行徑景點	669	石排灣馬路旁	429
—	合計	2,786,750	—	—

MG42 生態濕地(個數：7　面積：550,233m²)

離島

綠地編碼	綠地名稱	面積(m²)	位置	圖幅編碼
MG42-I-01	西堤馬路鳥類棲息區(生態保護一區)	166,597	西堤馬路	348 349
MG42-I-02	望德聖母灣大馬路濕地	130,064	望德聖母灣大馬路	289 290 309 310
MG42-I-03	石排灣水塘	114,816	九澳高頂馬路	370 371 390 391
MG42-I-04	西堤馬路鳥類覓食區(生態保護二區)	103,781	西堤馬路	328 348 368 388
MG42-I-05	史伯泰海軍將軍馬路旁	27,025	史伯泰海軍將軍馬路旁	248 249
MG42-I-06	黑沙村生態濕地	5,488	黑沙村	431 451
MG42-I-07	西堤馬路旁生態綠道	2,462	西堤馬路	388
—	合計	550,233	—	—

MG43 水源保護地(個數：5　面積：778,378m²)

半島

綠地編碼	綠地名稱	面積(m²)	位置	圖幅編碼
MG43-M-01	南灣湖	414,816	南灣湖景大馬路	125 126 145 146 147 166 167
MG43-M-02	西灣湖	202,094	西灣湖景大馬路	145 164 165
MG43-M-03	水塘	102,917	友誼橋大馬路	069 070 089 090
—	合計	719,827	—	—

離島

綠地編碼	綠地名稱	面積(m²)	位置	圖幅編碼
MG43-I-01	九澳水庫	43,516	九澳水庫郊野公園	373 393
MG43-I-02	黑沙水庫	15,035	黑沙水庫郊野公園	412 432
—	合計	58,551	—	—

附錄1：

統計表格索引

附錄2：

專有名詞索引